绿道发展与实例研究

孙莉　瞿志　邹雪梅　吴悦◎著

中国建筑工业出版社

图书在版编目（CIP）数据

绿道发展与实例研究 / 孙莉等著. —北京 ： 中国建筑工业出版社，2019. 1
ISBN 978-7-112-24581-9

Ⅰ. ① 绿… Ⅱ. ① 孙… Ⅲ. ① 城市道路－道路绿化－绿化规划－研究 Ⅳ. ① TU985.18

中国版本图书馆CIP数据核字（2020）第017499号

责任编辑：李 杰 葛又畅
责任校对：李欣慰

绿道发展与实例研究
孙莉 瞿志 邹雪梅 吴悦 著
*
中国建筑工业出版社出版、发行（北京海淀三里河路9号）
各地新华书店、建筑书店经销
北京锋尚制版有限公司制版
北京市密东印刷有限公司印刷
*
开本：850×1168毫米 1/16 印张：16½ 字数：335千字
2020年7月第一版 2020年7月第一次印刷
定价：68.00元
ISBN 978-7-112-24581-9
（35253）

序

近十年来我国绿道实践不断深入，取得了很大的成就，同时也存在一些不足。在这种背景下，有必要对我国绿道建设加以引导。作为支撑我国绿道相关导则与标准的基础性研究成果，本书系统性地梳理了国内外绿道发展脉络，结合大量的实例进行了评析，概括了我国绿道规划建设特点并提出了绿道规划设计要点，是一部高质量的专著，在以下几个方面具有自身的特色：

一是开放兼容的态度。基于对国内外绿道理论与实践动态变化的研究，本书并不纠结于绿道与相关概念的交叉，而是着重于绿道与相关系统的融合，聚焦于绿道的联系性与多功能性，强调了绿道在两个发展维度上的协调统一。从规划策略的维度，绿道作为一种框架性结构，参与优化其所在区域的格局，助力可持续发展。从线性空间元素的维度，绿道是休闲游憩、绿色出行的重要载体，在生态环保、社会文化、经济发展等方面也发挥积极作用。

二是多元综合的比较。作者从多个角度、层面、主题着手进行了比较分析，对探讨国内外绿道发展进程中的差异与共性具有一定的启示意义。例如对不同时期的绿道概念演变与功能拓展、绿道规划设计与建设实施情况的纵向比较，对不同地域的绿道发展思路、策略、特征等的横向比较，从规划与设计层面对我国绿道实例的分类比较，对我国绿道使用评价的专题比较等。

三是结合国情的思考。书中对国家政策导向做出了积极响应，阐述了绿道在落实生态文明建设、促进城镇转型发展、加强城乡统筹、助力乡村振兴等方面的重要意义；倡导因地制宜优化资源利用，整合联动拓展绿道功能；总结我国绿道发展的成功经验，并针对存在问题提出了相关建议。例如在国土空间规划体系中前瞻性地落实绿道用地来源，建立健全涵盖绿道建设、管理、运营、维护全过程的长效机制，并有效加强该过程中的公众参与等。

本书有助于读者对“绿道”形成客观、全面的认识，同时汲取国内外成功经验，把握我国绿道的发展定位与方向，适合城乡建设决策者与管理者、相关专业技术人员、高校师生等阅读参考，我衷心期待它为我国绿道发展做出有益的贡献！

王向荣
北京林业大学园林学院院长、教授、博士生导师
住房和城乡建设部风景园林专家组成员
中国风景园林学会副理事长（2008～2018）
中国城市规划学会常务理事
《风景园林》主编、《中国园林》副主编
2020年3月

前 言

一、本书编写背景

改革开放以来，我国经历了高速的城镇化发展，取得巨大成就的同时也面临诸多问题，如城镇无序蔓延、生态环境恶化、千城一面等。在这种情况下，转型与绿色发展已成为未来明确的方向。绿道作为多功能的土地网络系统，对于协调三生空间、优化城乡发展格局、加强城乡统筹具有重要的意义。绿道工程可以与海绵城市、城市双修等环境综合整治工程同步推进，发挥综合效益。绿道建设还可与文化旅游等项目有机结合，串联整合零散的资源，带动沿线产业经济的发展。

为贯彻落实国家关于生态文明建设、新型城镇化、城市规划建设管理的相关政策文件及会议精神，指导各地科学规划、设计绿道，提高绿道建设水平，发挥绿道综合功能，住房和城乡建设部组织编制了《绿道规划设计导则》（已于2016年9月21日正式发布）、《城镇绿道工程技术标准》CJJ/T 304—2019（已于2020年6月1日正式发布）。中国城市建设研究院有限公司是《导则》及《标准》的主编单位，配合编制工作进行了国内外绿道发展与实例的研究，本书是在该研究的基础上完成的。

二、本书主要内容

本书通过对国内外绿道发展情况的梳理，结合形式多样的绿道实例进行了综合分析与评价，从宏观上把握我国绿道的发展定位与建设特点，为《绿道规划设计导则》《城镇绿道工程技术标准》的相关内容提供支撑。

本书共分为四章。第1章为国外绿道发展研究，对欧美及亚洲绿道的发展历程、发展策略、典型实例等做了阐述，并分别总结了对我国的启示。第2章研究了我国绿道发展历程，以及各地绿道规划建设的总体情况。第3章选取国内具有代表性的绿道实例，从绿道选线依托的不同资源以及绿道复合功能开发的角度，对绿道的组成要素、建设特点、使用评价及综合效益等做了较为全面的分析。第4章在前3章的基础上，对国内外绿道加以横向比较，阐明了我国绿道的内涵，总结了我国绿道规划建设特点，提出了绿道规划设计要点。结语部分总结了我国绿道发展成功经验与存在问题，提出了绿道未来发展建议。

从理论研究的角度，本书有助于加强国外绿道理论与我国国情的结合，对于形成具有中国特色的绿道理论具有一定的作用。从绿道实践应用的角度，本书对国内外绿道实例进行了系统性的分析总结，对我国未来绿道的规划设计、建设管理与运营维护具有较强的指导借鉴意义。从宣传教育的角度，本书有助于加深社会公众对绿道的认识，践行绿色发展方式与生活方式，促进人与自然的和谐共生。本书可供城乡建设决策者与管理者、风景园林、城乡规划等相关专业技术人员、高校学生等作为参考。

目　录 / Contents

第1章　国外绿道发展研究

本章对美国、欧洲、亚洲绿道的发展历程分别进行了梳理，对绿道相关概念及理论进行了研究，并从不同的角度选取具有代表性的绿道实例进行了分析，总结了欧美绿道及亚洲绿道对我国绿道发展的启示。

1.1　美国绿道

本节首先回顾了美国绿道的发展历程，进而对美国绿道的概念演进、绿道分级与分类进行了研究，最后基于不同的绿道建设策略选取美国绿道典型案例进行了分析。

1.1.1　美国绿道发展概况

美国绿道经历了150多年的发展历程，根据各个历史阶段人们对绿道认识的不同，以及绿道所承担功能侧重点的不同，笔者认为可以划分为三个阶段：

1.1.1.1　初期阶段（19世纪中叶至20世纪中叶）

美国绿道是伴随着19世纪中叶兴起的城市公园运动，由“公园道”发展起来的。佛雷德里克·劳·奥姆斯特德（Frederick Law Olmsted）提出了“线性公园道”（Linear Park Way）和“连接的公园系统”（Linked Park System）的设计理念。其1878年所做的波士顿“翡翠项链”（Emerald Necklace），绿色空间绵延16km，串联多个公园及查尔斯河，被公认为是美国最早规划的真正意义上的绿道（图1–1）。19世纪90年代，奥姆斯特德的学生查尔斯·艾略特（Charles Eliot）发展了他的思

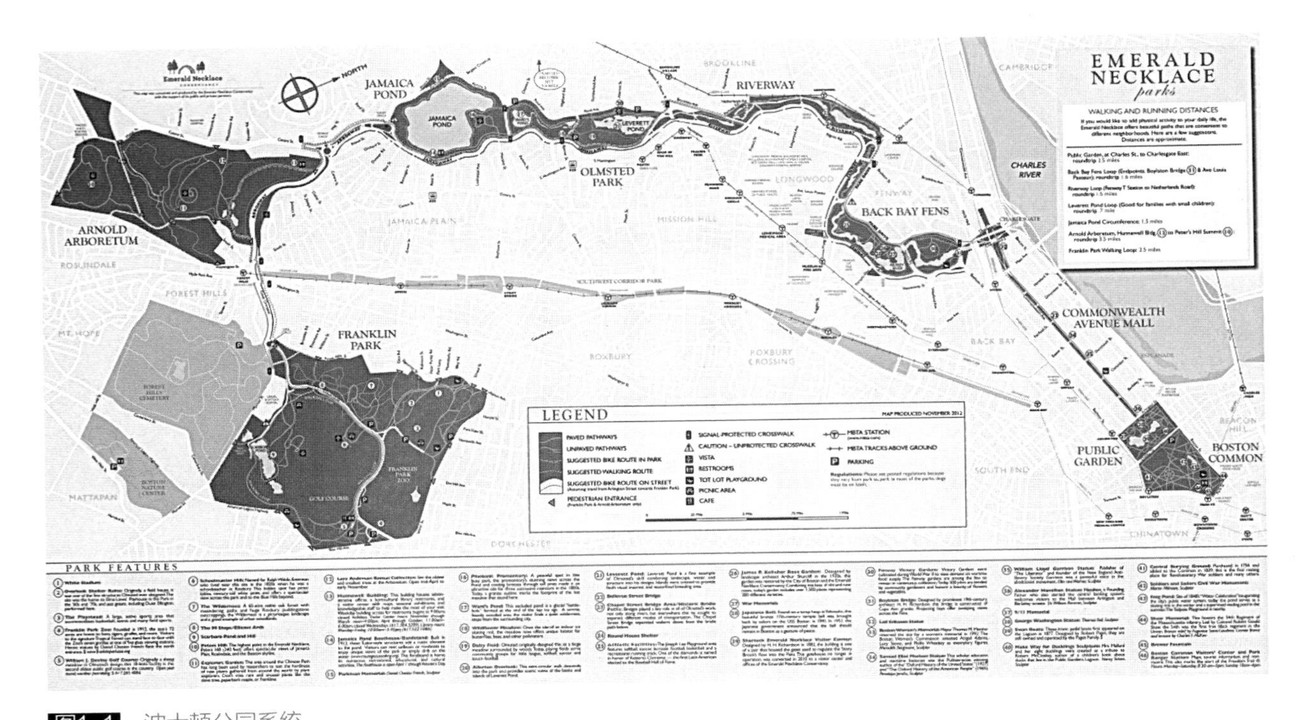

图1-1 波士顿公园系统

资料来源：https://www.emeraldnecklace.org/wp-content/uploads/2015/11/Emerald-Necklace-Map.pdf

想，将公园系统扩展到波士顿大都市区，连通了沿海河流与城郊大型开放空间。1928年，查尔斯·艾略特的侄子查尔斯·艾略特二世（Charles Eliot）完成了美国第一个跨州开放空间规划——马萨诸塞州开放空间规划。受经济大萧条的影响，该规划20世纪50年代之后才开始实施，成为马萨诸塞州建立公园和保护区体系的框架。该规划意义最为深远的部分是“环湾规划”，长达250km的绿色廊道包围了波士顿大都市区并连接了区域内主要的湿地与排水系统。今天看来，也同时构建了波士顿大都市区绿道网络的发展框架。

与奥姆斯特德同时期，英国的埃比尼泽·霍华德（Ebenezer Howard）在其1889年出版的《明日的田园城市》一书中，提出田园城市（Garden city）的理想模型。霍华德在新城周边规划了一个郊野绿带（Rural greenbelt），来保护城市与乡村各自的完整性，使二者协调发展。霍华德的田园城市思想体现了城市与自然的融合，将绿带（Greenbelt）作为一种特殊的线性保护区域。本顿·麦凯（Benton Mackaye）发展了霍华德的“绿带”理念，提出了“开放线路”（Openways）的理念。麦凯通过对山脊、河流的类比研究，证明了河道和森林山脊可以像“堤坝”一样抑制城市的扩张。他在阐述绿带“堤坝”功能的同时，还强调了绿带的游憩功能。麦凯将着重娱乐性的公园系统（开放空间系统），与着重生态性、控制城市扩张的绿带思想结合起来，呼吁在围绕城市和乡村的绿带中建设步行圈（Walking circuits）。麦凯将这种理念应用在了其1921年所做的阿巴拉契亚山脉游径（Appalachian trail）规划中，该规划的初衷是构建区域绿色空间，因受到当时各种条件的制约，区域绿色空间未能建成，仅完成了其中长3200km的游径。阿巴拉契亚山脉游径对后来的美国国家游径系统产生了重要影响。

早期的公园道和线性公园是为步行者、马车和骑马者所建，随着20世纪初期汽车工业的兴起，出现了专供机动车使用的公园道。如1913建设的布隆克斯河公园道（Bronx River Parkway），将纽约市与韦斯特切斯特乡村连接起来，第一次提出了“体验驾车乐趣”的设计理念，其建设目的不再是提供从出发地到目的地之间的快捷路径，而是选择合适的驾车速度，达到欣赏沿路美景的最佳享受，被认为是现代“风景道”（Scenic Byway）的雏形。美国现代“风景道”是旅游功能与交通功能相融合的景观道路，具有交通、景观、游憩等多重价值。[4]

总而言之，初期阶段还没有明确的绿道理念，人们开始意识到相互连接的公园的作用大于单个的公园，构建连续的线性绿色空间在游憩和控制城市扩张方面有着重要的作用，在公园系统、开放空间系统及游径规划及建设中开始了探索性的实践。

1.1.1.2 中期阶段（20世纪60、70年代）

1959年，威廉·怀特（William H.Whyte）在其《为美国的城市保护开放空间》（Securing Open Space For Urban American）一书中融合“parkway”与“greenbelt”二词，产生了“greenway”一词。这是历史上第一次出现“绿道”一词，但是并未对其涵义进行明确的阐述。随着第二次世界大战之后环保运动的蓬勃发展，人们开始关注生态环境，出现了生态规划及相关分析的理论研究与实践，为线性绿色空间建设及下一阶段的绿道发展奠定了基础。

伊安·麦克哈格（Ian McHarg）1969年出版的《设计结合自然》（Design with Nature）被誉为美国生态规划最重要的著作。该书中提出了被称为“千层饼模式”——以因子分层分析和地图叠加技术为核心的生态规划分析方法，通过叠加影响区域自然进程的因素，以判断最适宜开发建设的、不适宜建设的和需要保护的区域。该方法为线性绿色空间的生态价值提供了有力支撑。该书中有专门的章节讨论了山谷与河流廊道的规划，对之后的山谷环境保护、河道环境保护与治理、滨河线性绿色空间建设产生了一定影响。

菲利普·刘易斯（Philip Lewis）提出了“环境廊道”（E-ways）理念——E代表环境（Environment）、生态（Ecology）、教育（Education）和休闲（Exercise）。他在1964年进行威斯康星州游憩散步道规划（Wisconsin Recreationand Trails Plan）时，选取了 220处自然及人文资源进行标注，结果显示近90%以上的资源集中在河流廊道上，验证了“环境廊道”的存在，该结果也成为“威斯康星州遗产游径计划”（Wisconsin Heritage Trail Proposal）线路选择的基础（图1-2）。“环境廊道”理念证明了绿道资源的普遍存在性，也提供了确定绿道路线的一种方法。

20世纪60年代，美国联邦政府开始投入大量资金治理河流，受污染的河流重

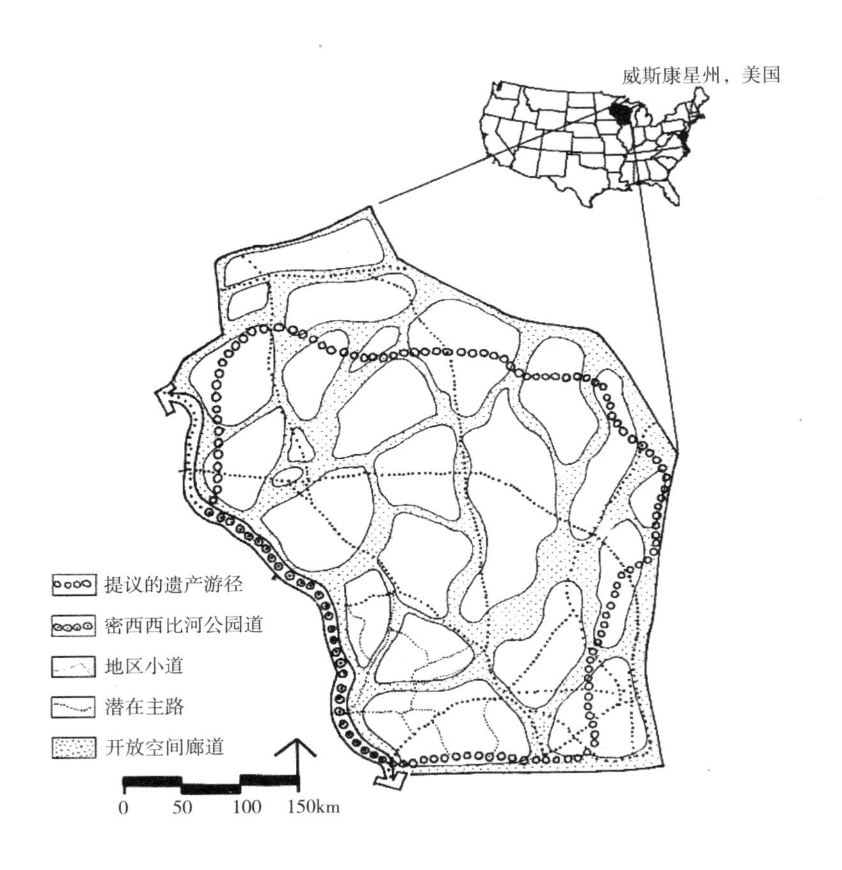

图1-2 威斯康星州遗产游径计划

资料来源：罗布·H·G·容曼生态网络与绿道——概念、设计与实施．中国建筑工业出版社，2011

归清澈之后，其休闲用途被重新认识并得到迅速开发。此外，随着美国货运重心逐渐从火车转移到汽车，掀起了废弃铁路变游径的运动。在林登·约翰逊（Lyndon B.Johnson）总统的倡导下，掀起了全美范围的研究、修建游径的浪潮。1966年发表的《美国游径》（Trails for America）报告呼吁联邦政府立法支持美国游径系统的建立。1968年通过了美国国家游径系统法案（National Trails System Act），提出在国家公园和森林公园内创建一个新的公共土地利用类型——国家游径，授权建立三种国家游径：国家游憩游径、国家风景游径、连接和辅助游径。1978年美国国会修改了该法案，增加了国家历史游径。美国国家公园管理处（National Park Service）将游径（Trail）定义为：用于步行、骑马、自行车、直排轮、滑雪、越野休闲车等游憩活动的通道。[5]根据查尔斯·利特尔的观点，游径不能简单等同于绿道，二者可能会有所交集，当二者结合的时候会产生非常壮观、美好的结果。

20世纪70年代美国出现的“绿线理念”（Greenline Concept），促进了“绿线公园”（Greenline Parks）的建设，积极探索公共与私有土地的协调使用与管理、资源与环境保护等问题，致力于减少用于土地征用的联邦基金，同时唤起民众保护绿色开放空间的意识。绿线公园的典型代表有阿迪朗达克山脉（Adirondack Mountains）、新泽西松树园保护区（New Jersey Pinelands）等，随着绿线公园的发展，越来越多的人将关注点从大型公园类保护区转移到线性廊道上。

综上所述，中期阶段出现了“绿道”一词（Greenway），但还没有明确其内涵。伴随环保主义运动，线性绿色空间相关理论有了较大的发展，河流廊道、游径及绿线公园等线性空间的实践取得了一定进展。线性绿色空间在环境美化、游憩娱乐与生态等方面的功能融合性逐渐加强。

1.1.1.3　全面建设与国际化阶段（20世纪80年代至今）

20世纪80年代，受人们持续关注环境保护、户外游憩流行、土地价格上涨等因素的影响，线性公园因为所需土地相对较少、建设成本较低，逐渐成为开放空间保护与建设的重要形式。大量废弃的运河、铁路，环境受到破坏的河道、公路等被改造成绿道，为提高公民生活质量作出了切实可行的贡献。

法伯斯（J.G.Fábos）认为20世纪80年代是绿道运动的命名时代。1987年发布的《全美开放空间和户外游憩的命令》提出“让每个人都能够轻易通往自然……利用包括河畔不适于开发的洪泛区域、沿河纤道、废弃铁路、旧道路，高压线路及排水管道等公共线路，休憩用地，散布山脊的开放空间——总之就是任何可以利用的线性空间……绿道将把公园、森林、景观优美的乡村、公共和私有土地在一个用于徒步旅行、散步、动物迁徙、骑马和骑自行车娱乐的廊道中联系在一起”。[7]该命令将美国绿道建设推向高潮，涌现了数以千计的区域级、州级甚至国家级绿道项目。

随着绿道实践的深入，绿道理论研究也有了长足的发展，出版了大量研究专著，召开了专门的学术会议，推动了绿道定义、分类等方面的完善。如查理斯·利特尔（Charles Little）1990年的开山之作《美国的绿道》，D.S.史密斯（D.S.Smith）和P.赫尔姆德（P.Hellmund）1993年的《绿道生态学》，弗林克（Flink）和西恩斯（Searns）1993年的《绿道：规划、设计和开发指南》；法伯斯（J.G.F á bos）和杰克·埃亨（Jack Ahern）1996年的《绿道：国际运动的开端》；瑞安（Ryan）和凯瑟（Kathy）2001年的《21世纪的步道：多用途步道规划、设计和管理手册》，以及由环球皮科特出版社（Globe Pequot Press）出版的“铁轨变步道”自然保护协会的《1000条铁轨变步道：案例全编》等[4]。

伴随绿道建设的迅猛发展，人们不断挖掘绿道在处理人类与自然关系时存在的潜力，将其用于联系破碎化的生态系统、保护生物栖息地。同时绿道也逐渐被用于历史资源的保护，以突出区域文化和遗产。此外绿道还成为理想的户外教室，为教育公众作出更多的贡献。绿道的功能越来越丰富，逐渐演变成高效连接的、多用途的线性绿色空间网络，以应对休闲游憩、生态环保、可持续发展、社会文化、旅游经济等多方面需求。目前绿道发展进入了国际化阶段，绿道实践在全球范围内展开，绿道已经逐渐演变为一种规划策略或战略。杰克·埃亨（Jack Ahern）认为绿道未来有以下三大发展趋势：第一，绿道将改变区域以及更大尺度规划的协调方式；第二，绿道将鼓励政府、机构与组织间的规划共识与技术合作；第三，绿道将采用适应性方法来解决景观规划与管理所面临的困境。[6]

1.1.2 美国绿道概念演变

纵观美国绿道发展历程，绿道一直伴随着美国城市建设、环境问题、社会矛盾等的变化而不断发展，相应的绿道概念也在不断发展变化。总体来说，绿道的内涵不断拓展，经历了从功能较为单一的线性空间到功能复合、可持续发展的土地网络的过程。

初期阶段美国并没有明确的绿道概念，“公园道”的主要功能是满足步行者通勤需求的同时提供散步、野餐等休憩的场地。英国“绿带”理念传入美国后，绿道作为一种改善城市环境、控制城市扩张的策略，成为城市公园系统、开放空间系统的重要组成部分。

中期阶段出现了“绿道”一词（Greenway），但还没有明确其内涵。随着人们对生态环境关注度的提高，绿道的生态功能也得到了强化。随着绿道相关项目的推广，美国政府以及学者对绿道关注度的不断提高，绿道的定义逐渐清晰起来。

1987年《全美开放空间和户外游憩的命令》首次对绿道的定义提出明确的阐述：“一个充满活力的绿道网络……为人们前往居住地附近的开放空间提供路径，并且将美国的城市与乡村空间连接起来，像一个巨大的血液循环系统一样将城市和乡村串联起来”。[7]该定义强调空间连接度，尽管绿道的具体功能在概念中没有得到体现，但是绿道作为一个连接城乡网络的观点被明确地表达出来。

1990年查尔斯·利特尔（Charles Little）在其经典著作《美国绿道》（Greenway for America）中所下的定义：绿道就是沿着河湖、溪谷、山脊线等自然走廊，或是沿着诸如用作游憩活动的废弃铁路线、沟渠、风景道路等人工走廊所建立的带状空间，包括所有可供行人和骑车者进入的自然景观线路和人工景观线路，是连接公园、自然保护地、名胜区、历史古迹，及其他与高密度聚居区之间进行连接的开敞空间组带。[8]该定义更加明确强调绿道是一种自然的或是人工的线性开放空间连接体。

1995年杰克·埃亨（Jack Ahern）结合美国绿道建设经验，将绿道定义为是由那些为了多种用途（包括与可持续土地利用相一致的生态、休闲、文化、美学和其他用途）而规划、设计和管理的由线性要素组成的土地网络。[9]该定义较为系统和全面，强调了5点：①绿道的线性结构；②绿道的连通性；③绿道的多功能性；④绿道的可持续性；⑤绿道的系统性。该定义首次明确指出了绿道是一种功能复合的土地网络，对绿道的空间形态、功能特征进行了较为完整的概述。

2004年法伯斯（J.G.Fábos）将绿道定义为重要的具有生态意义的廊道、休闲绿道以及/或具有历史文化价值的绿道。[10]他认为绿道的结构就像道路系统一样，但是绿道与其他人工修建的道路系统的最大区别在于：潜在的绿道如自然基础设施一样是本身就存在的，人们需要正确认识、理解并保护这些自然廊道，而不是新建立廊道。

1998年西蒙兹（John Ormsbee Simonds）提出绿道和蓝道的概念，为车辆、步行者运动和野生生物提供的通道，称之为绿道，是因为它们为植物所环护、尺度变化很大，包括从林地小径到穿越大范围山地的国家公园道[11]。该定义关注绿道的使用或服务对象，以及在空间尺度和形式方面具有的弹性。

就绿道概念的演变来看，学者们在实践中不断地将相关学科的概念或理念内容充实到绿道概念中，如野生动物廊道（Wildlife Corridor）、生态廊道（Ecological Corridors）、遗产廊道（Heritage Corridor）、栖息地网络（Habitat Networks）、生态网络（Ecological Networks）、生态基础设施（Ecological Infrastructure）、绿色基础设施（Green Infrastructure）等。绿道与上述学术概念存在交集，具有一定程度的功能兼容性，其内涵随着时间推移而变化，为迎接多样化的挑战、解决综合性问题而不断拓展。

1.1.3 美国绿道分级与分类

1.1.3.1 绿道分级

杰克·埃亨根据不同规模将绿道分为4个等级——市级（Municipal）、省级（County and Province）、州级（States and Small Nations）和国土级（Large Nations and Continents）。高等级绿道是低等级绿道的集合体，不同等级的绿道共同构成国家绿道网络。各级绿道规模、相应的地理特征及功能定位等详见表1-1，表中“规模”一栏并不是绿道本身所占据的空间尺度，而是绿道所在区域的空间尺度或是其所穿越的空间尺度。

绿道分级　　表1-1

等级	规模（km²）	与之对应的地理特征	与之对应的行政等级	功能定位	实例
1	1～100	河流支流或山脊线	市级	建设实施及管理	Platt River Minute Man
2	100～10000	河流或其他区域性元素	省级	协调及策略制定	Quabbin N.Brabant
3	10000～100000	流域或山脉	州级	策略制定	Netherlands Georgia
4	>100000	连续的流域、连绵的山脉	国土级	策略制定	EECONET

资料来源：作者根据Jack Ahern.Greenways as a planning strategy，1995. 整理

该绿道分级同时对应了不同行政等级，由不同等级的行政部门负责绿道规划与建设管理，不同等级的绿道规划设计有不同的内容侧重。高等级、大尺度的绿道规划由高等级行政单位组织，倾向于宏观政策层面，用于指导低等级绿道的选线与建设。低等级的绿道规划设计由当地相关部门执行，需要落实到具体建设与管理层面。

吉姆（C.Y.Jim）提出将绿道分为三个等级：大都市区绿道（Metropolis Greenway）、城市绿道（Citys Greenway）、邻里绿道（Neighborhood Greenway）。

上述两种绿道分级均从绿道网络所涉及的地域范围或规模大小来进行划分，具有较高的实用性。目前我国的绿道规划建设实践主要涵盖了区域（省）级、城市级、社区级三个等级，国土级绿道还有待进一步发展。

1.1.3.2 绿道分类

查尔斯·利特尔根据形成条件与功能的不同，将绿道分为下列5种类型：①城市河流型（包括其他水体）：通常作为城市衰败滨水区复兴开发项目中的一部分。②游憩型：通常建立在各类有一定长度的特色游步道上，以自然走廊为主，但也包括河渠、废弃铁路及景观通道等人工走廊。③自然生态型：通常是沿着河流、小溪及山脊线建立的廊道，为野生动物的迁移和物种的交流、自然科考及野外徒步旅行提供良好的条件。④风景名胜型：一般沿着道路、水路等路径而建，是风景名胜区之间的联系纽带。其最重要的作用是使步行者能沿着通道方便地进入风景名胜区，或是为车游者提供一个便于下车进入风景名胜区的场所。⑤综合型：通常是建立在诸如河谷、山脊类的自然地形中，很多时候是上述各类绿道和开放空间的随机组合。它创造了一种有选择性的都市和地区的绿色框架，其功能具有综合性。[8]

杰克·埃亨依据不同的建设目标，将绿道分为五类，详见表1-2。他还指出景观环境也对绿道类型具有重要影响。

绿道的功能分类　　表1-2

目标	依托资源	主要功能
保护并提高生物多样性	河流、小溪、山脊线、林区等生物多样性丰富或薄弱需要修复的地段	通过生态栖息地的保护、创建、串联和管理来保持或提高生物的多样性
保护水资源	洪泛地、河流、地下水补给排放区和湿地等	保护水资源，恢复和管理相关区域
提供休闲娱乐场所	串联城镇与郊野的线性廊道，如天然河道、运河、废弃铁路等	为人们提供紧密结合自然环境的休闲娱乐场所
保护历史和文化资源	穿过景区、历史遗产区的道路、公路，或少数水路	保护文化景观遗产，尤其是自然景观和人文景观紧密结合的区域
控制城市发展规模	城市与郊野的交界面，城区的边界。	控制城市发展规模 沟通城乡，优化城乡结构

资料来源：根据Jack Ahern. Greenways as a planning strategy，1995. 由作者整理

上述两种分类方式均从绿道选线所依托的资源以及绿道的主要功能出发，大部分内容基本一致，对于我国绿道分类具有借鉴价值。但是上述各类绿道存在一定程度的交叉，且未能体现绿道所处的区位，如城镇内部与郊野自然区域绿道的不同特征。

1.1.4 美国绿道规划策略

杰克·埃亨总结了绿道规划的四种策略：保护型策略、防御型策略、进攻型策略和机会型策略（图1–3）。

1.1.4.1 保护型策略

保护型策略主要应用于当现有情况支持可持续的景观过程和格局时，绿道能够保护其内部景观不被人为改变，而其周边很可能被改变。应用该策略需要规划知识的有效指导，以明确在未来发展中应该保护哪些土地。

采用该策略建设的绿道包括国家公园、世界遗产、大型栖息地等。典型案例是佛罗里达州绿道及游径系统规划（Florida Greenways & Trails System Plan）。其基本理念是基于GIS将野生栖息地按照重要性进行分级，然后用绿道及游径将重要的自然保护地、游憩及文化资源等联系起来。图1–4中左边为早期的概念结构图，右边为最新公布的规划图。比较两图可以发现游径类型更加丰富，增加了水上游径，结合陆上游径基本串联了所有需要保护的区域；佛罗里达国家风景游径作为主题游径，串联了全州大部分的游憩及文化资源。

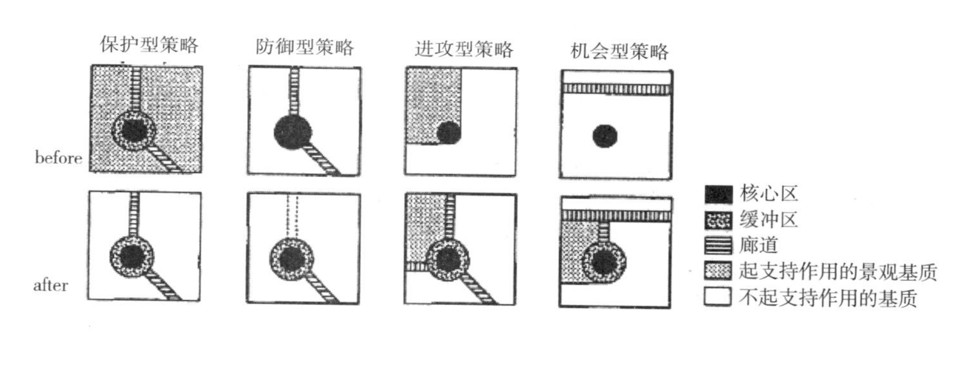

图1–3 绿道规划策略
资料来源：Jack Ahem. Greenways as a planning strategy, 1995

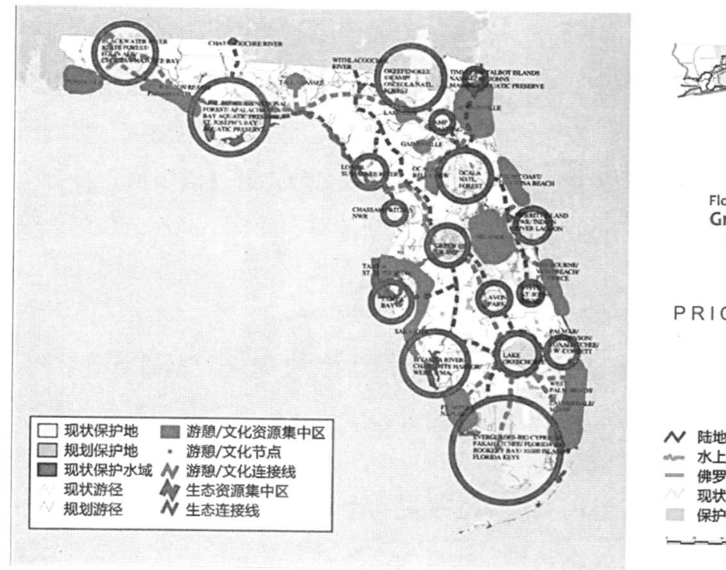

图1–4 佛罗里达州绿道及游径系统规划图
资料来源：作者根据佛罗里达州环境宝华部政府网站上的相关图片整理

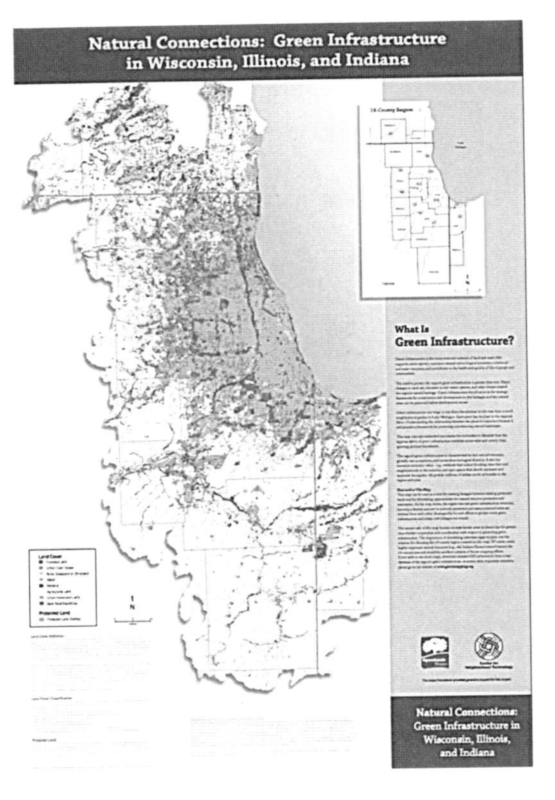

图1-5 威斯康星州、伊利诺伊州和印第安纳州绿色基础设施规划
资料来源：http://greenmapping.cnt.org/gi-map.pdf

1.1.4.2 防御型策略

当现有绿地已经破碎化，互相间缺乏联系时，应用防御性策略来降低土地破碎化所带来的负面影响，减弱或停止这种进程，以保护已经受损的土地。这种策略被认为是不够有效的，仅是一种亡羊补牢的补救措施。

采用该策略建设绿道可以为不断减少的自然资源增加防御屏障，包括各种分区规划确定的保护地、储备地、地方公园或区域公园。例如威斯康星州、伊利诺伊州和印第安纳州绿色基础设施规划，穿梭于灰色的高度城市化区域中的线性、块状绿地，即为在防御性策略下划定的绿道，也可以理解为大尺度上的城市绿色基础设施（图1–5），对重要的河、湖、海岸线加以保护。

1.1.4.3 进攻型策略

进攻型策略一般是基于明确的规划基础上，在已经受到干扰和破碎化的土地上，将自然重新建立或是恢复。该策略依赖于丰富的规划、生态恢复知识和大量的资金支持，其目的在于通过适当的方案将自然重新引入，如恢复被填埋的河道、棕地恢复等。

德克萨斯州休斯顿市的布法罗河口长廊是采用进攻性策略的典型案例，将原来由高架桥包围、散发恶臭的河口空间成功改造为风景宜人又具有生态价值的开放空间，获得了2009年美国风景园林协会ASLA综合设计类优秀奖。法布罗河是休斯顿市的主要排水系统，使用分层石笼建造生态河岸，通过土方挖填减缓坡度，提高河道防洪能力。改造后的河岸区域视线开敞，保证使用安全，通过散步道、自行车道、坡道和台阶将河道与城市有效联系起来，大量新植树木降低了高速公路的影响（图1–6）。

1.1.4.4 机会型策略

机会型策略的实施通常依赖于可以转化为绿道的线性元素，比如交通系统、城市基础设施以及绿色基础设施等。该策略需要善于发现机会，并与其他策略结合使用。

美国的轨道变步道运动（Rails–to–Trails）是机会型策略的典型应用。20世纪60年代开始，美国货运的重心逐渐从火车转移到汽车，大量的铁路被废弃，为绿

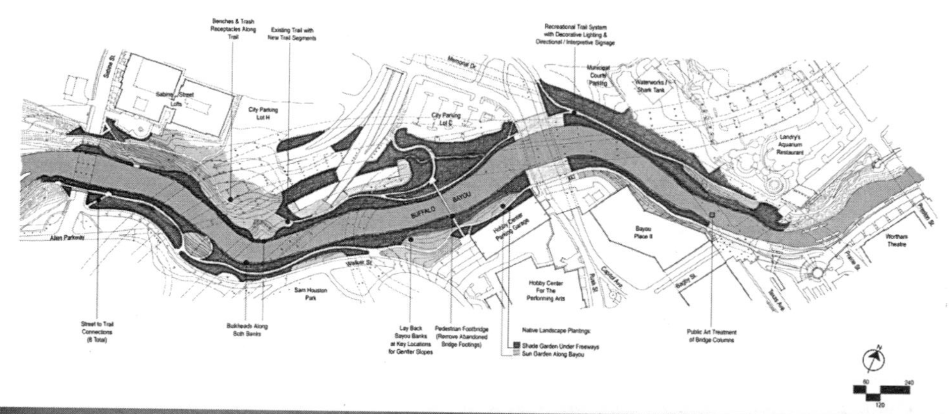

图1-6 德克萨斯州休斯顿市的布法罗河口长廊
资料来源：https://www.asla.org/2009awards/104.html

道的建设提供了条件。1986年非政府组织“铁路-游径”保护委员会正式成立，开始有计划地进行铁路改造。至2017年已经改造了2000多条铁路轨道，建成超过51500km的游径。

纽约高线公园（High Line Park）位于曼哈顿中城西侧，是轨道变步道的成功项目之一。该项目将一条1930年修建的高架铁路货运专线改造为空中花园绿道，联系了23个街区，创造了新的社区公共空间，提供了审视城市的新视角，赢得了巨大的社会与经济效益，获得了2010年美国风景园林协会ASLA专业奖和通用设计荣誉奖。公园保留部分铁轨及原有野生植被，传递场地记忆；平面布局上硬质铺装和软质种植体系相互渗透，有效丰富了空间变化。该项目从发起到实施全程均有市民组织的“高线之友”的积极参与，是公众参与绿道规划建设的优秀实例（图1-7）。

图1-7 纽约高线公园

资料来源：https://www.asla.org/2010awards/173.html

1.2 欧洲绿道

本节首先梳理了欧洲绿道发展概况，提出了欧洲绿道实践的三个层级，随之分析了欧洲绿道相关概念，然后选取不同层级的欧洲绿道典型案例进行了研究。

1.2.1 欧洲绿道发展概况

20世纪初，在“田园城市”思想的影响下，欧洲开始了环城绿带的规划建设，一方面协调城市与乡村，另一方面将城市与其外围的自然区域或林地联系起来，之后环城绿带与城市开放空间系统的联系日趋紧密，为当代城市绿道的发展奠定了基础。1936年哥本哈根进行了“绿色小径网络”（A Network of Green Paths）规划建设，主要是为了应对旧城环境污染、生活拥挤等问题，发挥游憩功能的同时也承担着改善社区生态环境的功能，与当代社区级绿道有一定的共通之处。

20世纪50年代，随着二战后欧洲经济的快速发展，城市人口急剧增长引发环境问题，生态学理论的研究不断深入，自然保护的意识也不断加强。从以物种保护为中心的和以孤立的保护区为主的途径，向以生态系统和过程为导向、以保护和恢复连续的生境体系为目标的范式转变。至20世纪80年代，源于生物保护领域的生态网络（Ecological Networks）概念在欧洲开放空间规划及国土空间规划中逐渐得到广泛认可。

1993年国际会议“保护欧洲自然遗产：建立欧洲生态网络”召开，提出将生态网络作为指导并协调欧洲各国自然保护战略运行的操作性框架。由于社会制度和经济条件的差异，西欧和东中欧的生态网络研究具有较大的差异。西欧学者从自然生态系统出发，研究重点主要放在保护恢复“廊道”及“生态踏脚石”（生境孤岛），为生物迁移提供便利；东中欧学者从人类活动对自然生态环境的影响出发，研究重点主要放在“环境承载力”“自净能力”“生态补偿”和“生态稳定性”，制约极端的集约土地利用。1996年欧洲议会制定《泛欧洲生物和景观多样性战略》，为欧洲各国协调生态网络建设提供了一个基础性的框架。

受美国绿道理念的影响，20世纪90年代后的欧洲绿道实践逐渐朝着多元化的方向发展，绿道功能不断拓展，并因自然资源状况、社会经济条件等的不同而呈现出自身特色，概括起来包含以下三个层级，下文的欧洲绿道实例将按此层级展开分析。

第一层级，大尺度的国家/跨国绿道。该层级的绿道实践又可分为两方面：一方面是基于地理空间联系，以区域的生物多样性保护和生态安全为目标，由生态学家和景观设计师密切合作构建的大尺度生态网络。另一方面是基于休闲游憩目标，依托跨国河流，串联自然景观及历史人文资源，同时结合交通网络建设的长距离自行车旅游线路。上述两方面绿道实践在一定程度上相互融合，大尺度生态网络中也兼容长距离游径。比较典型的例子有荷兰国家生态网络、欧洲自行车联合会发起的EuroVelo（欧洲自行车路线网络）项目等。

第二层级，联系城市群（圈）的区域绿道。基于欧洲各国普遍流行的大都会发展战略，以城市群（圈）为单位，在经济产业密切联系、交通便利、生活方式相近和发展历史相似的区域内，构建连通各中小城市的区域绿道。依托绿道建设，整合区域内的自然及人文资源，提升该地区的生态环境及城市居民的生活环境，推动旅游等第三产业发展，进而促进经济增长。著名的案例如德国鲁尔区绿道。

第三层级，联系开放空间、衔接绿色交通的城市绿道。该层级的绿道建设注重加强城市内部绿色开放空间与其外围郊野乡村区域的连通，同时满足城市居民的休闲游憩需求。欧洲深入人心的绿色出行理念和完善的自行车公用计划，使得绿道中通常以自行车为主要交通工具，强调自行车骑行的连贯与通畅，重视相关软硬件设施的设置。绿道保证城市居民骑行安全，拓展骑行空间范围并增加骑行乐趣。比较典型的例子有英国伦敦绿道系统以及荷兰、丹麦等国的城市自行车道系统。

1.2.2 欧洲绿道相关概念

本小节梳理了三种欧洲绿道相关定义，笔者认为基于不同的出发点，对概念的阐述存在较大的差异，充分展现出绿道功能复合化、尺度与形式多样化的特征。

1.2.2.1 绿道与生态网络

欧洲学者罗布·容曼（Rob H.G.Jongman）将生态网络定义为自然保护地及其连接体构成的系统，其目的在于将破碎的自然系统连接成为一个整体，相对于非连接状态的生态系统而言，能够支持更高的生物多样性。[18]生态网络由核心区（Core Areas）、保护核心区的缓冲区（Buffer Zones）以及联系核心区与缓冲区的生态廊道（Ecological Corridors）组成。生态网络包含生态和人文因素，需要优先考虑自然和文化之间的相互作用。

容曼认为虽然生态网络和绿道在方法和功能上呈现出明显的差异，但是在概念和结构上却颇为相似。美国绿道最初是便于人们由城镇进入乡村的路线，而欧洲生态网络的初衷是为了保护物种与栖息地，在后来它们各自的发展中，这两个概念越发地趋于一致，目前都被看作是供物种群落（包括人类）生存和移动的基本结构。[19]生态网络和绿道也都被作为可持续发展和复合多功能的策略。

生态网络联系各种自然、半自然的空间，并使之得到维护和加强（图1-8）。容曼提出生态廊道具有多样化的尺度与形态，可以发挥渗透景观的连接作用，维持或重建自然的连续性，是生态网络中最具多功能性的景观结构。生态廊道主要具有以下功能：①体现地域特色的美学功能；②创造具有吸引力的环境以提升心理愉悦感的社会功能；③引导人们体验和了解自然的教育功能；④亲近自然的休闲娱乐功能；⑤营造暂时和永久性生物栖息地或生物通道的生态功能。

1.2.2.2 绿道是一条从环境角度被认为是好的路线

英国风景园林师汤姆·特纳（Tom Turner）于1995年对绿道作了一个极其简洁的定义：绿道是一条从环境角度被认为是好的路线（A route which is good from an environmental point of view）。他认为绿道在实质内涵上有更多的来源（图1-9），主

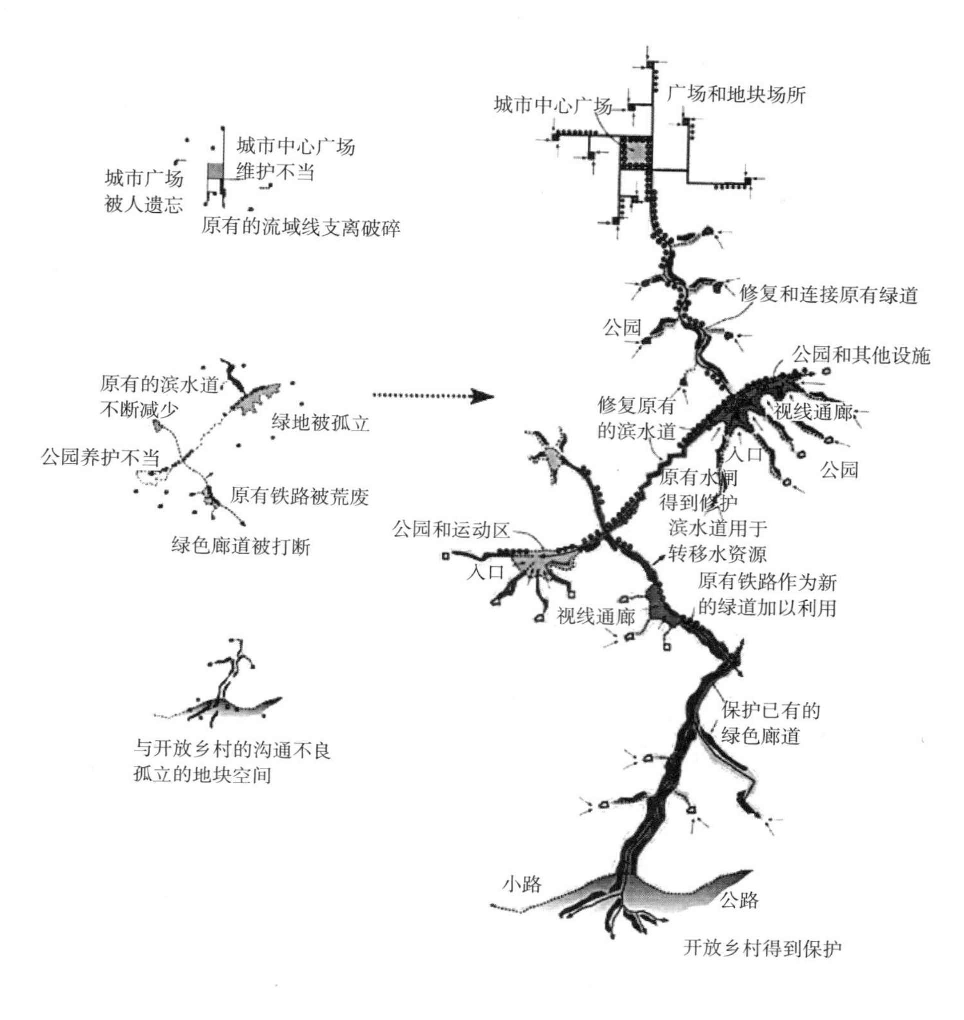

图1-8 生态网络构建将破碎的生境斑块连缀为一个完整系统

资料来源：刘滨宜，王鹏. 绿地生态网络规划的发展历程与中国研究前沿，2010

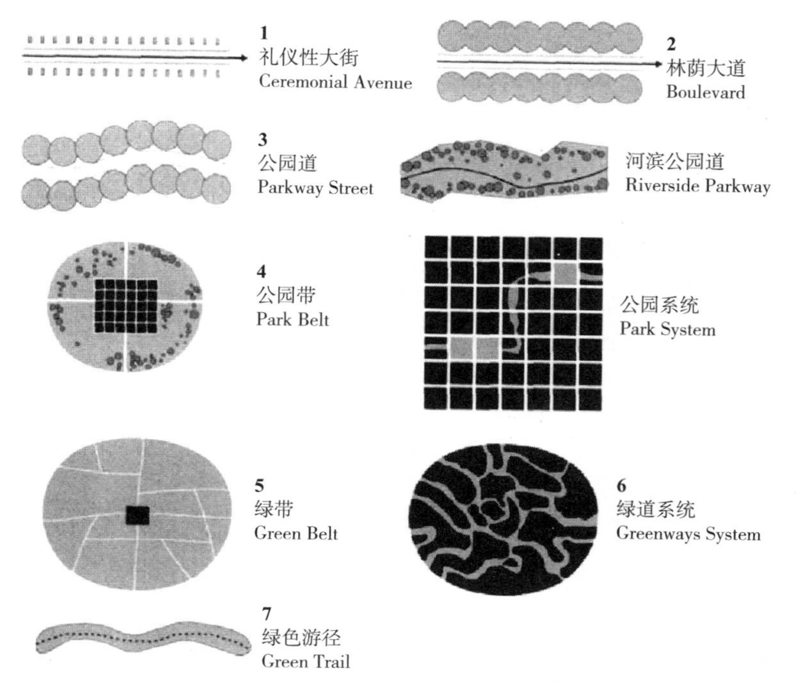

图1-9 绿道概念的来源

资料来源：作者根据Tom Turner. Landscape Planning and Environmental Impact Design [M]. London: McGraw Press，1998.改绘

要包括：①礼仪性大街，如古埃及时代的大道；②林荫大道，最初是位于城镇防洪堤上的步道，后来发展成为种植行道树的街道；③公园道及河滨公园道，满足休闲性交通及市民游憩需求；④公园带及公园系统，公园带通常环城布置并满足整个城镇的游憩需求，公园系统主要加强城市公园的相互联系；⑤绿带，控制城市的无序蔓延；⑥绿道系统，满足城市的休闲游憩需求；⑦绿色游径，城市或乡村地区的游憩线路。[22]

汤姆·特纳认为“绿道”一词中的“绿”不能简单理解为“有植被覆盖”，而应“从环境角度令人满意”；“道”可以理解为“路线”。他提出绿道将是人们可以享受户外景观提供的公共用途的路线，具有风景、生态、水文、休闲游憩等多方面的复合价值。

1.2.2.3 绿道与非机动出行专用网络

欧洲绿道协会EGWA（European Greenways Association）成立于1998年，旨在鼓励绿道在欧洲建设推广，汇集了来自16个国家的近50个不同组织参与。欧洲绿道协会将绿道定义为“独立的专供非机动出行使用的路线网络，它的发展目标包括集成各种设施、提升周边区域的环境价值和生活质量。绿道需具备舒适的宽度、坡度以及路面，以满足对包括残疾人在内的使用者都是友好和低风险的。”（里尔宣言，2000年9月）。绿道具有以下特征：①方便通行，坡度允许包括残疾人在内的所有使用者使用；②安全，与道路分离，并在交叉口采取适当的保护措施；③连续性，对困难和替代路线有适当的解决方法；④环境友好，尊重保护沿线环境并鼓励使用者保护环境。绿道发挥以下功能：①加强联系，为徒步者、骑自行车者、骑马者、残疾人等改善非机动行程；②促进更健康、更平衡的生活和交通方式，减少城市拥挤和污染；③促进乡村发展，带动旅游业和地方就业；④鼓励更人性化、更密切的公民关系。[23]

该绿道定义更多地指向了路线网络而非绿色空间网络，具有非机动出行、环境提升、促进旅游发展等复合功能。这与欧洲发达的自行车交通系统紧密相联。为了缓解交通拥堵，不少欧洲城市均鼓励自行车出行，并相应配置自行车专用道、安全保障、交通换乘、租借服务等软硬件设施方便市民使用，如德国、荷兰、丹麦等国。同时自行车骑游也是休闲旅游的热门方式，欧洲自行车联合会（ECF，European Cyclists' Federation）规划了欧洲自行车路线（Eurovelo）网络，包含16条长途路线，至2019年底总长已接近90000km，成为世界上最大的自行车网络。

1.2.3 欧洲国家/跨国绿道

欧洲国家/跨国绿道的实践主要包含大尺度生态网络、长距离自行车绿道两个方面，本节分别选取代表性实例进行研究，随后总结归纳其发展特征。

1.2.3.1 大尺度生态网络

欧洲生态网络构建的目标主要为生物栖息、生态平衡、河流流域保护与恢复，目前实施的大尺度生态网络几乎全部基于景观生态学原则。欧洲生态网络具有等级

图1-10　2016年Eurovelo路线图
资料来源：http://www.eurovelo.org/

结构，组成网络的核心区、缓冲区、生态廊道等元素需在地方、区域、国家、国际各层次界定。荷兰国家生态网络就是在欧洲生态网络框架下的国家计划。

荷兰国家生态网络

荷兰国土面积4.15万km^2，人口1700万，是欧洲乃至世界人口密度最大的国家之一。荷兰是欧洲重要的农业区，农业用地超过土地总面积的60%，同时工业化程度高，自然环境受到人类活动的强烈干扰，整体自然系统趋于破碎化，引发了系列环境问题，直接导致许多动植物因为栖息地的破坏和分隔而灭绝。荷兰国家生态网络（Ecologische Hoofdstructuur，National Ecolological Network）的目标是可持续地保存、恢复和发展具有国家及国际意义的生态系统，包括两个方面，一是提高自然区域的承载力（增加自然区域面积并改善自然栖息地质量），二是提高自然区域的完整性和连续性（增大网络密度和乡村的可渗透性）。

荷兰国家生态网络包含陆地与水域，由五大要素组成：①核心保护区：具有国家和国际意义的自然区域；②生态发展区：以提高或加强现有核心区为目标，也可发展为新的核心区；③管理区：需要签订管理协议，承诺以环境友好的方式生产，保护珍稀动植物群落的私有农业区域；④联系区：促进动植物物种扩散、迁徙和交流的区域，包含不同尺度的生态廊道及生态踏脚石；⑤缓冲区：围绕核心区，减缓外部不利影响的区域。[24]

荷兰国家生态网络于1990年的第一版荷兰《自然政策规划》中开始实施，结合本国生态特征，形成以核心保护区、生态发展区、缓冲区为主体，与植被带、河

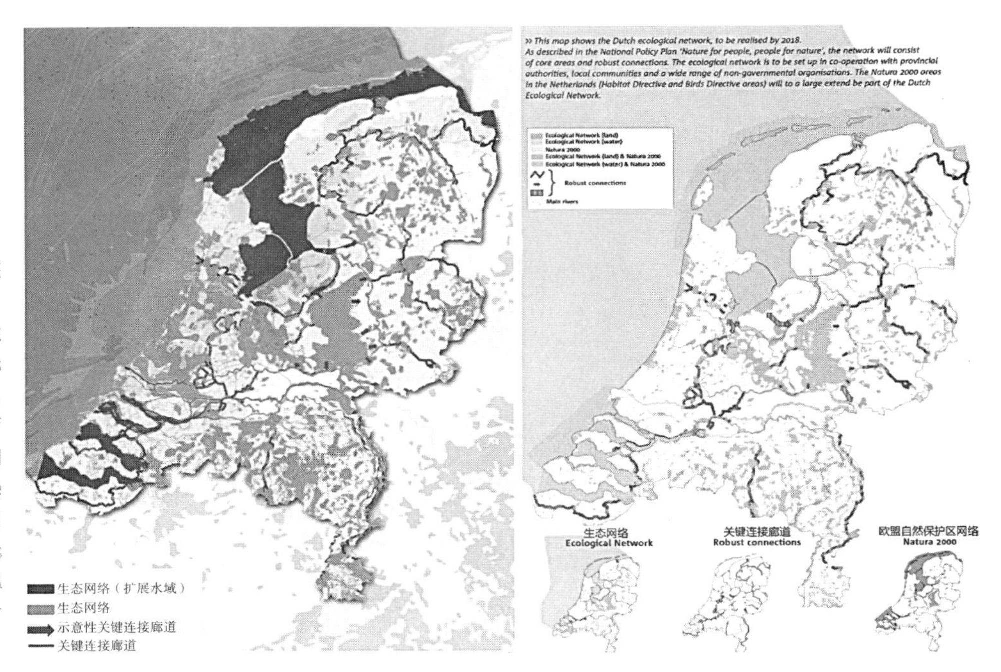

图1-11 荷兰国家生态网络

资料来源：左图 Jack Ahern, Greenways as a planning strategy, 1995；右图Ministry of Agriculture, Nature and Food Quality Reference Centre. Ecological Networks: Experiences in the Netherlands "A joint responsibility for connectivity", 2004

道、海岸线等自然和人工廊道以及保障动物迁徙的飞地所共同构筑的生态网络体系（图1-11左）。2000年对其进行了阶段性评估，2003年提出扩大生态网络面积并提高其质量，继续推进实施并创建更多的连接，还确定了12条关键性连接廊道（Robust Connections）（图1-11右）。

荷兰国家生态网络规划分为国家、省域、城市三个层次，各层次保持上下联系，同时还在欧洲生态网络框架下与周边国家（如比利时、德国）实现连接与合作，图1-11中的左图就展现了跨国生态廊道。荷兰国家生态网络由中央、省级、地方三级政府共同推进实施，中央制定总体框架并进行指导，省级层次落实具体保护内容并协调各利益方，地方层次落实位置并具体执行。

可持续地保护和恢复自然与生物多样性是荷兰国家生态网络的首要目标，但并不是唯一目标，它还具有以下多功能目标：通过生产清洁水，可持续利用原材料（例如木材）和吸收二氧化碳来实现许多环境目标；保护具有重要价值的乡村、历史文化、考古和地质区域；在有条件的情况下实现重要的娱乐功能，发展可持续农业、渔业和水上运输；提升居住和商业场所的环境品质；有助于精神放松与心理健康。

因为以生物保护为唯一目标的自然网络比多功能网络所需面积更小，所以单纯自然网络通过强有力的政府主导规划更为有效，而多功能网络的设计与管理需要更多利益方的参与。荷兰国家生态网络统筹协调了自然保护与其他功能。比如基于区域的生态敏感性确定是否纳入游憩、采砂、取水等功能，通过合理分区将某些服务活动限制在区域外部，在动物抚育期内禁止某些活动等。

1.2.3.2　长距离自行车绿道

自行车骑游是欧洲热门的休闲旅游方式，许多长距离跨国（区域）绿道已经成为欧洲经典的自行车骑游路线，在保护自然与文化遗产、促进环境改善与可持续发展等方面发挥了积极作用。

（1）法国卢瓦尔河流域绿道

法国卢瓦尔河（La Loire）流域绿道法文名称“La Loire à vélo”，意为“骑自行车的卢瓦尔河”。卢瓦尔河位于法国中西部地区，绿道全长逾900km，横跨卢瓦尔大区和中央大区2个行政大区、6个行政省、8个大中城市以及1个地区级自然公园。三分之二的绿道路线经过卢瓦尔河谷，它被联合国教科文组织列为世界遗产，河谷绿道路线平坦，是法国重要的集休闲娱乐、户外活动和自然文化遗产旅游于一体的绿道。卢瓦尔河绿道包含多种形式的游径，详见表1-3。

卢瓦尔河绿道游径分类　　表1-3

游径分类		游径特点
无机动车交通路径	绿色道路（Voie Verte）	供非机动出行者（自行车、步行者、马匹、溜冰鞋等）使用，通常沿废弃的铁路线、河岸、森林等设置。道路表面大多覆紧实的沙土或其他适合自行车使用的表面
	自行车专用道（Cycle Paths）	与机动车交通分离的专用自行道
与机动车共用路径	城市自行车道（Cycle Lane）	供骑行者使用，通常用于城市地区，通过道路标记与其他交通分离
	无货运路线（Route Sans Transit）	仅供居民和骑行者使用，禁止货车通行
	安静的道路（Quiet Roads）	与机动车共用的道路，交通流量≤500辆/天

资料来源：作者根据https://www.loirebybike.co.uk/homepage/la-loire-a-velo-nature-culture-and-adventure/整理

卢瓦尔河绿道是著名的欧洲6号自行车路线（Eurovelo 6）的重要组成部分。该路线跨越10个国家（法国、瑞士、德国、奥地利、斯洛伐克、匈牙利、塞尔维亚、克罗地亚、保加利亚和罗马尼亚），联系大西洋与黑海，沟通3条欧洲主要水道（卢瓦尔河、莱茵河、多瑙河），目前长度已超过4600km，串联沿线不可思议的风景和无与伦比的建筑及文化遗产（图1-12）。

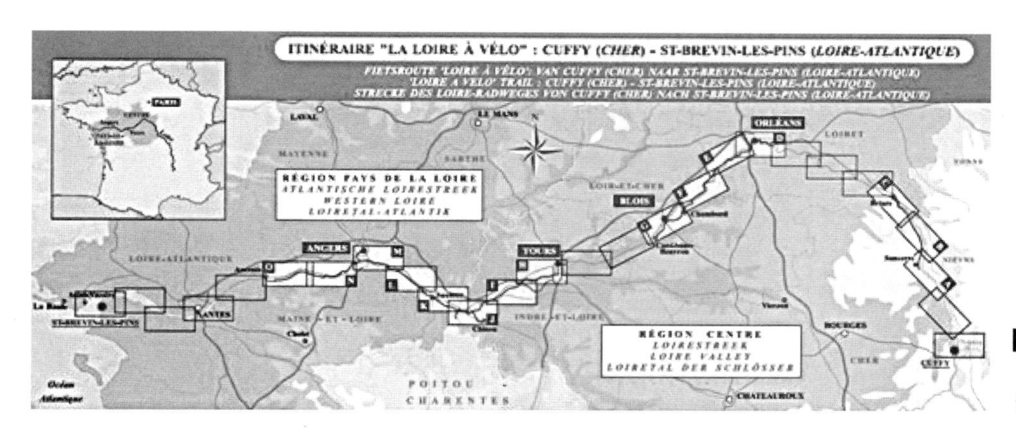

图1-12　卢瓦尔河绿道线路图
资料来源：百度图片

（2）布拉格-维也纳绿道

布拉格-维也纳绿道是中欧地区的第一条绿道，始建于1994年，汲取了美国哈德逊河谷绿道的建设经验。该绿道路线沿着波希米亚南部的伏尔塔瓦河谷和摩拉维亚南部的戴耶河谷延伸，串联4处联合国教科文组织评定的世界文化遗产：维也纳的勋布伦宫、瓦提斯和莱德尼斯城堡、泰尔克的文艺复兴城镇广场和塞斯基·克鲁姆洛夫的中世纪城镇，目前已形成全长470～560km的徒步和自行车旅行网络。[28]图1-13中的绿色线路是绿道主线，还有三条绿道支线与绿道主线构成了局部的绿道环线，红色线路为罗森博格遗产绿道，蓝色线路为工艺与信仰绿道，紫色线路为列支敦士登绿道。

可持续发展环境合作组织（由保加利亚、捷克、匈牙利、波兰、罗马尼亚、斯洛伐克6个基金会组成的联盟）对于促进中欧绿道发展发挥了重要作用，布拉格-维也纳绿道最初是由捷克环境合作基金会提出的，并持续提供资助及技术支持。绿道最初的建设目标是保护自然和文化遗产，发展可持续旅游业。随后绿道逐渐参与交通体系与公共区域规划，促进以创新性应用型方法管理非机动交通，引导城市和市政管理向着可持续发展，支持健康的生活方式，鼓励市民转变出行习惯。

2000年可持续发展环境合作组织发起了中欧绿道项目，在公民、公共部门、商业和政府组织间创造一个开放的网络合作系统，提供复杂和多样化的支持，来确保当地居民建立和复兴具有公共利益的道路系统和自然廊道——绿道。目前中东欧语境下的绿道内涵是多功能的道路系统：为非机动车的使用者连接社区、地方活动、自然与文化遗产地，提供健康的环境与生活方式，同时为可持续发展提供框架性结构，并有效鼓励公众参与场所营造。[29]

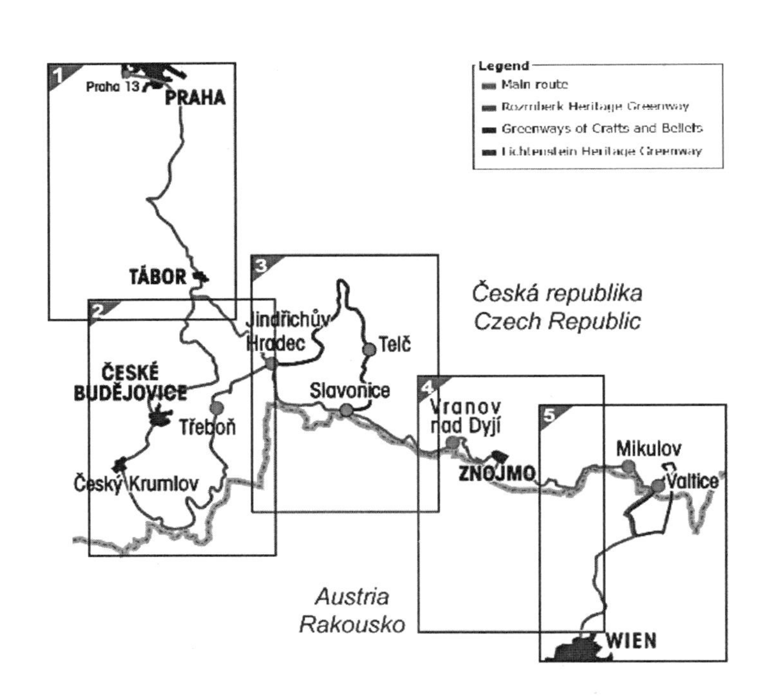

图1-13 布拉格-维也纳绿道线路图
资料来源：http://www.praguewiennagreenways.org/gwmap.html

1.2.3.3　欧洲国家/跨国绿道发展特征

由于欧洲国家国土面积相对较小，各国疆域相邻，因此欧洲整体层面的协调以及国际合作对于国家/跨国绿道的发展具有重要影响。欧洲统筹设立了生态与自行车网络的整体发展框架，在各国政府的密切合作，以及各种非政府组织的积极参与下，有效地推动了欧洲国家/跨国绿道的发展建设。

目前欧洲已经发展形成了包括“自然 2000”网络（Nature 2000）、绿宝石网络（Emerald Network）、欧洲生态网络（European Ecological Network）以及泛欧洲生态网络（Pan–European Ecological Network）等多种关于生态网络的自然保护规划。虽然这些规划各自的保护方法和侧重点有所区别，但是形成了互相支持的关系，共同构建由物质要素组成的空间网络。随着实践的不断发展，欧洲生态网络已经不仅是一个自然保护网络，也是一个社会管理网络，强调生态、社会、经济的协调稳定发展，注重区域之间、国家之间在信息、理论研究等方面的交流，增进发展思路与政策等方面的协调与合作。目前欧洲各国家已陆续将生态网络纳入本国的法律体系，并建立了多项跨国的自然和生物多样性保护战略，对生态网络有效实施提供统一的规范要求和政策支持。

欧洲自行车联合会对于欧洲长距离自行车绿道发展起了很大的促进作用，它是欧洲国家自行车组织（或促进发展城市自行车交通组织）的联盟，成立于1983年，现有67个成员组织，代表近40个国家的50多万欧洲公民。其使命包括：确保自行车使用发挥最大潜力，通过可持续旅游带来可持续的流动性、公共福祉及经济发展，改变欧洲层面关于自行车发展的态度、政策和预算分配。[30]欧洲自行车联合会于1995年提出EuroVelo项目构想，旨在促进和协调一个完整的欧洲自行车路线网络。1997年EuroVelo项目正式启动，2001年首条线路建成，逐渐形成欧洲跨境自行车基础设施网络。自2012年以来，每隔一年举办一次EuroVelo和自行车旅游会议，以分享经验并突出优良做法，鼓励EuroVelo网络的进一步发展和欧洲各地的自行车旅游。

1.2.4　欧洲区域绿道

欧洲区域绿道主要联系某城市群（圈）内的各个城市，发挥生态保护、环境提升、休闲游憩、历史文化传承、社会与经济等方面的综合功能。本节以德国鲁尔区绿道为例进行研究，首先简单梳理德国绿道发展概况，然后分析鲁尔区绿道建设背景及布局结构，最后总结鲁尔区绿道的发展特征。

1.2.4.1　德国绿道发展概况

德国是世界上最早进行空间规划的国家之一，德国绿道的规划建设伴随其空间规划的发展，与绿色开放空间系统紧密相连。德国也是欧洲自行车大国之一，非机动出行专用网络十分发达，引领绿色生活方式。本节主要从上述两方面着手梳理德国绿道的发展情况。

（1）绿带与绿廊

“绿带”（德语Grüngürtel）概念出现于19世纪末，其最初的目的是隔离城区内外，目前已发展为环绕城市的连续绿色开放空间系统，用于控制并引导城市空间拓展，连接城市与自然，为市民提供休闲娱乐场所，通常受到空间规划或土地使用计划以及法律的保护。

“绿廊”（德语Grünzug）在德国首次作为地区空间发展规划中的措施，是1966年鲁尔区市政会议确定的。1978年巴伐利亚州规划协会确定“绿廊”正式成为该州规划结构的一部分。目前“区域绿廊”（德语Regionale Grünzug）已被列为德国区域规划的重要内容之一，指城市群中大规模的带状自然空间（宽度多大于1km），通常被作为优先领域加以保护。“绿廊”以未建设区域为主，可用作生境保护地、水源保护地及冷空气发生地，其中也可以包含公园或体育设施。吸纳了源于自然保护的生态网络（德语Biotopverbund）的相关理论，“绿廊”同时也服务于生态重建和绿色补偿，主要用于增加破碎生境斑块的连接度，为动植物提供迁徙路径。

总而言之，德国空间规划中“绿带”与“绿廊”均用于控制并引导城市发展，呈现出绿色网络的形态，笔者认为可将其统称为生态休闲绿道。

（2）自行车游径与自行车快速路

德国非机动出行专用网络包括两个部分：一是“自行车游径”（德语Radfern-weg，也称为Radfernroute或Fernradweg），主要为骑自行车旅游服务，包含长途路线。二是“自行车快速路”（德语Radschnellwege），不仅为休闲观光者服务，更多是为市民提供通勤与运动健身路径。这两种路径通常设置特定的标识，以便与市政自行车交通线路相区别，同时完善与公共交通及机动车出行的高效接驳。

这两种路径可以是独立的自行车道，也可以是安静的低交通负荷的支路、田间或林间小路或由废弃铁路等改造，一般会设置人文或自然主题的线路，穿过风景优美的地区，带动沿线旅游业发展，笔者认为可将其统称为观光骑行绿道。

2006年德国自行车协会（ADFC，Allgemeiner Deutscher Fahrrad-Club）为德国观光骑行绿道制定了星级标准，对绿道进行严格的审查认证，五星级绿道很少授予，一般三至四星级为良好的绿道。审查的主要项目是路标、路面宽度和可行驶度；以及相应的配套设施，如餐饮、休息、可停放自行车的住宿场所等；交通干扰和安全方面也在评估项目中。对于已经得到认证的绿道，为了保障长效使用，将在最少三年后对绿道的可使用性和管理维护情况进行重新认证。

1.2.4.2 鲁尔区绿道建设情况

鲁尔区位于德国最发达的北莱茵-威斯特法伦州中部，曾是世界上最大的工业区之一，因煤炭和钢铁工业而闻名。在鲁尔河与埃姆舍河之间形成了连片的城市带，是德国最大的城市群，也是欧洲最大的城市群之一，呈现典型的多中心结构。

鲁尔区自20世纪60年代以来经历了衰退，产生了一系列的社会、经济和环境问题。鲁尔区将绿道建设与工业区改造相结合，将原本脏乱不堪、破败低效的工业区，变成了生态安全、景色优美的宜居城区与工业遗产旅游胜地。鲁尔区绿道建设主要包含两个层面的内容，突出不同的功能侧重：宏观层面着力构建生态休闲绿道，形成该区域的绿色发展框架；微观层面则修建突出工业文化遗产主题的观光骑行绿道，服务本地居民及外来游客，积极促进旅游业发展。

鲁尔区于1989年启动了埃姆舍景观公园（Emscher Landscape Park）计划，以1999年国际建筑展（IBA）为契机建设区域公园。以东西向的埃姆舍河水系作为主体骨架，规划7条南北向的区域绿带（生态休闲绿道），形成鱼骨状放射的开放空间体系（图1-14）。生态休闲绿道结合河道治理与修复，综合自然空间保护与再生，构建生物迁徙走廊，保护并提升生物多样性，奠定了区域绿色发展的基础。生态休闲绿道中结合工业遗址设计了主题公园，形成鲜明的区域特色，也为市民休闲及旅游体验提供了优良场所。

鲁尔区观光骑行绿道网络整合串联工业遗址公园、自然河谷、郊野远足地等零碎的开放空间，兼顾自行车骑行和步行使用需求。目前鲁尔区绿道网络包含三条主要路线（图1-15），图中绿色线路为鲁尔河谷游径（Ruhrtalradweg），蓝色路线为

图1-14 鲁尔区7条区域绿带

资料来源：李潇. 德国“区域公园”战略实践及其启示—— 一种弹性区域管治工具，2014

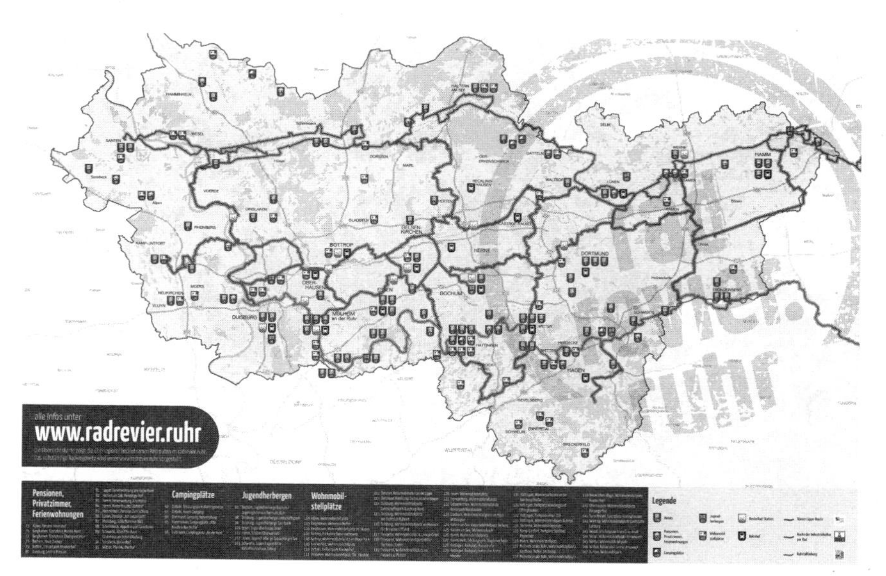

图1-15 鲁尔区绿道路线图

资料来源：鲁尔区工业文化路线网站上下载的文件DE_106_RRR_Fly_600x420DINlang_RZ-web.pdf http://www.route-industriekultur.ruhr/service/broschueren-downloads.html

罗马–利普游径（Römer–Lippe–Route），红色路线为工业遗产游径（Route der Industriekultur per Rad）。前两条是跨区域的长距离游径，鲁尔河谷游径多次被德国自行车协会评定为四星级骑行绿道，并被列为最受欢迎的沿河骑行路线之一；罗马–利普游径沿利普河谷延伸，联系莱茵河下游地区。工业遗产游径位于鲁尔区内部，穿行埃姆舍公园，在环线的基础上，通过连接线连接鲁尔河及利普河绿道。截至2019年，工业遗产游径串联了25个重要景点、17个工业区全景观赏点和13个原工人聚居地（图1–16），沿线还设立了多个关于工业历史、科技和可持续发展的博物馆。

1.2.4.3 鲁尔区绿道发展特征

鲁尔区生态休闲绿道与观光骑行绿道同步发展，二者达到了有机结合。生态休闲绿道依托城镇之间现有的绿色空间，对其进行串联与结构优化，构建区域可持续发展的框架，保护生态环境，控制并引导城镇空间拓展。观光骑行绿道在生态休闲绿道形成的大尺度区域绿带网络中叠加布局，主题游径的路线充分结合本地工业遗产资源，设置完善的标识及自行车租赁系统以便于使用，由工业遗址改造的公园、广场、服务建筑、博物馆等成为富有特色的绿道设施。

从鲁尔区实践可以看出欧洲区域绿道发展基于不同的出发点，一方面从生态保

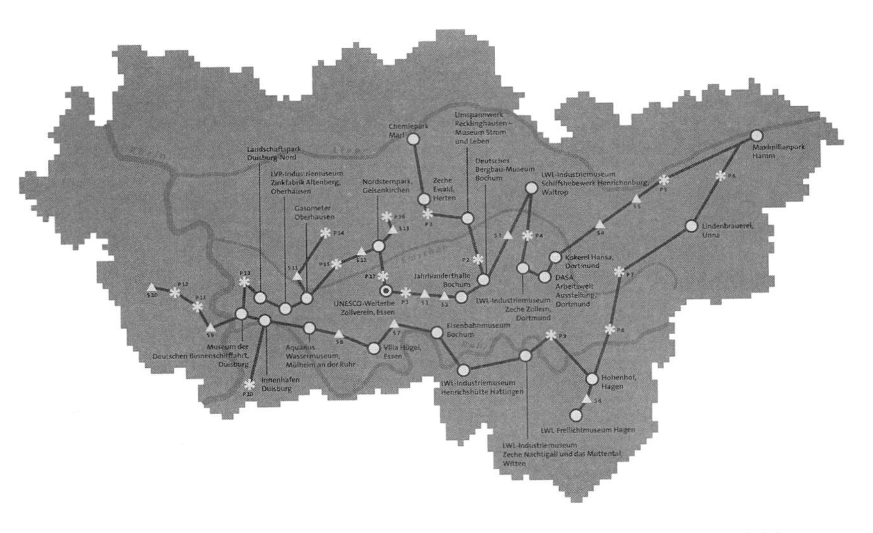

Ankerpunkte
► sind Erlebnisorte und Knotenpunkte für Informationen

Besucherzentrum Ruhr / RUHR.VISITORCENTER Essen und Portal der Industriekultur

ERIH Ankerpunkte
European Route of Industrial Heritage

- Gasometer Oberhausen
- Landschaftspark Duisburg-Nord
- LWL-Industriemuseum Henrichshütte Hattingen
- LWL-Industriemuseum Schiffshebewerk Henrichenburg
- LWL-Industriemuseum Zeche Zollern
- UNESCO-Welterbe Zollverein

Regionalverband Ruhr

Bedeutende Siedlungen
► das Ruhrgebiet zu Hause

Für die Sozialgeschichte des Ruhrgebiets und die städtebauliche Gegenwart sind die vielfältigen Siedlungen besonders aufschlussreich. Sie erlauben einen authentischen Einblick in das Leben der Region.

S 1 Flöz Dickebank, Gelsenkirchen
S 2 Dahlhauser Heide, Bochum
S 3 Teutoburgia, Herne
S 4 Alte Kolonie Eving, Dortmund
S 5 Ziethenstraße, Lünen
S 6 Lange Riege, Hagen
S 7 Altenhof II, Essen
S 8 Margarethenhöhe, Essen
S 9 Rheinpreußen, Duisburg
S 10 Alt-Siedlung Friedrich-Heinrich, Kamp-Lintfort
S 11 Eisenheim, Oberhausen
S 12 Gartenstadt Welheim, Bottrop
S 13 Schüngelberg, Gelsenkirchen

Panoramen der Industrielandschaft
► bieten Überblicke

Eine besondere touristische Attraktion bilden die herausragenden Aussichtspunkte einer Region. Hier im Revier kann man die typische industrielle Kulturlandschaft überblicken. Einige dieser Panoramen sind als neue Zeichen der Landmarken-Kunst gestaltet.

P 1 Halde Rheinelbe, Gelsenkirchen
P 2 Tippelsberg, Bochum
P 3 Landschaftspark Hoheward, Herten/Recklinghausen
P 4 Halde Schwerin, Castrop-Rauxel
P 5 Halde Großes Holz, Bergkamen
P 6 Kissinger Höhe, Hamm
P 7 Fernsehturm Florian, Dortmund
P 8 Hohensyburg, Dortmund
P 9 Berger-Denkmal auf dem Hohenstein, Witten
P 10 Tiger & Turtle – Magic Mountain, Duisburg
P 11 Halde Rheinpreußen, Moers
P 12 Halde Pattberg, Moers
P 13 Alsumer Berg, Duisburg
P 14 Halde Haniel, Bottrop/Oberhausen
P 15 Tetraeder, Bottrop
P 16 Halde Rungenberg, Gelsenkirchen
P 17 Schurenbachhalde, Essen

图1–16 鲁尔区工业文化绿道串联的景点

资料来源：鲁尔区工业文化路线网站上下载的文件Karte27012017_deu.pdf http://www.route-industriekultur.ruhr/service/broschueren-downloads.html

护的角度，构建融合生态网络的生态休闲绿道系统；另一方面从改善交通及服务民众的角度，建设兼容通勤与旅游功能的观光骑行绿道系统。笔者认为未来欧洲将会进一步促进这两方面的有机融合，提高土地资源利用率，发挥更加综合的效益。

1.2.5　欧洲城市绿道

欧洲城市绿道发展的显著特征是伴随城市同步发展，与城市绿色开放空间及绿色基础设施紧密相连，同时与城市绿色交通系统融合衔接。本节选取英国伦敦绿道及荷兰、丹麦的城市自行车道进行实例研究，从绿道网络系统构建及细节设计、相关政策保障等方面进行了分析，以期对我国城市绿道规划建设有所启发。

1.2.5.1　英国伦敦绿道

（1）伦敦绿道发展历程

伦敦绿道系统是英国最具有代表性的城市绿道系统，伴随着城市发展呈现出自身特色。目前伦敦绿道系统作为一种多用途的线性网络，其首要功能是绿色出行，兼容休闲游憩、生态保护、改善环境、科普教育等附属功能。本小节从梳理不同历史阶段的伦敦开放空间发展入手，分析绿道功能及形式的不断演进，最后总结了伦敦绿道的发展特征。

1）1929年伦敦开放空间规划——城市外围绿带

这个规划方案是由大伦敦区规划委员会制定的。该规划体现了雷蒙德·昂温（Raymond Unwin）的规划思想，提出在伦敦外围建设“绿环”（Green Gridle），并制定了每千人7英亩公共休闲娱乐空间的指标。昂温认为休闲开放空间应集中于城市中心区域，便于城镇居民就近使用，因此外围绿环中不包含休闲开放空间。1938年绿带法案（Green Belt Act）通过，大量土地被收购，但是这些土地并没有被连接在一起，而且其中的许多地段并没有实现休闲功能（图1-17）。

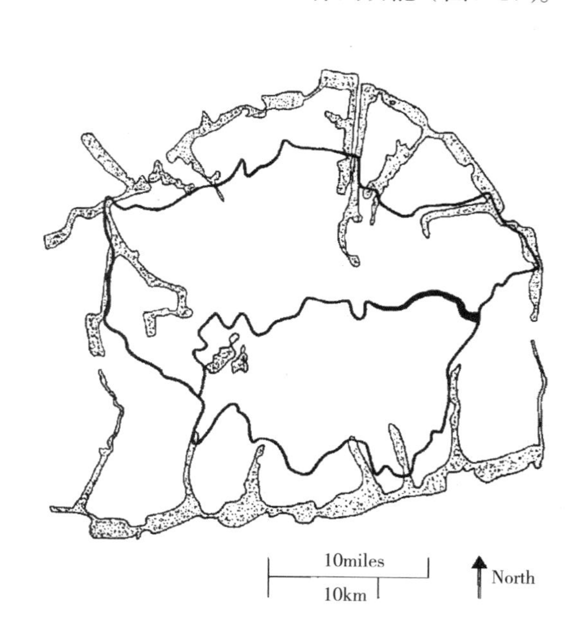

图1-17　1929年开放空间规划——绿色隔离带
资料来源：Tom Turner.（1995）Greenways，Blueways，Skyways and Other Ways to a Better London［J］. Landscape and Urban Planning，33、269-282

2）1943～1944年伦敦开放空间规划——联系城乡的公园系统

这个规划方案是由帕特里克·阿伯克隆比（Patrick Abercrombie）指导制定的。他推进了1929年的规划思想，同时吸收奥姆斯特德的规划理念，提出了两个设想。第一，扩大环城绿带范围，建设一条宽8～15km、总面积达2000km²的绿带，形成城市人文环境与自然生态环境相互交融的空间界面。第二，构建公园道（绿道）网络，将城市中心的开放空间与城市边缘的绿带联系起来。阿伯克隆比认为应该将各种类型的开放空间看作一个整体，通过公园道加强它们之间的联系，建立一个网络化的公园系统，让城镇居民可以通过花园–公园–公园道–楔形绿地–城市外围绿带等开放空间，实现从家门口到乡村的无缝衔接（图1–18）。连结性公园道最大的优点是能够扩展大型开放空间的影响半径，加强其与周边区域的联系。虽然该规划方案并没有成为法定文件被执行下去，但是对之后的伦敦开放空间及绿道发展产生了深远的影响。

阿伯克隆比还对泰晤士河提出了特别关注，他认为泰晤士河是伦敦最大的户外开放空间，每个滨河社区都应当与河道联系起来；还应当提高泰晤士河两岸公共休闲娱乐用地的比例，降低工业用地的比例，连接现有的公园，在河两岸建立连续的绿色廊道。这可以算作是关于伦敦滨水绿道最早的规划设想，可惜也没有被贯彻实施。

3）1951年伦敦开放空间规划——开放空间均质化

这个规划是一个法令性规划，其目的是尽可能增加有植被的公园空间。如果这个规划完全实施了，将使得城市绿地与开放空间结构均质化。1951～1960年间，城市绿地数量大大增长，规划者们自称要实现每千人4英亩开放空间的指标。但他们完全忽略了阿伯克隆比规划的伦敦绿道系统，导致了大片孤立、缺少联系的绿地（图1–19）。

4）1976年伦敦开放空间规划——开放空间分级

这个规划方案是建立在详实的社会调研成果上的，通过对不同人群公园使用喜好的分析，得出公园需要根据不同级别来配置：都市公园（Metropolitan Parks）、区

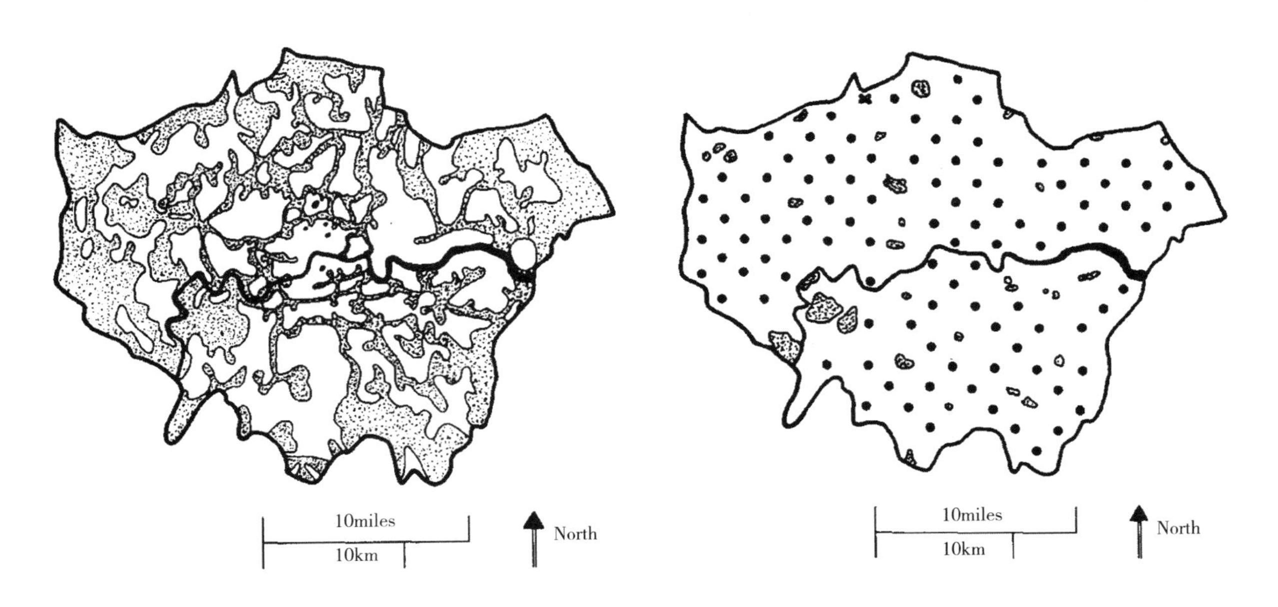

图1–18 1944年开放空间规划——公园系统（左）
资料来源：Tom Turner.（1995）Greenways, Blueways, Skyways and Other Ways to a Better London [J]. Landscape and Urban Planning, 33, 269-282

图1–19 1951年开放空间规划——均质的公共绿地（右）
资料来源：Tom Turner.（1995）Greenways, Blueways, Skyways and Other Ways to a Better London [J]. Landscape and Urban Planning, 33, 269-282

域公园（District Parks）和地域公园（Local Parks）。与1951年的伦敦开放空间规划相似，这次规划仍旧将重心放在增加开放空间的数量上，不同之处仅在于将公园分成了三种不同的规模（图1-20）。

5）1976年以后的伦敦开放空间建设——绿链的推广

1976年以后，伦敦开放空间发展建设中最具有意义的改变是"绿链"（Green Chain）的建设。最早的绿链是1977年由大伦敦绿链委员会发起的，目的是保护大多数开放空间并开发它们的休闲潜力，而后开放空间全面地以链状形式在伦敦东南部展开，在开放空间之间还修建了绿链步道（Green Chain Walk）。

"绿链"理念被认为是1944年阿伯克隆比公园道（绿道）系统构想的回归，伴随着伦敦城市更新，伦敦东南绿链整合东南部的自然及人文资源，构建了连续的游赏步行系统，目前已成为伦敦最受欢迎的绿道之一（图1-21）。

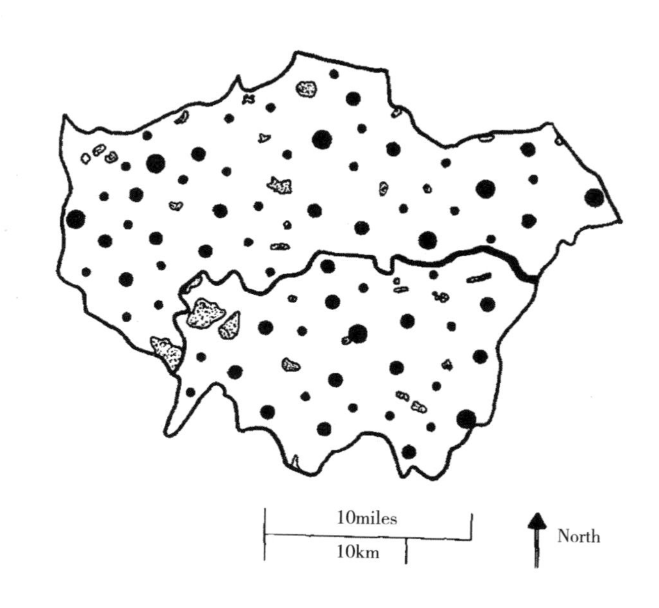

图1-20 1976年开放空间规划——公用空间分级
资料来源：Tom Turner.（1995）Greenways, Blueways, Skyways and Other Ways to a Better London [J]. Landscape and Urban Planning, 33, 269-282

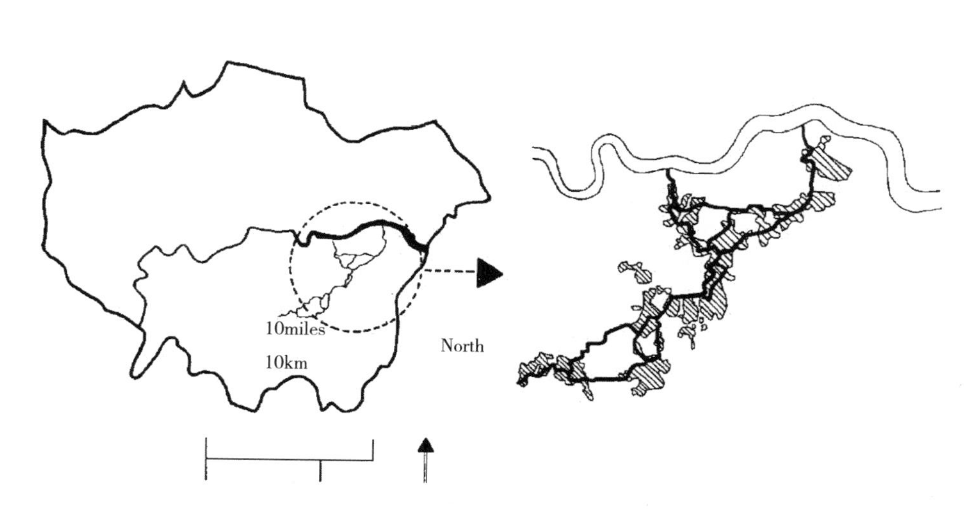

图1-21 1977年伦敦东南区绿链
资料来源：Tom Turner.（1995）Greenways, Blueways, Skyways and Other Ways to a Better London [J]. Landscape and Urban Planning, 33, 269-282

6）1991年伦敦绿色战略——开放空间系统叠加

1991年汤姆·特纳（Tom Turner）受伦敦规划咨询委员的委托，编制《绿色战略报告》（Green Strategy Report）。他提出了一个由步行道（Footpaths）、自行车道（Cycleways）、生态廊道（Ecological Corridors）、河流廊道（Blueways）叠加而成的开放空间网络系统（图1-22），这个系统是基于对伦敦开放空间使用情况的调研而提出的。当时伦敦已经修建了212km的长距离步道，包括沿运河与河道的滨水步道，以及联系开放空间的绿链步道，还有许多步道在修建中。遗憾的是，由于缺乏整体规划，设置区域不合理等原因，很多步道没有被真正地利用起来。汤姆·特纳认为可以通过叠加的开放空间网络整合各种路线（Routes），促进它们功能的拓展与融合，如兼顾自行车道的通勤与休闲功能，加强步行道与生态廊道、河流廊道的结合。

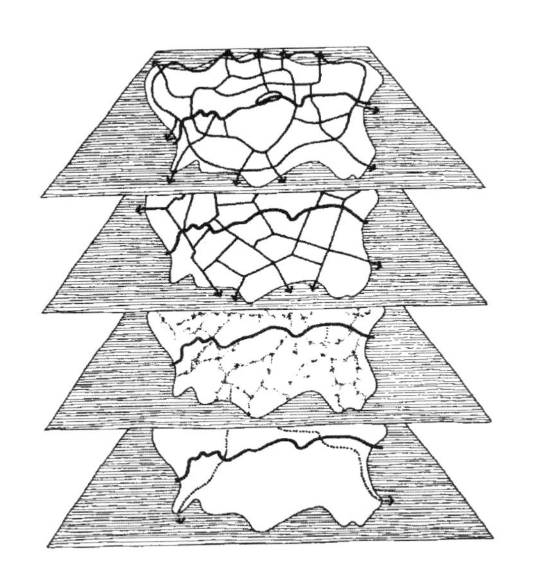

图1-22 1991年绿色战略——一系列开发空间叠加网络：从上到下依次为步行网络、自行车网络、生态廊道网络和河道网络

资料来源：Tom Turner.（1995）Greenways, Blueways, Skyways and Other Ways to a Better London［J］. Landscape and Urban Planning, 33, 269-282

汤姆·特纳强调开放空间的多样性，他对绿道的内涵进行了扩展，认为绿道应当是由功能多元、形式多样、环境友好的路线连缀而成的系统（图1-23），包括公园道（Parkway，联系公园与公园）、滨水道（Blueway，沿水系延伸）、铺装道（Paveway，提供安全舒适的步行线路）、商业步行道（Glazeway，商场、办公楼的室内外连接道）、空中

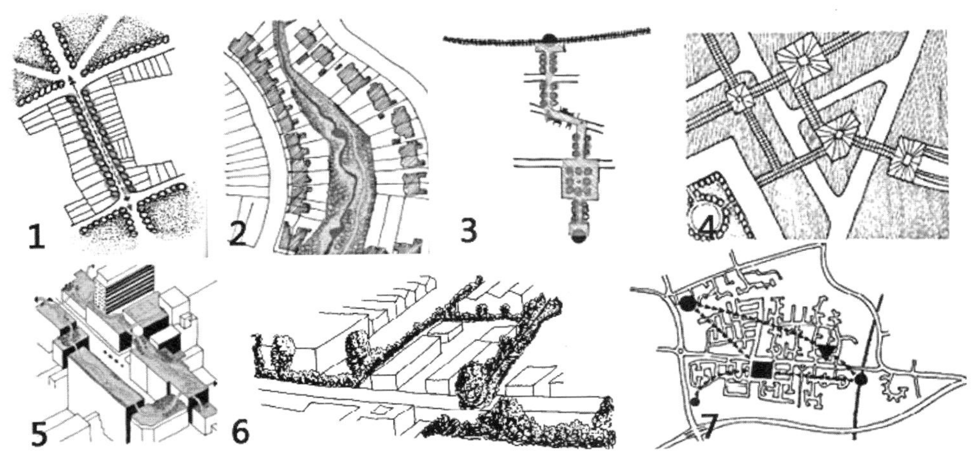

图1-23 Tom Turner提出的绿道形式：1公园道（Parkway）、2滨水道（Blueway）、3铺装道（Paveway）、4商业步行道（Glazeway）、5空中道（Skyway）、6生态廊道（Ecoway）、7自行车道（Cycleway）

资料来源：Tom Turner.（1995）Greenways, Blueways, Skyways and Other Ways to a Better London［J］. Landscape and Urban Planning, 33, 269-282

道（Skyway，连接屋顶花园）、生态廊道（Ecoway，连接生物栖息地）和自行车道（Cycleway，提供由起点至目的地更为直接便捷的联系）。汤姆·特纳关于绿道功能与形式多元性的设想，为之后的绿道建设提供了有益的启发。

7）2000年以后的伦敦绿道发展

2001年对英国各地的规划部门进行了一次关于绿道的问卷调查，调查结果显示了绿道理念在英国开放空间规划中的复兴，绿道最主要的使用功能是作为一条"路线"（Routes），而不是作为"线性开放空间"（Linear Strips of Open Space）。规划更多地关注于绿道多样化的使用功能，重视绿道在景观、生态、水文、休闲游憩、绿色出行等方面的综合价值，同时打破了公共及私有土地权属的限制。

2004年的大伦敦空间发展战略（Spatial Development Strategy for Greater London）中提出的开放空间计划从某种程度来说是1976年开放空间分级系统的发展和延伸，根据面积将开放空间分为5个等级，并以适宜的距离进行布局，强调开放空间的公众可达性。虽然该规划方案中并没有单独规划绿道系统，但是绿道作为多功能"路线"获得了新的发展机遇，伦敦蓝带（河道）、步行以及自行车网络被提到了公共政策层面，并得以实施。

①蓝带（河道）网络（The Blue Ribbon Network）

蓝带网络是2004年大伦敦空间发展战略中针对伦敦水系网络的整治和提升方案（图1-24）。其目标是使得伦敦水系成为一个满足交通、排水、水源供给、生态栖息、休闲娱乐和景观资源等需求的多功能载体，其中休闲娱乐、体育健身和公众教育功能被着重提出。这项政策推动了河道两岸步行道与自行车道的建立，以及体育与休闲设施的植入，为伦敦滨水绿道网络的形成提供了基础框架。

②步行网络（The Walking Plan）

2004年，英国交通部发表"步行与骑行行动计划"（Walking and Cycling: an Action Plan），详述如何通过鼓励步行与骑行，改善城市交通问题。同年，伦敦市

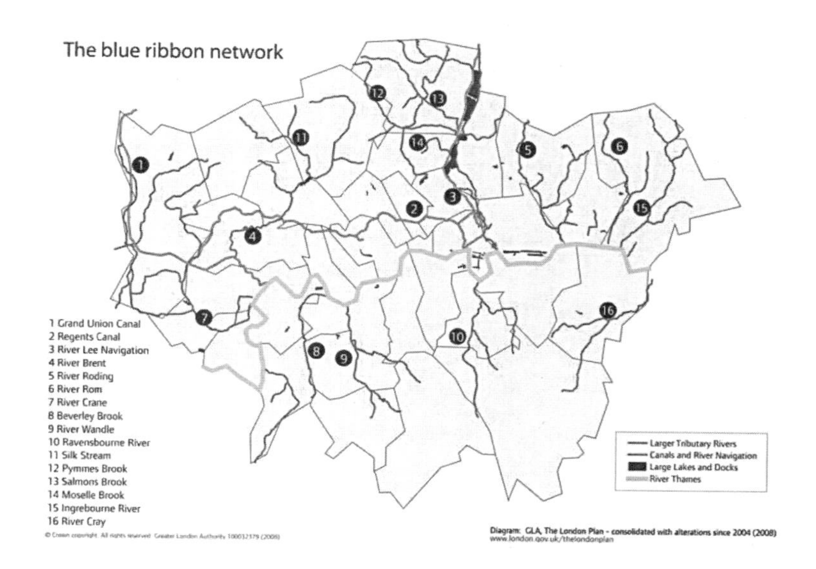

图1-24 伦敦蓝带网络
资料来源：https://banprivatecarsinlondon.com/2015/01/20/londons-subterranean-rivers-the-blue-ribbon-network-that-could-be-replicated-on-the-surface-as-cycling-rivers-superhighways-streams-blue-routesalong-the-lines-of-bus-red-routes-riverlets-quiet/

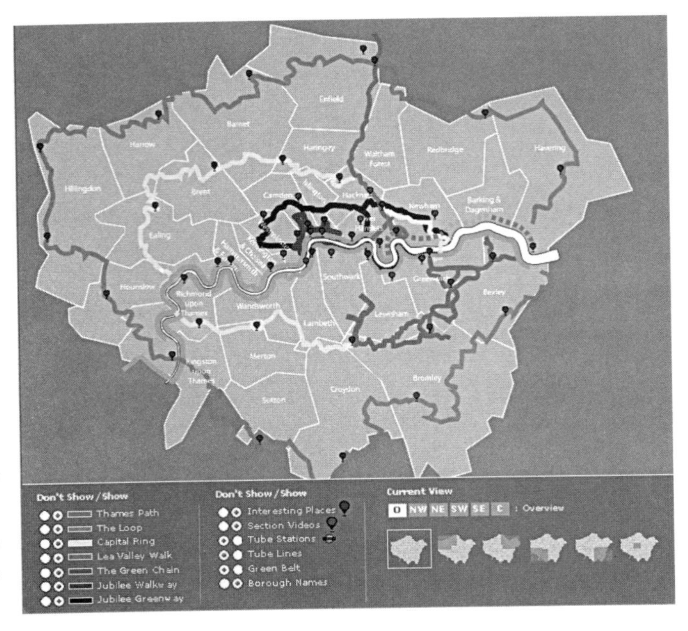

图1-25 7条伦敦步行路线分布图
资料来源：Walk London 网站 http://www.walklondon.org.uk

长联合伦敦交通局发表名为“使伦敦成为可步行的城市：伦敦步行计划”（Making London a Walkable City: The Walking Plan for London）的官方文件，并于2005年发布“伦敦交通：提高城市步行环境”（Transport for London——Improving Walkability）作为伦敦步行计划的指导手册，为改善步行环境的实践提供指南。伦敦规划咨询委员会提出名为“5Cs”的规划策略，即连贯（Connected）、愉悦（Convivial）、明显（Conspicuous）、舒适（Comfortable）、便捷（Convenient）。伦敦交通局网站提出了7条休闲步行路线，串联伦敦市中心及近远郊的地标建筑、核心景观、河道、公园、郊野、田园、林地等，供市民及游客进行户外健身、休闲娱乐、参观体验活动，总长约740km（图1-25、表1-4）。目前每条路线都设计了专门的Logo，进行了详细的分段，沿途设置清晰的标识，并配合开发了导览APP（图1-26），让人们能够更好地使用这些路线。

7条伦敦步行路线 **表1-4**

步行道名称	长度	分段	特点
Capital Ring Walk	126km	15段	伦敦近郊环线，全线距离伦敦市中心16km以内，串联开放空间、自然保护区、村落、山谷等，可欣赏城市全景
Green Chain Walk	80km	11段	自1977年建立的绿链，自泰晤士河向东南延伸，串联河道、公园、田野、林地等多种景观资源
Jubilee Greenway	60km	10段	2012年修建的奥运庆典绿道，串联伦敦主要地标建筑及奥运场馆
Jubilee Walkway	24km	5段	串联伦敦城市地标与核心景观
Lea Valley Walk	80km	4段	沿利河谷的运河航道而建，了解运河运输历史，穿过湿地自然保护区，观赏季候鸟群
London Loop	242km	24段	伦敦远郊环线，以伦敦外围绿带为载体，欣赏郊野田园风光
Thames Path	128km（伦敦市内）	4段	属于泰晤士河国家级游径的一部分，沿泰晤士两岸延伸；欣赏伦敦市中心滨水景观，感受历史遗存与新兴公共空间的融合

资料来源：作者根据伦敦交通局网站https://tfl.gov.uk资料整理

③自行车网络（The Cycling Grid）

伦敦自行车网络的建立与步行网络的完善基本是同时期展开的。目前伦敦市中心自行车网络包含高速道（Superhighways）和安静道（Quietways）。高速道交通流量较大，沿城市交通主干线呈放射状布局，采用分离的自行车道，让骑行者可以安全、便捷地往返于市中心和外围各城区（图1-27）。安静道交通流量较低，采取交通管控等措施隔离机动车流，沿背街小路、河道设置，穿过居住社区、公园与开放空间，提供舒适的林荫骑行空间（图1-28）。安静道的选线有很大一部分与蓝带（河道）网络与步行网络重合，将休闲健身与通勤功能协调融合。伦敦自行车快速道和安静道同步行路线一样设置了清晰的标识，便于骑行者使用。

图1-26 7条伦敦步行路线导览APP
资料来源：https://www.gojauntly.com/blog/2018/11/28/go-jauntly-version-2?intcmp=56645

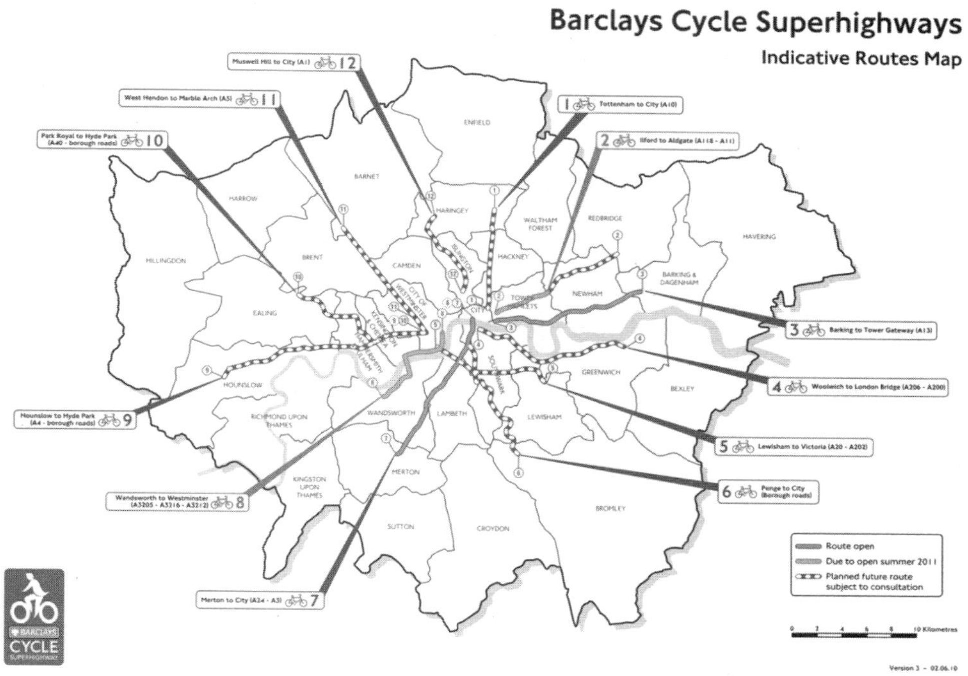

Barclays Cycle Superhighways
Indicative Routes Map

图1-27 伦敦自行车高速道规划图
资料来源：http://www.doc88.com/p-9072392931032.html

图1-28 伦敦市中心自行车安静道网络

资料来源：伦敦市交通局网站https://tfl.gov.uk

（2）伦敦绿道发展特征

回顾伦敦绿道的发展历程，虽然早在20世纪40年代就提出了通过公园道（绿道）建立开放空间网络，联系城市与乡村的理念，可惜没有得到贯彻实施。二战后伦敦规划建设着重疏解中心城区人口，发展卫星城镇，与之相应的开放空间规划着重于数量提升（均质分布）而非质量（结构）优化，开放空间之间的联系被忽略，绿道发展停滞不前。20世纪60年代以后，伴随着中心城区的城市更新，伦敦开始了绿廊及绿链建设，比较典型的例子是利河谷绿廊及伦敦东南绿链，这些绿色开放空间中都包含了休闲及交通功能的游径。20世纪末21世纪初，伴随着环境恶化、交通堵塞、缺少市民公共休闲空间等大城市病的愈演愈烈，伦敦政府先后推出了蓝带（河道）、步行及自行车网络，伦敦绿道系统伴随着这些网络的建设逐步完善。

2012年伦敦奥运会有力地促进了城市基础设施建设提升，政府将公共政策的重心放在减轻交通压力，营造更加便捷的绿色出行环境上，绿道作为多功能“路线”的综合价值得到了持续的关注。伦敦交通局网站对绿道的阐述为“绿道是指穿过公园、绿地以及低交通流量的街道，安全且安静的路线，它是为所有年龄段的步行者和骑行者（包括残障人士）设计的，以此来鼓励一种更加健康的出行和生活方式”。[41]在官方文件对于伦敦绿道诸多功能的描述中（包括交通、商业、社会、环境等），交通功能被提到了第一位。2013年的伦敦绿道监测报告显示绿道系统对市民步行及自行车骑行提供了巨大的激励（图1-29）。

2018年伦敦市公布了新的“步行行动计划”（The Walking Action Plan），致力于全球“最适宜步行”的城市。提出在2041年之前，步行、自行车、公共交通占所有

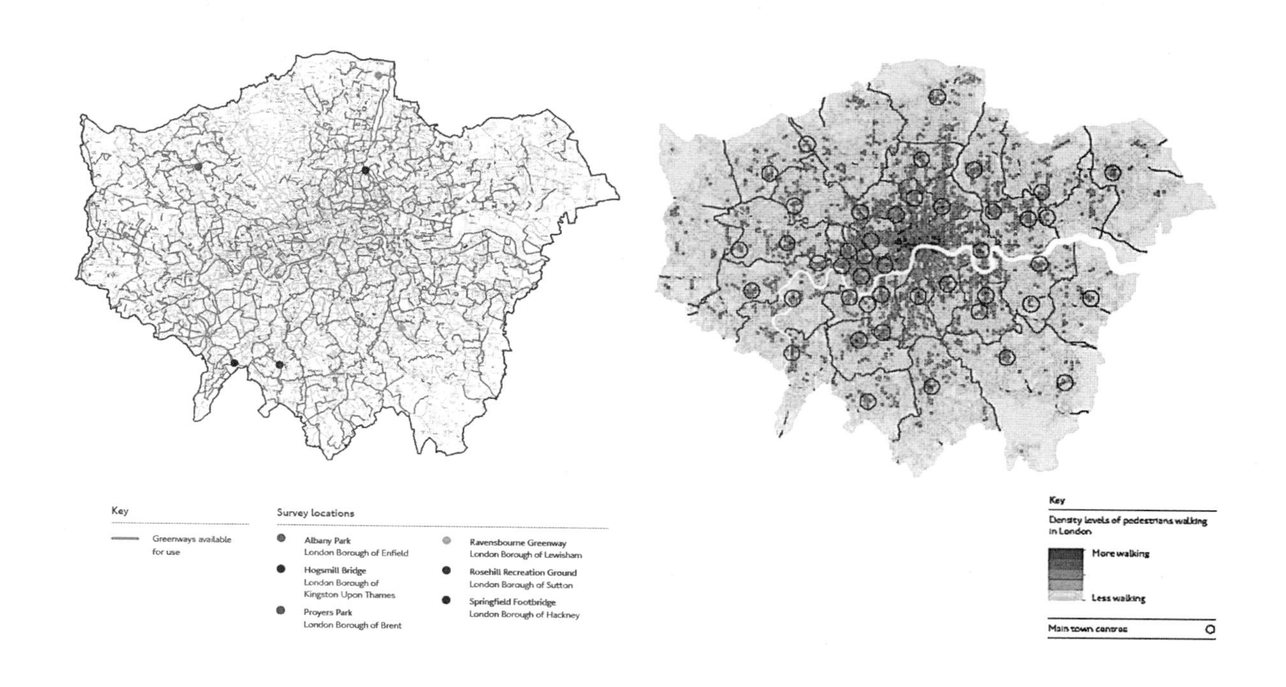

图1-29 伦敦绿道与伦敦步行活跃度

左图为2013年伦敦绿道监测报告中的绿道地图，绿线表示可以使用的绿道线路。右图为2018年伦敦步行行动计划中的活跃度分析图，颜色越深表示活跃度越高。对比两图可以看出绿道对步行活跃度的积极影响。资料来源：图片均引自伦敦市交通局网站https://tfl.gov.uk，由作者整理

出行方式的比例由2015年的63%提高到80%，最终达到缓解交通拥堵、改善城市空气质量、引导市民践行健康生活方式等目的。2019年6月英国立法通过了在2050年之前实现碳排放下降为"净零"的目标，伦敦市政府也将其纳入城市环境目标。未来伦敦将持续推进街道环境改善，提升"可步行性"，同时完善自行车出行系统，加强公共交通衔接与引导。

伦敦绿道系统伴随城市发展呈现出自身独特性，目前其首要功能是绿色出行，兼容休闲游憩、生态保护、改善环境、科普教育等附属功能。未来伦敦绿道将继续加强与城市开放空间系统、绿色交通系统等的衔接，参与营造更好的城市环境。在中心城区，伴随城市更新改造，绿道路线将与口袋公园等小型绿色开放空间加强结合；在城郊地区，绿道串联大型绿色开放空间，成为绿色基础设施的重要组成部分。

1.2.5.2　欧洲其他城市自行车道

欧洲有不少自行车大国，如荷兰、丹麦等，许多城市都拥有发达的自行车系统以及完善的交通安全保障措施，自行车享有与步行、机动车平等的道路空间使用权，已经成为人们健康生活方式的重要组成部分。尺度适宜的城镇规模，使得骑行可以满足人们大部分的出行需求；保存良好的老城肌理，纵横交织的城市水网（如阿姆斯特丹、哥本哈根等）让机动车在很多时候没有用武之地；而平坦的地势则为自行车出行创造了优越的条件。

（1）荷兰城市自行车道

荷兰是大名鼎鼎的自行车王国，自20世纪初就开始了城市自行车道建设。1971年代尔夫特市开始建设"woonerf"（意为"庭院式道路"或"生活道路"），为防止

机动车进入或者使机动车减速，在道路上修花坛、铺地砖并种植树木。1975年荷兰政府制定了庭院式道路的相关设计标准，之后庭院式道路逐渐普及推广，成为自行车专用道的雏形。

荷兰建设了许多特色自行车道，并致力于自行车道、自行车及相关设施的不断创新（图1-30）。阿姆斯特丹的10号自行车道跨越城区及市郊，被CNN旅游频道评选为全球最美十大自行车道之一。阿姆斯特丹城郊的克罗曼尼（Krommenie）修建了第一条太阳能自行车专用道，晶体硅太阳能电池板被嵌入在混凝土内，上面覆盖着半透明的钢化玻璃。梵高故乡布拉班特（Brabant）建设了世界上第一条夜光自行车道"Van Gogh – Roosegaarde Path"，向艺术家致敬。埃曼（Emmen）修建了第一条用回收木材为原料的自行车道，用木屑来代替混凝土和沥青。荷兰还是最早提出并实践共享自行车的国家。乌特勒支中央火车站地下建有世界上最大的自行车停车场，共有 1.25万个停车位。

（2）丹麦城市自行车道

丹麦是世界公认的自行车王国，首都哥本哈根是世界自行车友好型城市之一，为保障骑行安全，对交通设施进行了系统性的改造：①从原有的步行道或车行道中划出独立的自行车道；②结合公园、绿地、河滨甚至废弃的火车道等设置自行车专用道；③建立自行车优先车道；④设置自行车专用交通灯等。《哥本哈根自行车战略2011 ~ 2025》（The City of Copenhagen's Bicycle Strategy 2011 ~ 2025）制定了长期的自行车发展计划，提出"世界最好的自行车城市"战略目标，以及"城市生活""舒适便利""速度"和"安全感"四个子目标。《战略》还明确提出到2025年形成自行车交通骨干网络（PLUSnet）系统（图1-31），该系统主要由经过筛选的绿色自行车线路（Green Cycle Routes）、自行车高速路（Bicycle Superhiway）和大流量线路（Wider Cycle Tracks）构成。[46]

（3）城市自行车道发展特征

时至今日，自行车对不少欧洲城市来说已经不仅是一种通勤或者健身方式，而是城市文化、生态文明的重要象征。它们的成功经验主要有以下三个方面：

图1-30 荷兰夜光自行车道及太阳能自行车道
资料来源：作者根据百度图片整理

第一，保证自行车路权，设置人性化智能化设施保障安全便捷。自行车道与步行道、机动车道之间有明确的分隔，通过绿化、更改铺装、设置高差、划定标线、设置专用标识等方式明确自行车通行区域。还提出“分时专用”的概念，根据不同高峰时段转换车道使用属性，动态提升街道空间的交通效率。保证交叉口自行车过街友好，如延伸自行车道铺装，前置自行车等候线，设置自行车专用立交桥及隧道等，有效避免机、非交通流线相互干扰。设立“绿波”通道，通过自行车信号灯上的智能传感器实时搜集路况，采取信号联动控制，使民众可以20km时速在不间断的绿灯下一路畅行，减少在交叉口的等待时间，还设置了供休息的“脚蹬”。自行车道旁还设有特殊的“自行车计时器”，能够自动识别经过的自行车并提供实时数据（图1-32）。

第二，完善交通接驳体系，扩大自行车出行距离。广泛推行TOD发展模式，整合公交站点与自行车停车设施，为自行车与公交换乘提供便利。推行“组合行”方式，允许将自行车带上地铁及火车，并设置专门的骑行者车厢，扩大了骑行者的活动半径。推广公共租赁自行车系统，为市民和游客建立舒适便捷的共享自行车系统（图1-33）。

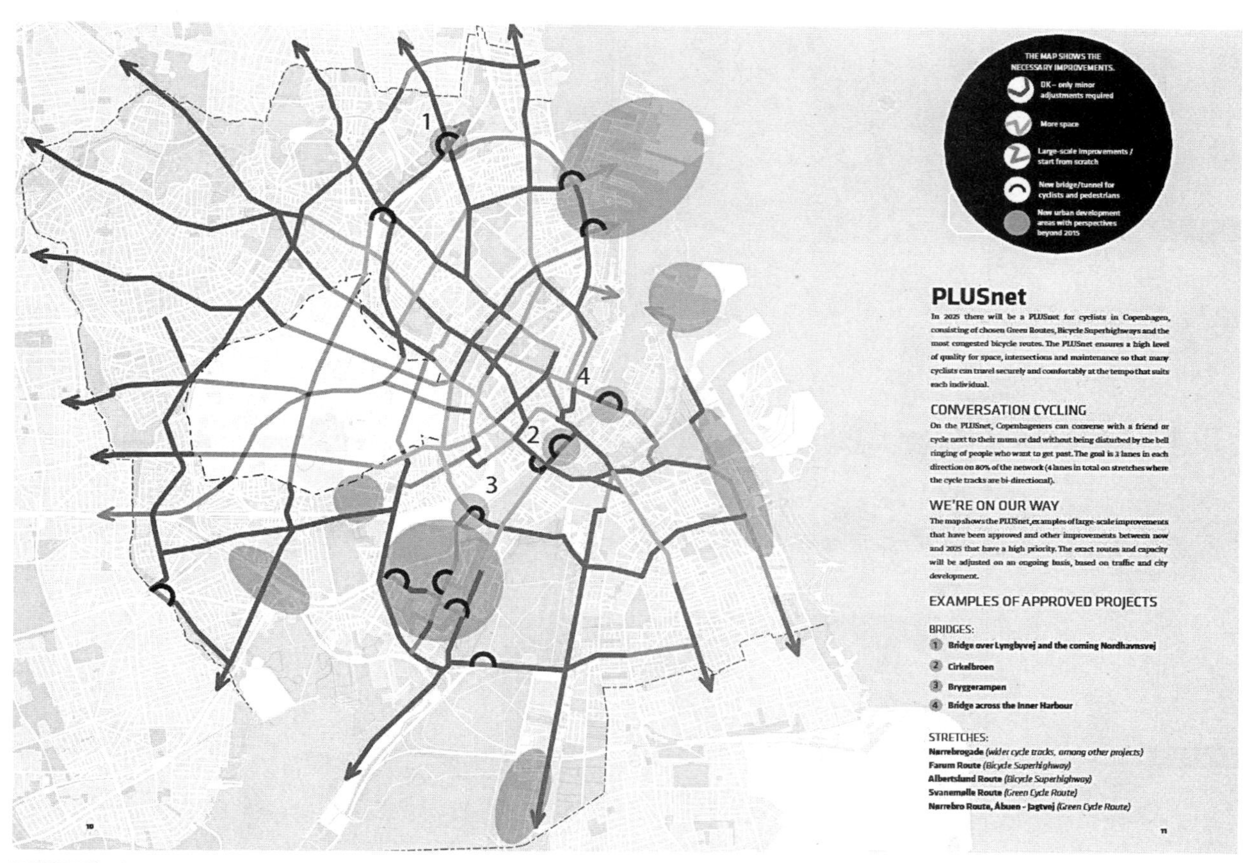

图1-31 《哥本哈根自行车战略2011～2025》规划的自行车快速交通网络（PLUSnet）
资料来源：《Good, Better, Best——The city of Copenhagen's bicycle strategy 2011～2025》

第三，强有力的法律约束与政策支持，积极的宣传引导。荷兰、丹麦等国均制定了旨在保障骑行安全的交通法律法规，既对骑行者提出了安全骑行的要求，又对机动车驾驶者提出了约束限制，极大地降低了自行车交通事故率。制定相关规划与战略也是促进城市自行车系统良性发展的重要保障。哥本哈根政府自1997年开始，陆续制定并颁布一系列自行车交通发展计划、规划、战略等，明确提出自行车出行比例等量化指标，切实促进了自行车系统的发展。政府的宣传与引导也发挥了积极作用，鼓励人们在距离适宜的条件下优先选择自行车出行。

图1-32 上图为以不同方式划分的自行车道，中图为交叉口自行车铺装延伸及自行车专用桥，下图为“绿波”通道及附属设施

资料来源：作者根据网络图片整理

图1-33 轻轨站的自行车停车场及自行车专用车厢

资料来源：作者根据网络图片整理

1.3 亚洲绿道

相对于欧美绿道，亚洲绿道发展建设偏晚，目前日本、新加坡两国成就较为突出，分别根据自身资源条件，制定了合适的绿道发展战略和策略，建设了一批拥有各自特色的绿道。

1.3.1 日本绿道

日本绿道思想萌芽于1923年东京大地震之后，由于大量的公园和滨河绿地可以作为震后避难场所，日本人逐渐意识到公园绿地建设的必要性，并且也注意到连接公园的各种线性空间作为逃难通道的重要性。于是在随后的首都复兴计划中，政府明确提出要建立一个点、线、面结合的公园绿地系统。

欧洲绿带（Green Belt）及区域规划理念传入之后，日本开始探索带状绿地空间对于控制城市蔓延和保护环境的作用。1939年日本第一个城市公园绿地规划《东京绿地计划》中规划了环状绿带，同时还设置了行乐道路（绿道的雏形），结合公园、景园地等构成了城市绿地系统（图1-34）。该规划由于二战爆发而未能实施。

二战后日本开始了“战后复兴事业”计划，政府提出城市中绿地面积必须达到10%以上，在城市中心设置大型公园，沿道路和河流设置宽度50～100m的带状绿地。仙台、名古屋、横滨等城市中心区的绿道从这一时期开始建设。

1956年颁布了《都市公园法》，这是日本第一部城市公园法规，提出了城市公园分级设置原则，要求建设一个由街区公园（服务半径250m）、社区公园（服务半径500m）、地区公园（服务半径1000m）构成的公园系统。该法规首次明确了绿道在城市中的地位，在公园配置模式图中提出公园之间需修建绿道（图1-35）[48]。随着战后快速工业化建设，1965年日本城市化率已达63%，为疏散大量涌入的人口，

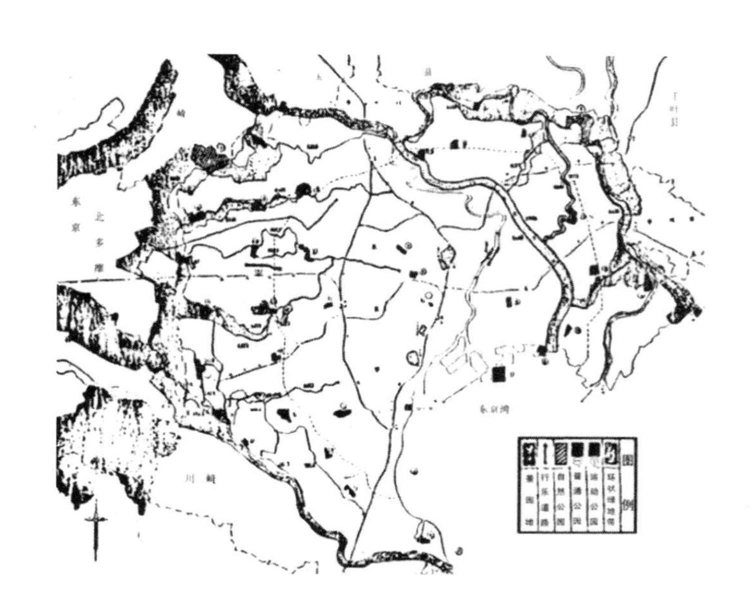

图1-34 1939年《东京绿地计划》

资料来源：胡剑双等，快速城市化发展背景下城市绿道网络与空间拓展的关系研究——以日本城市绿道网络建设历程为例，2013.

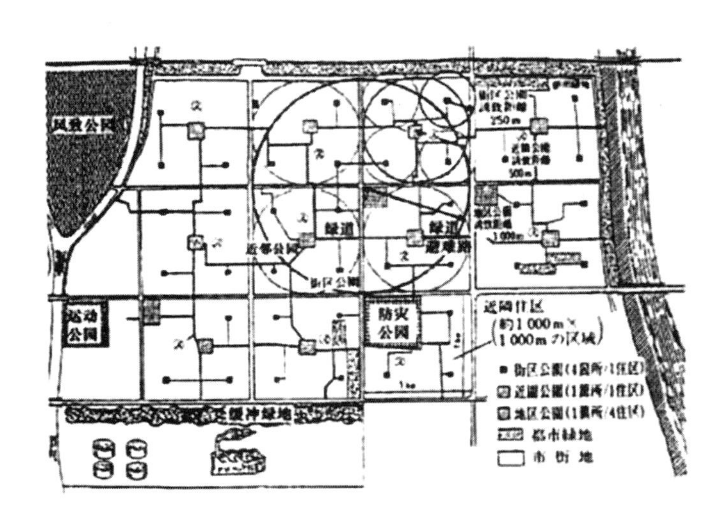

图1-35 日本《都市公园法》中的公园配置模式图

资料来源：胡剑双等. 快速城市化发展背景下城市绿道网络与空间拓展的关系研究——以日本城市绿道网络建设历程为例，2013

缓解城市空间压力，日本开始了大规模的新城建设，“公园系统+绿道（公园连接道）”模式伴随日本新城的建立而得以实施。

20世纪70年代以后，日本推进城市绿地规划与区域绿地规划的结合，延续之前的优良传统，注重网络化的绿地布局模式。作为绿地网络的重要联系性元素，同时也是日本都市公园分类确定的绿地公园形式之一，绿道得到了持续的发展。绿道系统提高了城市公园绿地的可达性，进而依托天然水系与山林，连通区域自然景观资源，形成具有较高资源丰富度和多样性的整体环境。绿道建设与自行车游憩道、长跑健身道、避灾救灾道路、生物生境通道等相互结合，促进休闲旅游及生态保护，满足后工业时期城市发展转型的需要。下文将结合绿道建设的不同区位条件及依托的主要资源，选取四个类型的绿道实例进行分析。

1.3.1.1 日本旧城更新中的绿道

在二战之后日本的旧城改造和城市复兴中，建立了许多城市中心区绿道，将绿道与周边商业开发相结合，为市民营造休闲娱乐及开展户外大型活动的空间，并且注重地下空间的利用，兼顾防灾等功能。这种立体化、多功能的开发模式极大地提高了土地资源的利用率，有助于缓解城市建设用地紧张。此类绿道比较知名的有名古屋久屋大通公园和札幌大通公园。

日语中“大通”为“大道”的意思，久屋大通公园（图1-36）位于名古屋市中心，是利用久屋大通的道路中央绿带建成的带状公园，南北向长约2km，占地11.18hm^2，于1970年开园。该公园包括三个部分，北部为自然公园，种植各种树木和花卉；中部为中央公园，包含名古屋电视塔等著名景点，其东侧是2002年建成的大型公共建筑“绿洲21”；南部为大型活动区，供市民休闲游憩（图1-37）。“绿洲21”是名古屋的新地标，综合了城市绿地、观光、购物、餐饮及交通枢纽等多种功能，总建筑面积达25185m^2（包含地下两层、地上一层及雨篷）。该建筑可分为四部分，最上层雨篷是全玻璃制造的“水之宇宙船”，地面层是公园广场区，地下一层

图1-36　名古屋的久屋大通公园
资料来源：左图为作者根据Google地图自绘，右图引自百度图片

图1-37　名古屋电视塔与绿洲21及其地下大型活动广场
资料来源：作者根据网络图片整理

是商业及交通服务区，最下层是大型活动广场。

1.3.1.2　日本新城建设中的绿道

二战之后的日本新城建设中广泛采用了“公园系统+绿道（公园连接道）”模式，通过绿道提高新城公园的可达性，并将新城中心区与边缘区的田园风光相连，鼓励市民开展近郊游憩活动，提升生活品质，吸引人才与资金的流入，促进经济发展的同时也为新城构建了良好的自然生态基础。日本新城绿道比较典型的实例是筑波科学城绿道。

筑波科学城坐落于距东京北部约60km的筑波山麓，是日本政府在20世纪60年代为提升国家创新能力，疏解东京都的教育科研职能而建立。主要有三个发展定位：一是国家级科研中心，二是功能完善的中心城市，三是与周边自然和乡村环境共存的生态城市。筑波科学城包含4个镇2个村，规划面积284km^2，分为科研教育区（27km^2）与周边开发区（257km^2）。科研教育区的科研教育用地占总用地的55%，住宅占24%，学校、医院、商业服务等公共设施占21%。

筑波科学城按照1956年《都市公园法》的规定修建了83座公园，并用线性绿道将不同等级的公园串联起来，构成了全城的绿色网络，绿道的宽度由2～20m不等。除绿道网络之外，筑波科学城还修建了一条贯穿城市中心，南北向长达9km的绿道轴线（图1-38、图1-39），成为新城的景观主轴。该轴线由北向南可分为三个段落：北段为大学区（长约3.5km），大学及机关的庭院都向中轴绿道开放，绿道宽10m；中段为城市中心区（长约2.5km），绿道最宽达21m，其中包括6个广场，同时串联了4个公园；南段为科研区（长约3km），绿道一侧为科研机构，另一侧为公园或居住区，绿道宽10m，两侧种植郁闭度较高。

1.3.1.3 日本滨水绿道

水系是绿道建设依托的重要资源之一，日本滨水绿道充分利用河道防洪岸线，修建连续的自行车及步行道，发挥休闲游憩、环境改善、生态环保等综合功能，其中比较典型的是福冈市绿道。

福冈市位于九州岛，是日本南部的政治、经济、文化中心。福冈市自然地理条件优越，东、南、西三面环山，北侧为博多湾，多多良川、那珂川、室见川等河流呈手指状汇入大海。结合福冈市自然条件，规划形成了环形放射的多核心城市结

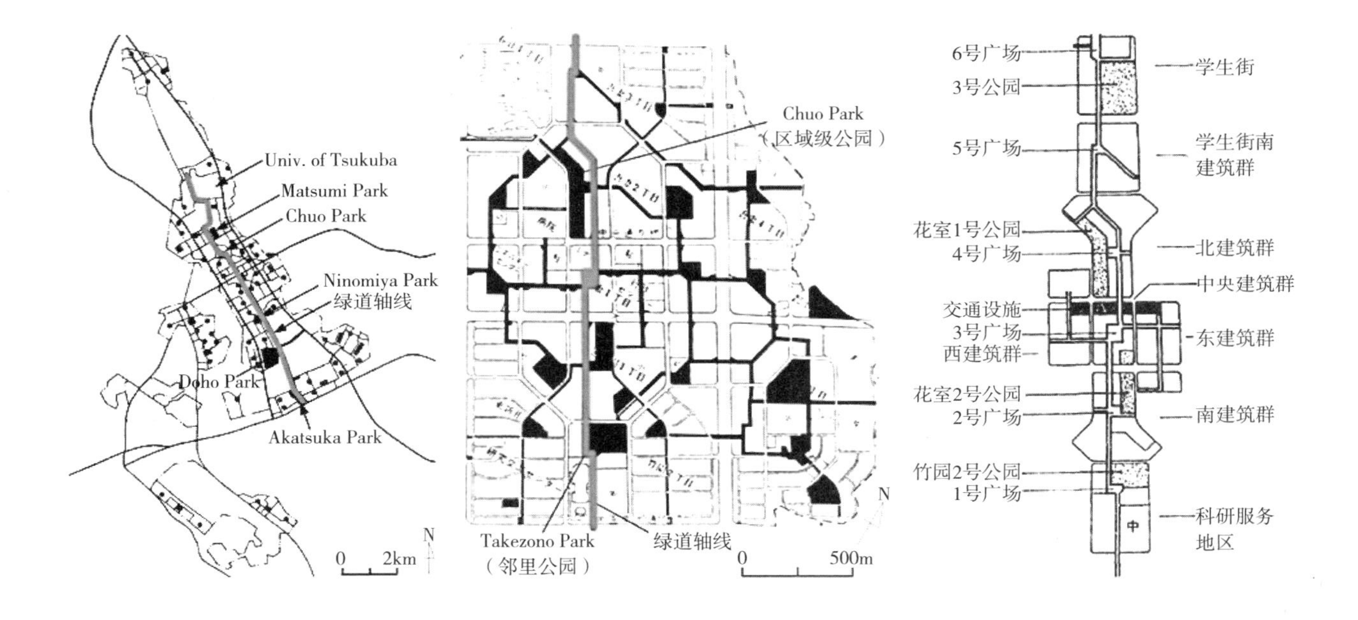

图1-38 日本筑波科学城绿道规则

资料来源：作者根据网络图片整理改绘，左图为筑波科学城绿道网络、中图为城市中心区公园及绿道系统，右图为绿道轴线中段

图1-39 日本筑波科学城绿道轴线

资料来源：左图为作者根据Google地图绘制，右图为临近筑波中央公园的绿道

构。虽然福冈市没有进行专门的绿道规划，但该市依托天然水脉及绿地建设慢行系统，在中心城区事实上形成了较为完善的绿道网络（图1–40）。福冈绿道建设主要有以下几方面的成功经验值得借鉴。

第一，以水为脉，凸显城市特色风貌。福冈市将指状河流水系及海湾滨水带作为骨架，慢行绿道兼容步行及自行车使用，沿滨水岸线延伸形成网络，顺应城市结构衔接不同城区，串联各类开放空间及人文节点。福冈绿道系统囊括了城市风貌的精华部分，随着绿道的持续完善，城市特色将更加鲜明。

第二，功能复合，高效集约利用土地。福冈绿道系统依托自然地貌特征，构建接山连海的绿色网络，有效保护了生物栖息地；同时也形成了通风廊道，缓解了城市热岛效应。防灾一直是日本绿地的重要功能，福冈绿道网络及其串联公园节点均是防灾避难场所。由于日本土地私有，福冈绿道建设尽量避免土地征用，不盲目新建扩建，滨水绿道租用河道防洪岸线进行简单景观提升（图1–41）。

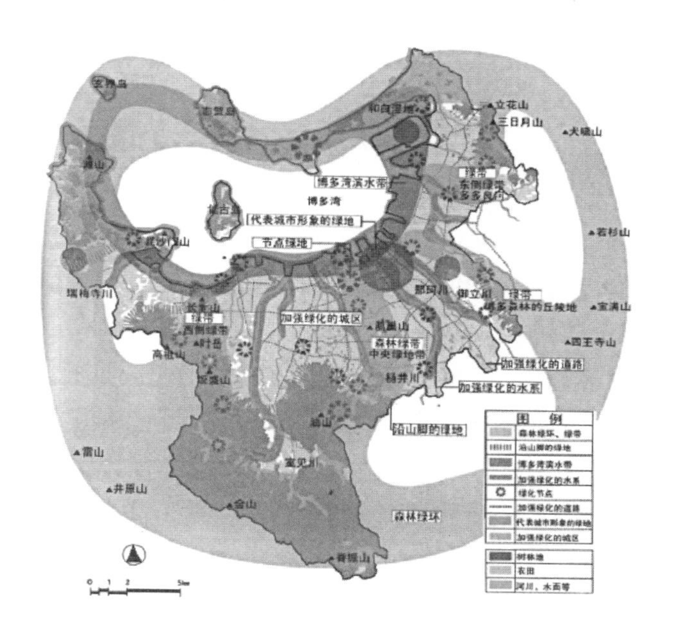

图1–40 福冈市绿地愿景图

资料来源：福冈市绿地基本计划，1999

图1–41 福冈市室见川滨水绿道

资料来源：左图为作者根据Google Earth自绘，右图引自http://showcase.city.fukuoka.lg.jp/

第三，经济实用，注重可达性与人性化。滨水绿道在堤岸范围内不种植大树，仅种植灌木地被；不设置永久性设施，建设紧凑的骑行步行综合道；将水淹损失尽量降低。绿道立足于提高现有绿地空间的连通性和可达性，全线采用无障碍设计，选用透水防滑的铺装材料，并设置完善的标识、自行车停放及租借设施。

第四，一举多得，促进城市环境提升。福冈绿道建设结合"公园再生事业计划"，同步推进老旧公园节点的改造，加强公园内游步道与绿道的衔接，完善公园设施及绿化，增强公园活力。绿道在提高绿地空间连通性的同时，对城市道路公共空间和绿化改造加以引导，协调沿线建设。

第五，部门协调，建设管理维护良性运作。福冈绿道建设涉及交通、水道、规划、环保等多个部门，各部门职责分明、配合默契，重要问题会建立临时工作委员会，邀请社会专家和公众参与商议。日本相关法律体系完善，技术规范细致，使绿道建设管理有据可依。福冈市积极策划绿道沿线公共活动，供市民和游客体验丰富多彩的城市生活。

1.3.1.4 日本森林浴步道

日本森林覆盖率接近70%，丰富的森林资源为进行森林浴活动创造了优良条件。森林浴是指沐浴森林中的新鲜空气，放松身心，进行散步休闲等活动。森林中空气清新，负氧离子浓度较高，还有树木（如松、柏、柠檬和桉树等）散发的芳香烃类物质，在森林中散步休闲可以有效提高人体的免疫活性、降低血压、缓解压力、消除神经紧张。

日本的森林浴活动兴起于20世纪80年代，对于森林疗法的相关研究已近30年，目前全国已建成60余个森林浴基地，基本覆盖了所有市县。随着森林浴运动的蓬勃发展，日本形成了相对成熟的森林浴步道系统，保护原始山林景观的同时有效带动了旅游发展。虽然仅供步行游览，但是笔者认为森林浴步道仍可以作为某些山地绿道的建设借鉴，因此选取奥多摩森林浴步道作为典型案例加以分析。

奥多摩森林浴基地距东京都100km，是综合型的森林浴基地，依托山体天然林及人工林，开发丰富的康体、疗养、科普等旅游产品，满足吃、住、游、行等功能需求。奥多摩森林中有很多步行道和登山道，设计师和当地政府选取了5条风景优美，长度及坡度适宜的步道作为特色疗养路线。每条路线依托自身现状资源条件，策划了不同的森林疗养体验活动，设置了多样化的休闲设施，详见表1–5。游人在专业森林治疗师的引导下，调动身体所有感官来完成森林浴的过程：包括欣赏优美风景（视觉），呼吸树木芳香（嗅觉），聆听溪流潺潺及树叶飒飒作响（听觉），触摸树皮及树叶、参与手工作坊活动（触觉），品尝森林食品（味觉）等（图1–42）。

奥多摩5条森林浴步道基本情况 表1-5

步道名称	特点	长度及坡度	设施
湖畔小道	环奥多摩湖半周的路径，湖畔以天然林及人工杉柏林为主，春秋季风景优美。终点的体验中心可以体验荞麦面制作、陶艺、木材及石头加工，包含餐厅及露营地	12km，高差36m，整体较平坦，无铺装	长椅：19个 亭子（东屋）：4处 厕所：3处 体验中心：1处（终点）
香气之道	日本第一条森林治疗专用道。设有瑜伽和坐禅的场地，提供心理咨询和治疗服务	1.3km，高差50m，坡度约3%，局部铺装	长椅：7个 休息站（治疗站）：2处 厕所：2处 轮椅专用单轨：1段
奥多摩古道	是从江户到甲州的古道，沿摩川穿过溪谷到奥多摩湖的步行路线，串联神社、码头等历史景点。终点设有水与绿色接触馆，还有展示奥多摩四季景观的3D影院	9km，高差264m，坡度约3%，局部铺装	长椅：6个 亭子（东屋）：3处 休息站：1个 厕所：5个 餐厅：1个 3D影院：1处
川苔谷、百寻瀑布探胜路	游赏森林水源、溪流的登山路线，探访奥多摩著名的百寻瀑布	1.8km，高差170m，坡度约9%，无铺装	长椅：1个 厕所：1个
鸠巢溪谷散步道	沿着多摩川的鸠之巢溪谷和白丸湖畔直达海泽地区的路线。白丸湖水库坝址附近有日本最大的隧道式鱼道，可以观赏鱼类逆流而上	2.5km，高差68m，坡度约3%，无铺装	长椅：1个 厕所：3个

资料来源：作者根据http://okutama-therapy.com/therapyroad.php整理

奥多摩地区群山相连，地形较为复杂，大多为坡度45°以上的陡坡，山体南北两侧林木生长情况不同，设计师紧密结合现状条件，对山地森林浴步道进行了精心设计，有以下几点值得借鉴：

第一，进行现场设计，合理确定游径线形，选址布局场地及设施。由于缺乏详细的现状测绘图，通过实地步测等方法核实等高线，现场确定山间游径的线形。尊重自然地形，尽量避免剖切山体。结合山脊、山崖、谷地、溪流等不同地形，根据每一处场所的天然潜质来进行相应的设计，营造与地域自成一体的大自然体验场。譬如将山脊上砍伐后的空地改造为林中广场，结合溪流设置倾听滴水声音的装置，利用较平坦的地势灵活布置可供休憩的构筑物或建筑物。

第二，注重人性化设计，兼顾不同使用者的需求。考虑游径可供使用者一边交谈一边并排通行，路面宽度控制在1.5m以上，坡度控制在5%以下。考虑到游客不仅包括喜好户外运动的健常者，就是所谓的“强者”，也有初来此地的“弱者”。因此设计主体不是为运动而特别设置的步道，而是以停留为主的休憩设施。设计方案咨询了森林疗养及环境健康专业学者，并征集了当地民众的意见。

第三，注重可实施性与耐久性，选择适宜的施工工艺与材料。为保证步道适宜的坡度，局部需采用挡土墙以及悬挑等方式进行处理，选用木质为主的材料，与森林环境达到良好融合（图1-43）。为适于在地形复杂的山地施工，服务建筑地

图1-42 奥多摩森林浴体验绿道

资料来源：中国城市建设研究院无界景观工作室2014年拍摄

图1-43 结合挡土墙的休息设施、悬挑休息平台、依托林间空地设置的瑜伽场地
资料来源：作者根据百度图片整理

基尽量避免使用混凝土，采用简易的桁架结构。在没有施工建材搬运通道的条件下，采用了较易于搬运的小型混凝土方块堆砌，既可以迎合多样的山体斜面，也能给予建筑物等足够的承载力。同时追求构造的耐久性能，采用了坚实的金属梁架。

1.3.2　新加坡绿道

新加坡位于马来半岛南端，由本岛和60余个小岛组成，面积约720km^2。新加坡约有23%的国土属于森林或自然保护区，主要位于本岛中心、滨海及离岛区域。新加坡城市建设用地有限，而城市人口压力较大，目前人口密度已超过7900人/km^2，是世界上人口密度最高的城市之一，呈现出鲜明的高密度发展特征。

新加坡以优美的城市环境著称，是世界闻名的“花园城市”，绿道对于城市环境做出了重要贡献。新加坡绿道建设伴随城市规划发展，顺应城市结构，立足于高密度的建成环境，注重土地资源的高效利用。新加坡通过优化利用城市低效用地构建绿道网络，兼顾公众休闲与动植物栖息，达到了游憩与生态功能的完美融合，其成功经验值得我国学习借鉴。

新加坡属于热带雨林气候，终年高温多雨、暴雨频发，因国土面积有限，河道较短难以贮存雨水，导致淡水资源紧缺，水成为了岛国重要的战略资源。新加坡对大部分河流都进行了改造，使其兼具蓄、排功能，既是提供生活用水的蓄水池，也是雨洪排放的重要通道。

1963年联合国规划团队为新加坡做了“环形城市”（Ring Concept）发展构想，提出保留本岛中心3000hm^{2}的次生热带雨林作为集水区（Catchment Area），集水区经由11条主要河道及其支流连接入海，城市主体空间围绕集水区呈环状分布（图1-44）。中央集水区及河流水系既是城市发展的重要资源，也是主导城市空间布局的框架性结构。基于“环形城市”理念，1971年新加坡出台了首个概念规划，提出严格保护中央集水区作为中心绿肺，环绕中央集水区组团式布局新市镇，依托快速交通走廊连接各组团，并明确建设花园城市的目标。

1989年新加坡概念规划修编，提出主要公园与开放空间应由绿色廊道相连接，共同构成综合的网络体系，优化利用有限的土地资源。1991年颁布的概念规划明确包含了公园连接道系统（图1-45），归入“绿与蓝计划”（Green & Bule Plan），公园连接道被定义为公园及开放空间的一种重要类型，计划在随后的20～30年间建成360km的绿道，为全岛增加290hm^{2}的开放公园，占规划绿地总量的7%（对应0.8 hm^2/千人绿地指标）[57]。新加坡将公园连接道作为在建设用地紧张条件下增加开放空间的重要手段，一方面形成连接公园的网络，使公众能更容易地到达公园；另一方面在城市建成区营造自然廊道，方便鸟类迁移、觅食与繁殖。

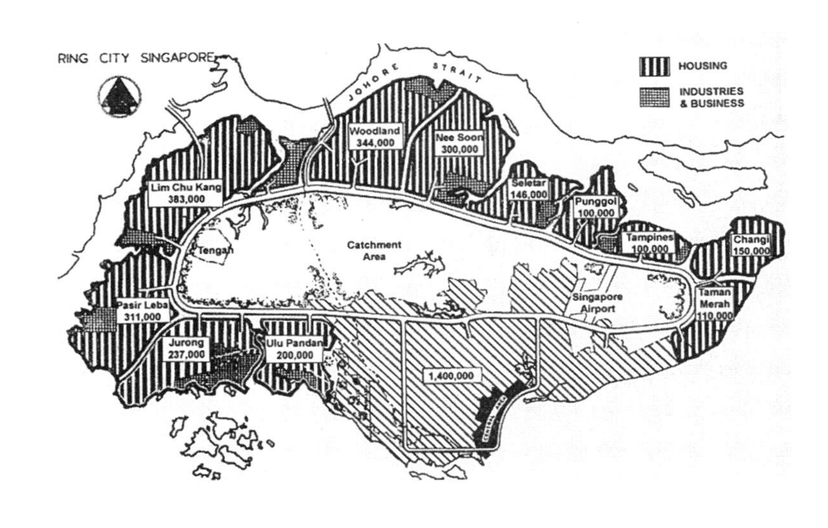

图1-44 1963年新加坡“环形城市”概念规划平面

资料来源：Kiat W. Tan, A greenway network for Singapore, 2004

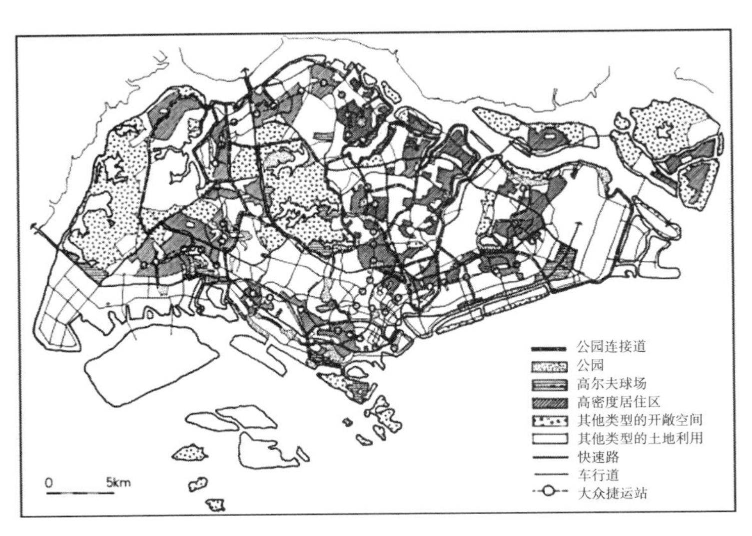

图1-45 1991年新加坡概念规划中的公园连接道系统

资料来源：EdmundWaller. Landscape Planning in Singapore [M] .Singapore University Press, 2001

为提高防洪排水效率，20世纪70年代新加坡大部分自然河道被改造为混凝土排水渠，由此产生了河道缓冲带（Drainage Buffers），主要为河道（渠道）定期清淤提供场地。调查发现河道缓冲带非常适于公园连接道建设：首先，紧邻河道的土地相对未开发，经合理改造可用于休闲娱乐活动，能够有效降低土地征用。其次，这些河道缓冲带有效联系了新加坡中央森林集水区、高密度居住区、海滨公园与自然保护区，具备构建网络的潜力。由于河道并未相互连通，新加坡公园连接道建设还利用了道路缓冲带（Road Reserves，车行道旁的保留区域）、高架桥下的保留区域等来加强联系，最终形成遍及全岛的网络。

由于土地私有，新加坡政府组建了专门的工作小组，协调各部门落实公园连接道建设，保证线路连通。新加坡国家公园局（NParks）负责公园连接道系统的发展和维护，联合公用事业局（PUB）、交通管理局（LTA）共同制定了河道缓冲带、道路缓冲带绿道的设计标准（图1-46）。河道缓冲带绿道应包含宽度不小于4m自行车道及慢跑道（这一宽度要求是为了满足管理维护车辆通行），并在远离河道的一侧设置宽2m的种植带。道路缓冲带由城市道路的路侧带构成，建议利用现有步行道作为慢跑道，要求宽度不小于1.5m，自行车道宽2m，绿化带宽2m，总宽度小于5.5m的路侧带不适于建设绿道。

2001年的新加坡概念规划将增加绿色空间的可达性列为重要目标，明确指出要进一步延长公园连接道系统，将公园绿地、公共邻里、新镇中心和体育设施等联系起来。2006年新加坡公用事业局提出“活跃、美丽、干净”水计划（ABC水计划），旨在运用更好的雨水管理方式，同时提升水质，拉近人与水之间的距离，对河道、水库及邻近土地进行一体化改造，活化亲水空间，有效促进了滨水绿道的建设。

2011年的新加坡概念规划提出维持高品质生活环境的总目标，建设“花园里的城市”（A City in a Garden），继续建设公园连接道和环岛线路，鼓励绿色出行（图

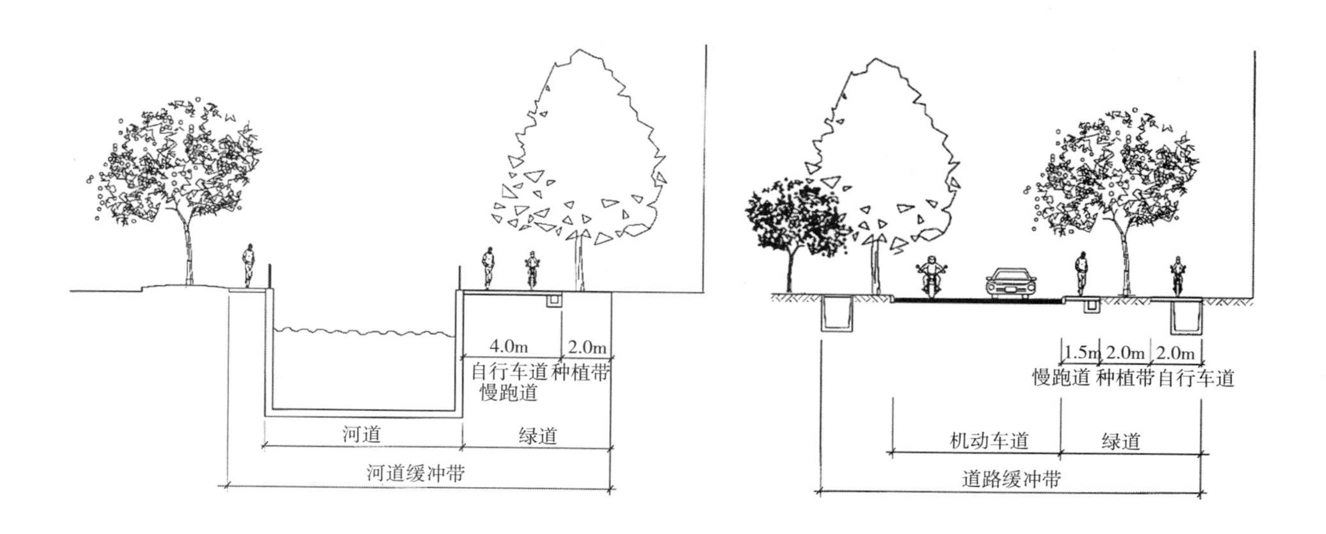

图1-46 河道缓冲带、道路缓冲带绿道典型断面
资料来源：Kiat W. Tan, A greenway network for Singapore, 2006

1–47）。2015年公园连接道建设25周年，总长度达到了300km。2019年的新加坡总体规划草案提出采用创新策略保护自然遗产，促进蓝绿空间交融，扩大由游乐走廊、公园、体育设施和绿色空间构成的全岛范围的网络，提出至2030年将公园连接道系统总长度增至400km。

新加坡公园连接道系统不仅增强了绿色开放空间的可达性，提高了城市的生物多样性，同时也成为与自然互动并促进社区建设的平台，其线路吸纳公众参与决策，为不同的兴趣群体提供了更多休闲选择，有助于创造共同愿景并培养归属感。目前新加坡公园连接道系统已经形成较为成熟的6条环线，串联展示城市不同区域的自然及人文景观，便于社区居民就近使用（图1–48），下文将选取其中具有代表性的绿道段落加以研究。

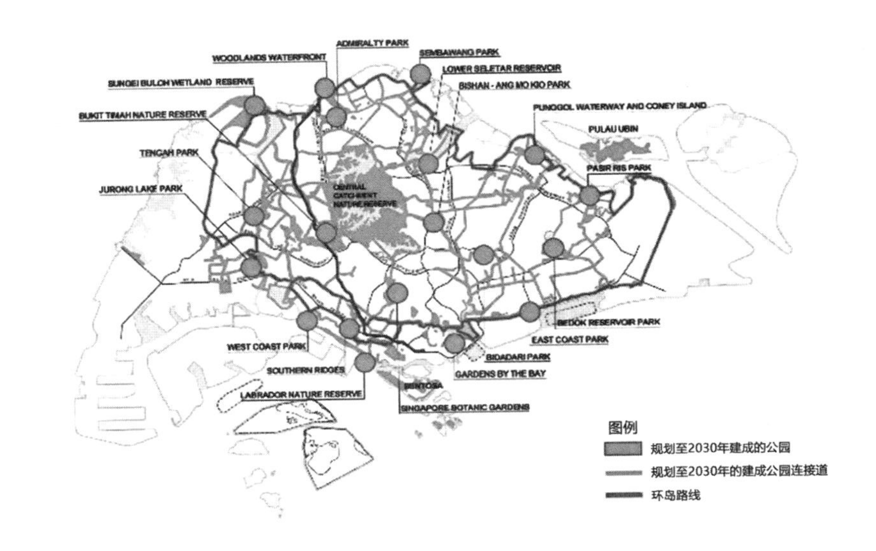

图1–47 2011年新加坡概念规划中的绿地网络

资料来源：作者根据https://www.sohu.com/a/214185185_654535改绘

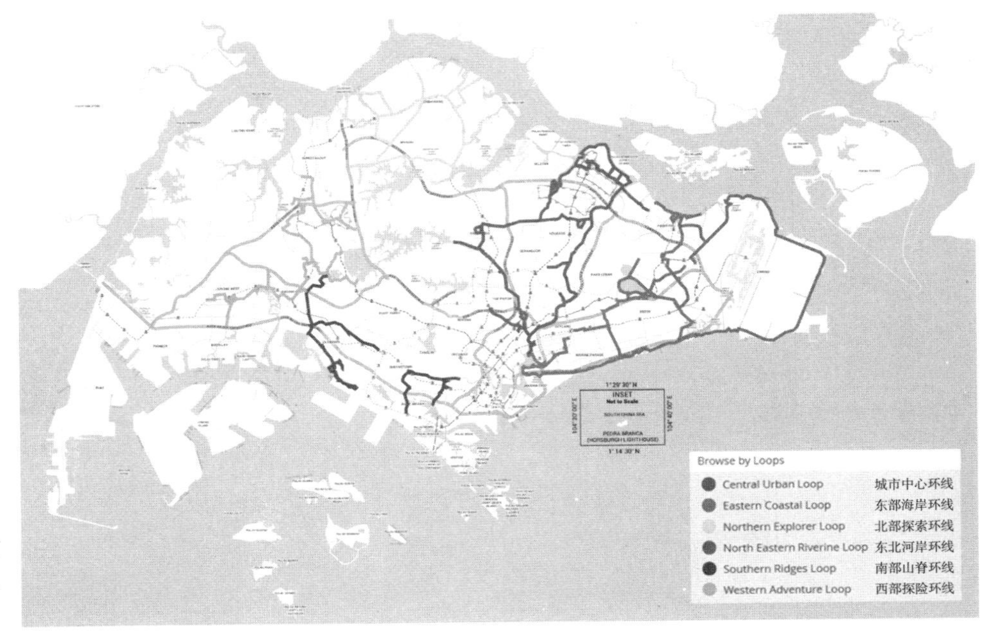

图1–48 2019年新加坡公园道环线平面图

资料来源：作者根据https://www.nparks.gov.sg/gardens-parks-and-nature/park-connector-network改绘

1.3.2.1 新加坡河道修复绿道

加冷河（Kallang River）是新加坡最长的河流，发源于新加坡中部的皮尔斯水库（Lower Pierce Reservoir），向南流入滨海水库（Marina Reservoir）。加冷河绿道始建于20世纪90年代末，全长约8km，是新加坡修建的第一批公园连接道。作为早期实验性项目，其最初的设计定位是在城区提供林荫自行车道及步行道，沿途设施相对简单，仅有零星的座椅及垃圾箱（图1–49）。

碧山宏茂桥公园（Bishan–Ang Mo Kio Park）位于加冷河绿道北端，建于1988年，面积62hm^2，是新加坡中部最大的城市公园之一。老公园渐渐难以满足时代发展的需求，成为了2006年新加坡ABC水计划的旗舰改造项目之一，一方面公园需要更新，另一方面公园旁的加冷河混凝土排水渠需要提升行洪能力。改造工程将公园与河流完美地融为一体，发挥了多方面的综合效益，使河道行洪能力提升了40%，公园生物多样性提高了30%，休闲活动空间增加了12%[59]。改造后的公园为城市中心区注入了新的活力（图1–50～图1–56），获得了2012世界建筑节年度最佳景观设计项目奖，以及2016年美国风景园林协会ASLA通用设计荣誉奖。

公园改造工程拆除了长2.7km的混凝土排水渠，将其恢复为长3.2km的弯曲自然

图1–49 加冷河绿道
资料来源：作者根据网络图片整理

图1–50 碧山公园鸟瞰及平面图
资料来源：https://www.asla.org/2016awards/169669.html

图1-51 碧山公园改造前后对比照片
资料来源：https://www.asla.org/2016awards/169669.html

图1-52 排水渠拆除混凝土块用于营造公园场地
资料来源：https://www.asla.org/2016awards/169669.html

图1-53 暴雨期与枯水期的不同情景

资料来源：https://www.asla.org/2016awards/169669.html

图1-54 加冷河畔的亲水活动

资料来源：https://www.asla.org/2016awards/169669.html

图1-55 生态净化群落及其回用的戏水广场

资料来源：https://www.asla.org/2016awards/169669.html

图1-56 公众参与培养环保意识及社区归属感

资料来源：https://www.asla.org/2016awards/169669.html

式河道，使最大过水断面宽度从17~24m拓宽到近100m。采用生态工法技术（植被、岩石等天然材料与工程技术相结合）进行河岸加固，植物起到了美化及结构支撑作用，还有助于营造微生境。生态工法结构能够适应环境变化并进行自我修复，建造成本低廉，比硬质混凝土河道更有可持续性。从排水渠中拆除的混凝土块全部被用于重塑河床，砌筑群落生境、营造步行道及活动场地。改造后的河道蜿蜒曲折、宽窄不一，形成了多元化的栖息地，为公园的生物多样性奠定了基础。

公园空间被重新设计以适应河道水位的动态变化，枯水期的自然河滩为人们提供亲近河流的机会，暴雨时河道周边的公园绿地可以作为排水通道。为保证使用安全，公园安装了由水位感应器、警告灯、报警器及广播组成的综合监视报警系统，以确保及时向公众发出警报。

公园加强了人与河流的互动，拉近了人与自然的距离，增强了市民的环保意识与社区归属感。新建的跨河景观桥、过河汀步、滨河台地走廊、滨水平台等提供了多样化的亲水场所，由现状池塘改造的生态净化群落对雨水径流和河流水体进行净化处理后回用于戏水广场，让人们在与自然的亲密接触中树立保护环境的责任感。公众参与也是公园设计中的重要环节，邀请学生为游乐场绘制图案、参与设计公园科普教育路径、监控河流水质等。

碧山宏茂桥公园的改造与加冷河的生态修复紧密结合，营造了安全、自然、宜人的亲水体验路径，成为加冷河绿道上独具魅力的新段落，是新加坡城市中心绿道环线的重要组成部分，也是新加坡城市中心重要的绿色公共空间，发挥了多方面的综合效益。我国正在大力推进海绵城市及绿道建设，新加坡的成功经验值得作为滨河绿道建设的借鉴。

1.3.2.2 新加坡南部山脊绿道

南部山脊是贯穿新加坡南部的自然走廊，包括4个公园和1个自然保护区。南部山脊绿道环线全长10km，自西向东依次串联肯特岗公园（Kent Ridge Park）、园艺公园（Hort Park）、直落布兰雅山公园（Telok Blangah Hill Park）、拉布拉多自然保护区（Labrador Nature Reserve）和花柏山公园（Mount Faber Park）。步道分为8个主题段落，在跨越城市道路处设置了2座步行桥，成为整条游线上重要的景观标志（图1-57）。

南部山脊已成为新加坡最佳景点之一，游人来此既能尽情探索大自然，又能登高欣赏城市、海港及南部岛屿全景。绿道建设成功经验有以下几点值得借鉴：

第一，绿道有效串联公园绿地，整合利用现有游径，结合公园特色划分主题段落。绿道将已有公园游径连接形成完整的体系，不同段落立足原有公园基础，突出各自不同的定位与特色。各公园及步道不同段落特征详见表1-6，游人可以选择不同的区段进行体验。

图1-57 新加坡南部山脊平面图

资料来源：作者根据新加坡公园局网站的图片改绘

新加坡南部山脊公园及步道分段基本情况 表1-6

公园名称	公园特点	步道段落	步道特征
肯特岗公园	原称巴西班让岗，二战时期曾是新加坡抗击日本的重要战场之一。公园始建于20世纪60年代，目前是新加坡重要的观鸟地之一，也是健身设施最多的国家公园	肯特岗小径	穿越肯特岗公园，串联历史遗址、次生林及健身场地，设有山地自行车道
		天蓬步道	高架木制走道，联系肯特岗公园与园艺公园
园艺公园	公园由20世纪70年代的苗圃改建而成，是东南亚第一个园林主题的教育、研究、休闲、采购中心	花园步道	穿越园艺公园，沿线结合进行园艺展示
直落布兰雅山公园	公园于2008年建成，注重生态保护，将步道建设对山体植被的影响降到最低，山顶台地花园可360°鸟瞰新加坡全景	山顶步道	穿过直落布兰雅山最高点，可360° 鸟瞰新加坡
		森林步道	穿行于林冠的折线形高架栈道与地面步道并行
花柏山公园	公园始建于20世纪60年代，于1994年重新整修，是供人休闲健身观景的自然山体公园，山顶是南部山脊的制高点，设有通达圣淘沙岛的缆车站	花柏山步道	穿行花柏山顶，全程海拔最高，沿途可俯瞰新加坡南部风景
		玛朗小径	直达花柏山巅，部分为木制栈道，部分为石砌台阶，高差70m
拉布拉多自然保护区	二战重要遗址之一，设有英军军事堡垒。2002年被列为自然保护区，是新加坡全岛唯一可供游览的岩石海崖	自然与海岸步道	滨海步道，可以健身、垂钓、野餐，进行自然观察并探访历史遗址

资料来源：作者整理

第二，新建绿道游径注重保护山体自然环境。直落布兰雅山公园森林步道（Forest Walk）是新建的高架步道，距离地面高度3～18m，力求将对自然的破坏降到最低，同时为游人提供穿行于林冠的新奇体验。1.3km的折线形迂回步道，化解了全线58m的高差，满足无障碍通行需求，并设置了多个通道与地面游径（Earth Trail）相连（图1-58）。高架步道采用混凝土基础与钢结构，方便建造且坚固持久，易于维护保养。

第三，衔接城市环境，保证绿道连通，营造新景观标志。绿道游径与城市步行系统合理衔接，在跨越城市道路处设置高架桥。亚历山大拱桥（Alexandra Arch）联系园艺公园与直落布兰雅山公园，长80m，宽4m，造型宛如一片巨型叶子（图1-59）。亨德森波浪桥（Henderson Waves）连接直落布兰雅山公园与花柏山公园，长274m，宽8m，距离地面高度36m，是新加坡最高的人行天桥，整体外观呈波浪形，获得了2009年新加坡“总统设计奖”（图1-60）。精心设计的步行桥照明也为城市夜景增添了新亮点。

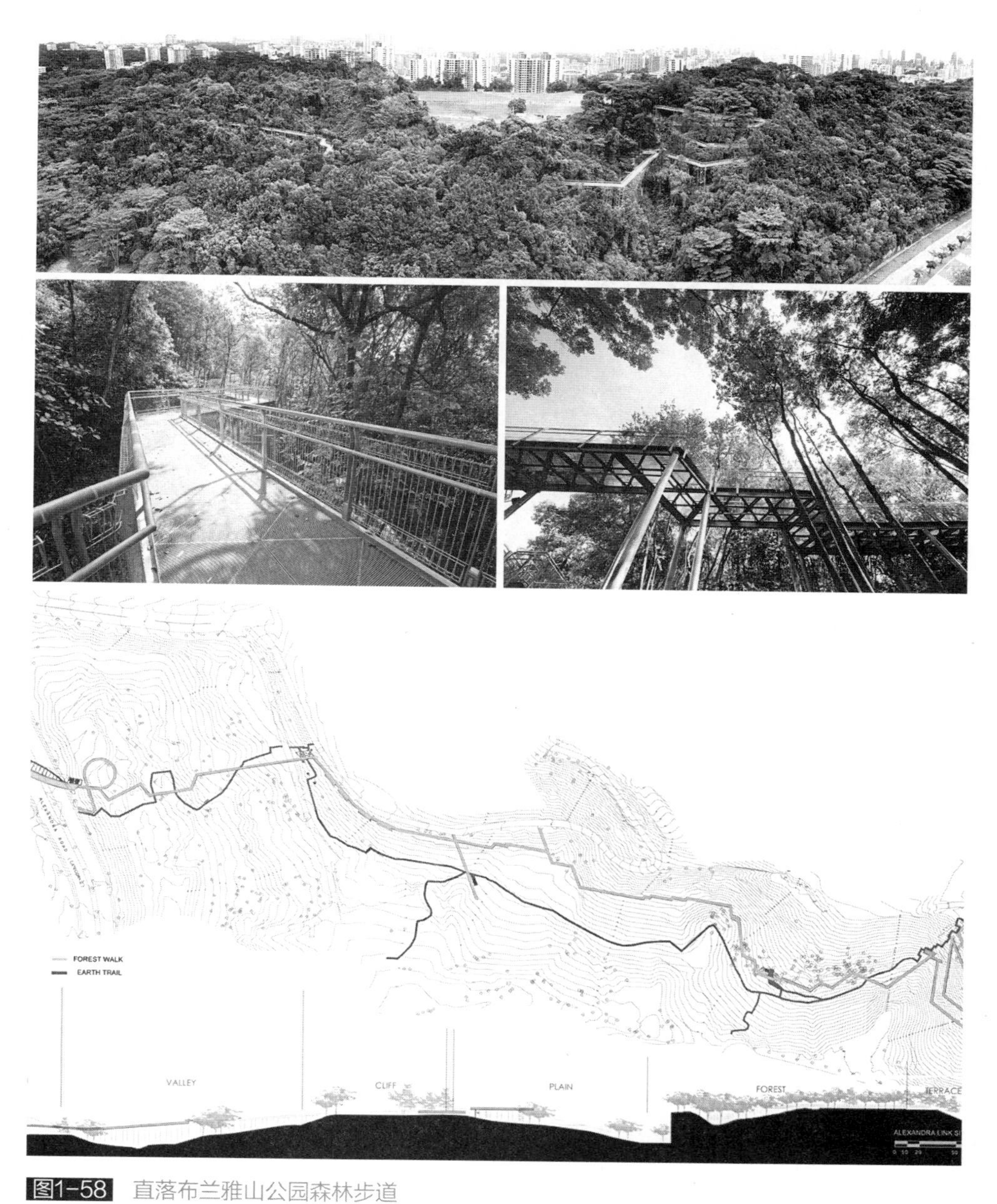

图1-58 直落布兰雅山公园森林步道

资料来源：http://www.lookarchitects.com/zh/alexandra-arch-forest-walk.html

图1-59 亚历山大拱桥

资料来源：http://www.lookarchitects.com/zh/alexandra-arch-forest-walk.html

图1-60 亨德森波浪桥
资料来源：作者根据网络图片整理

1.3.2.3 新加坡卫星镇绿道

榜鹅新镇是新加坡重要的卫星镇，位于新加坡东北部的榜鹅半岛，三面临水，北部为海湾，东部为实龙岗河，西部为榜鹅河。1996年的“榜鹅21”（Punggol 21）计划，提出将其作为新加坡21世纪新城镇的典范，规划建设一个混合各种住宅类型、设置完善的商业配套服务设施、交通出行便利、环境优美的生态宜居社区。受1997年亚洲经济危机的影响，“榜鹅21”计划没有完全实现。2007年提出“榜鹅21+”（Punggol 21-plus）计划，规划了一条长4.2km，横穿新镇、联系两侧河流的人工水道，将其作为重要的景观基础设施。该计划还提出建设北部滨海步道。

2011年榜鹅水道（Punggol Waterway）及榜鹅水道公园（Punggol Waterway Park）建成，该项目为榜鹅地区注入了新的活力，不仅为当地居民创造了幸福生活的环境，而且提升了生物多样性，荣获新加坡设计指标金奖、IFLA亚太地区风景园林奖杰出奖、国际宜居社区金奖、规划类环球奖之国际水协会全球项目创新奖卓越成就奖等。

榜鹅水道（图1-61）的设计融合了“人、水、绿”三大元素，将滨水空间打造为可持续发展的、可管理的和具有娱乐性的动感公共空间，让人们接近水体并能进行各种水上休闲活动。水道两边还建造了8.4km的生态排水道，通过砾石与植物过滤地表径流，在保证水体清洁的同时实现了雨水的科学管理和利用。

榜鹅水道的所有设施都是精心设计的，以满足各年龄段使用者的不同需求。滨水绿道游径宽4m，包括2.5m的自行车道与1.5m的步行道，绿道游径与水道之间的混凝土护柱及缓冲种植为人们的安全活动提供了保障。指示牌、路线地图和安全标志的设计清晰可见，垃圾箱、照明灯以及栏杆扶手都经过了特别设计以方便人们使用，无障碍坡道的首末端还设置了触觉指示器。

图1-61 榜鹅水道
资料来源：作者根据网络图片整理

榜鹅水道还有很多保留历史记忆的设计细节，如历史遗迹小径、展示该地区发展变迁的教育壁画等。水道上的步行桥设计融合了科龙（Kelong，一种当地渔民建造的带有高柱的海上木平台）的独特形式，唤起人们对老榜鹅镇的渔村记忆。

榜鹅水道两侧新建公共住房采用了朝向水道的退台式建筑，滨水绿地与社区绿地一体化设计，也采用了台地花园的形式，系列开放空间逐渐由公共空间向私密空间过渡。绿地中灵活布局了各种多功能场地，满足居民使用需求的同时促进相互交流，培养社区精神。

2012年榜鹅步道（Punggol Promenade）建成，该项目获得由芝加哥文艺协会建筑与设计博物馆（The Chicago Athenaeum：Museum of Architecture and Design）和欧洲建筑艺术与城市研究中心（European Centre for Architecture Art Design and Urban Studies）联合颁发的“国际建筑大奖”。该奖项设立于2005年，是引领世界建筑界潮流的指标之一。

榜鹅步道（图1-62）长4.9km，由北向南分为3个段落。最北端的海滩段（Punggol Point Walk）结合榜鹅角公园设置了瞭望台、沙滩游乐场和活动广场，让人沉浸在悠闲的海岸氛围中。步道的选材是整个工程所面临的最大挑战，考虑到若采用热带硬木，每隔五年就得更换，不够环保，因此选用了一种由玻璃纤维混凝土

图1-62 榜鹅步道，从上到下依次为海滩段、自然段、河滨段
资料来源：作者根据网络图片整理

（Glass Reinforced Concrete）构成的模拟木材（Simulated Timber）。两个巨型睡莲池承继了过去榜鹅乡间积水莲花婀娜生长的风貌。自然段（Nature Walk）步道没有使用硬质铺装，采用了红土表面，形成鲜明景观特色的同时与周边自然环境达到良好的融合。步道沿线建有垂钓平台，点缀于步道两侧的凉亭是热带灼热日光下最佳的避暑之地，其造型设计灵感来源于大海，既可视作翻滚的海浪，又可视作精美的螺旋状贝壳。河滨段（Riverside Walk）设置了系列休闲健身场地，供居民就近使用。

自然段与河滨段的交界处是罗弄哈鲁湿地（Lorong Halus），这里原是一座垃圾填埋场，现在则成为教育场地，不仅让公众享受到宁静的绿地景观，也为鸟类、蝴蝶、蜻蜓等提供了新的栖息地。该项目也是新加坡ABC水计划的一部分，建有一个小型科普站，结合科普标识，展示湿地水体净化、动植物等相关知识。横跨实龙岗水库的大桥造型现代，颜色与周边自然环境形成鲜明对比，成为重要的景观标志（图1-63）。

榜鹅新镇持续进行滨水绿道建设，提升滨水环境，目前已建成全长26km的东北河岸绿道环线（根据新加坡公园局网站关于公园连接道的介绍），主要沿着榜鹅半岛北侧的滨海岸线及东西两侧的河道滨水岸线设置，联系榜鹅公园、罗弄哈鲁湿地、榜鹅水道公园、榜鹅角公园、盛港河畔公园（图1-64）。

图1-63 罗弄哈鲁湿地
资料来源：作者根据网络图片整理

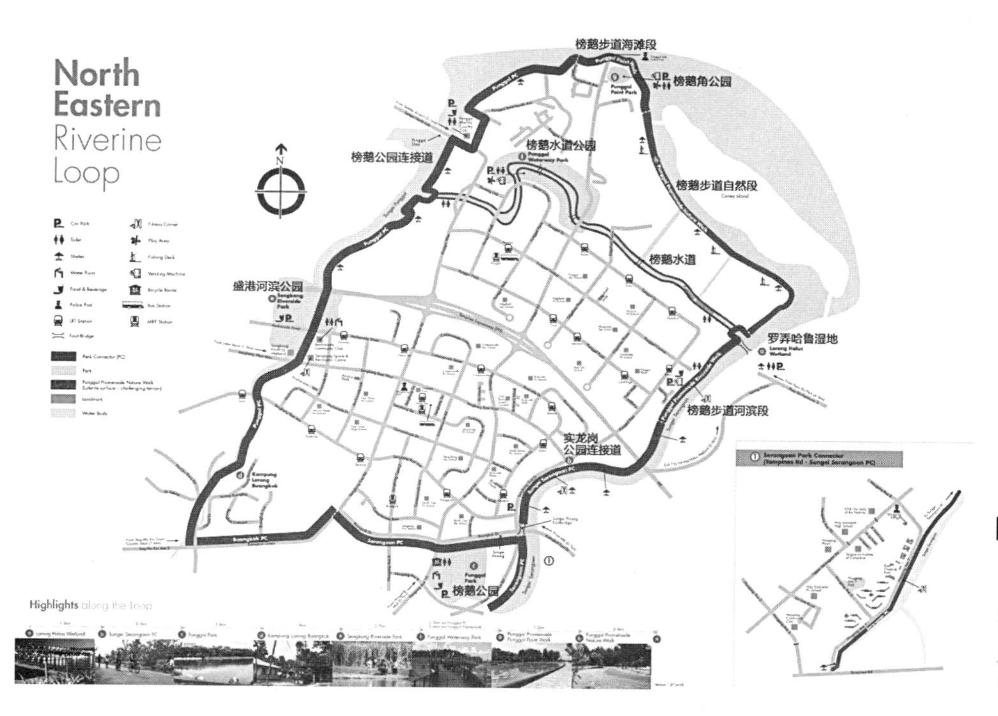

图1-64 新加坡公园连接道东北环线
资料来源：作者根据新加坡公园局网站的图片改绘

1.4 小结

鉴于欧美绿道与亚洲绿道发展特征具有较大的差异，本节分别总结其对我国绿道发展的启示。

1.4.1 欧美绿道发展对我国的启示

通过对欧美绿道发展历程、绿道相关理论、代表性绿道实例等的研究，总结以下经验供我国借鉴。

（1）两个维度的协调统一

由于欧美地理、经济、文化差异导致发展语境不同，欧美对绿道的概念界定不尽相同，绿道的实践类型也非常丰富。概括起来，笔者认为绿道一直在两个维度上不断发展，虽然出发点并不相同，但是目前欧美绿道在两个维度上的目标导向趋于一致。

第一，从规划策略及战略的维度，绿道作为一种框架性的结构，参与优化其所在区域的格局，助力可持续发展，是高效利用土地资源的重要手段。从单一游憩功能的公园连接道（美国），或限制城镇扩张的绿带（欧洲），发展为联系城乡的开放空间系统，到联系自然保护地的生态网络，再到保护生态安全的生态基础设施与绿色基础设施。绿道的功能不断拓展，绿道与生态廊道、风景廊道、遗产廊道等的交叉结合也逐渐加强。

第二，从线性空间元素的维度，绿道作为一种多功能的路线，是休闲游憩、绿色出行的重要载体，同时在生态环保、社会文化、经济发展等方面发挥积极作用。美国从联系城市与乡村的路径，衍生出绿道、风景道、国家游径等不同功能侧重的路线。欧洲则着重于发展兼顾长途旅行及日常出行的非机动专用网络，以及典型地体现历史、艺术和社会特征的文化线路。

上述两个维度不是彼此割裂的，而是协调融合的。虽然欧美绿道在尺度与形式上表现出极大的多样性，但是都强调绿道的联系性与多功能性，并鼓励绿道与其他廊道、路线网络的衔接融合。

（2）行之有效的保障措施

欧美绿道的良性发展离不开行之有效的保障措施，主要包含以下几个方面：

第一，将绿道规划合理纳入法定国土空间规划体系，有效衔接绿道与相关规划，保障用地来源是绿道建设的坚实基础。目前我国绿道是在现有用地性质基础上的复合建设，各种限制因素较多，亟须明确必须保护、需要串联和可以利用的土地，以落实绿道网络布局并实现其复合功能。

第二，完善的生态、交通等相关法律法规、政策标准体系，不同层级政府相关部门之间的协调合作机制，是推进绿道建设的重要因素。比如生态保护相关法律政策能保证绿道必要的尺度，以及重要的生态连通。交通法律政策则可以保证城市绿道拥有独立路权，同时优化交通衔接与管理，加强安全性与可达性，方便绿色出行。

第三，由于土地私有制等因素，欧美国家绿道发展过程中一直伴随着多渠道的公众参与，从各种非政府组织投入到社会意见征询、社会意识培养等多方面促进绿道的发展。绿道实体设施建设同步网络信息服务，使人们可以便捷地获取绿道导览信息，参与丰富多彩的绿道休闲旅游活动。

1.4.2　亚洲绿道发展对我国的启示

通过对日本、新加坡绿道发展历程及代表性绿道实例的研究，总结以下经验供我国借鉴。

（1）高效利用土地资源，积极开发复合功能

亚洲不少城市都面临人口密度高、建设用地不足、绿色空间紧缺的困境，在这种条件下发展绿道，用地来源是需要解决的首要问题。日本和新加坡绿道建设采用立体开发、租用河道防洪岸线、利用河道缓冲带及道路缓冲带等方式提高土地资源利用率，尽量减少土地征用，有利于绿道建设的实施推进。

日本和新加坡将绿道系统作为城市规划及绿地系统规划的重要内容之一，助力优化城市发展格局，在旧城改造及新城建设中均发挥了积极作用。依托绿道串联城内分散的绿色开放空间、居住区、大型公共设施等，并连通城外郊野地区，为人们提供休闲健身、绿色出行等的场所与途径，展示历史文化特色。同时将绿道与相关工程结合，承载生态环保、社会经济等复合功能。如新加坡的ABC水计划是将水系环境综合整治与绿道建设结合的典范。日本绿道结合带状公园营造城镇中心景观带，与周边公共建筑积极互动，带动沿线商业开发，提升土地价值。

（2）完善配套服务设施，有效保障建管运维

日本和新加坡绿道建设立足提升城市环境并保护修复自然环境，拉近人与自然的距离，注重生态与人性化设计，设置完善的配套服务设施，保障绿道使用。结合绿道标识系统、科普设施等传播环境保护、绿色生活理念。细节设计传承场地历史记忆，唤起民众的归属感。

健全相关法律法规、技术规范，保障绿道实施及网络连通，并使绿道建设管理有据可依。政府部门合理分工协作，设置专门机构负责绿道的建设、管理、运营与维护。在绿道规划建设、管理运营的过程中积极吸纳公众参与，优化绿道线路布局，注重绿道导览信息发布、旅游宣传推广、主题活动组织策划等事务，让人们更好地使用绿道系统。

第2章　我国绿道发展研究

本章首先回顾了我国绿道发展历程，阐述了我国古代绿道思想，总结了我国当代绿道发展的两个阶段。随后鉴于发展时期与模式的不同，对较早开始建设的我国台湾、香港绿道进行了单独研究。最后根据规划层级的不同，对我国其他地区的区域（省）绿道网和城市绿道网的规划建设情况进行了探析。

2.1　我国绿道发展历程

2.1.1　我国古代的绿道思想

虽然目前世界上通用的“绿道”（Greenway）一词出现于20世纪50年代之后，但是体现绿道理念与部分功能的建设活动一直在持续进行。我国古代城市绿化、沿河绿化、官道驿道等建设为当代绿道发展提供了宝贵的思想源泉。

周代筑城顺应自然条件，利用山体、自然河道建造城墙，并颁布了沿城壕外围必须种植树木的第一部法律。我国种植行道树始于西周，《国语·周语》中记载“列树以表道”。秦始皇统一六国后，规定在连通诸侯国的国道两旁种植松树，将天子行车区域与诸侯百姓行走区域分隔开来（图2–1）。唐都长安沿着规则式方格路网种植了槐、榆、柳等当地树种（图2–2）。从此以后，逐渐形成了沿城镇主要道路种植树木的优良传统。我国古代城市建设中的这些绿化活动为当代城市绿道建设提供了相关思想启示。

春秋战国时期，著名思想家管子就已经认识到沿河植树可以加固土壤，防止洪涝灾害。齐国人沿黄河修建堤坝，并种植杨树、柏树和灌木组成的防护林带来巩固

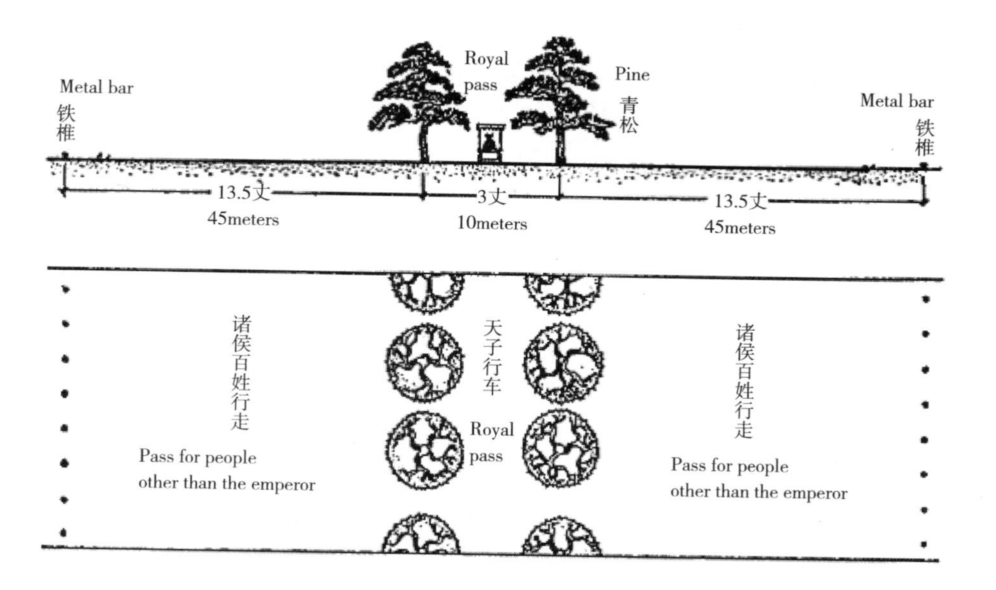

图2-1 秦代国道绿化断面

资料来源：Kongjian Yu, Dihua Li, Nuyu Li.The Evolution of Greenways in China [J]. Landscape and Urban Planning, 2006

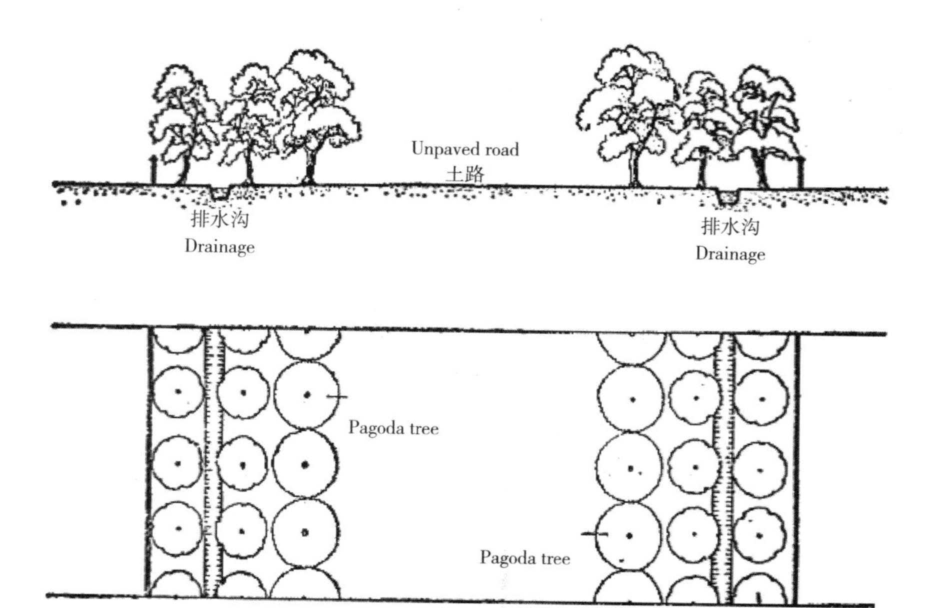

图2-2 唐都长安种植植被的道路断面

资料来源：Kongjian Yu, Dihua Li, Nuyu Li.The Evolution of Greenways in China [J]. Landscape and Urban Planning, 2006

堤坝。隋代沿京杭大运河两岸修建御道，并种植大量柳树，形成了绵延达四千余里的“绿色长廊”。宋代沈括的《梦溪笔谈》中记载杭州钱塘江沿岸种有十多排树木，张择端的《清明上河图》也反映了沿河种植树木的场景，人们在赶集的同时还可以沿河游憩（图2-3）。这些沿河绿化发挥了生态保护的作用，体现了保护河流流域的思想，并逐步拓展了沿河空间的功能，与当代滨河绿道有一定的共通之处。

历代为了巩固统治，繁荣商贸发展，兴建了官道、驿道、古道、栈道等多种形式的跨区域道路。秦驰道与秦直道以咸阳为中心，放射状联系全国主要地区，进行道路绿化并沿途设置驿站等服务设施。汉代在秦代的基础上，完善了连通全国的道路网络，开辟了通达西域的“丝绸之路”。由秦汉至明代，川西古蜀道上进行了

图2-3 清明上河图中的河道绿化
资料来源：百度图片

图2-4 剑门蜀道“翠云廊”
资料来源：百度图片

多次大规模的植树活动，形成了林木繁茂的剑门蜀道“翠云廊”（图2-4）。兴于唐宋、盛于明清的茶马古道通达印度、尼泊尔，是著名的商贸道路。这些自上而下建设的官道和民众自下而上开拓的乡野古道，相互连通接驳，串联起名山大川，并促进沿线景点的形成与发展。这些跨区域道路由单一的交通功能，不断拓展，承载了经济贸易、文化传播、民族交流等多种功能，在一定程度上也提供了休闲旅游的途径和场所，体现了当代区域绿道的部分功能价值。这些跨区域道路目前仍有少量保存完好或有部分遗迹，是我国未来区域绿道发展可以依托利用的重要资源。

2.1.2 我国当代绿道发展建设

我国当代绿道的发展建设可以分为以下两个阶段：

绿道理论引入和局部实践阶段（2010年之前），我国当代绿道建设始于台湾地区，受日本殖民统治的影响，20世纪30年代台中市就开始了绿道规划建设。20世纪70年代，我国香港地区绿道伴随着郊野公园建设发展起来。中华人民共和国成立后，持续进行国土绿化和城市绿地系统规划建设，具有线性特征的绿地主要是带状公园、沿道路或河流水系建设的防护绿带、环城绿带等，侧重于绿化美化和防护功能，游憩功能偏弱，与功能复合的国外绿道具有较大的差距。20世纪90年代之后开始引入西方绿道概念，进而引出对国外绿道相关理论、绿道规划设计、绿道经典案例等的研究。2007年广东省增城市（2014年改为广州市增城区）提出实施全区域公园化战略，开始了绿道建设的实践探索。

绿道规模化实践和全面推广阶段（2010年之后），2010～2011年广东省先后编制《珠江三角洲地区绿道规划纲要》《广东省绿道网建设总体规划》，在全省范围内以非常之力迅速推进绿道建设。随后浙江、福建、安徽、山东等省纷纷借鉴广东省经验，编制省级绿道网规划发挥自上而下的指导作用，掀起了绿道建设的热潮。目前除西藏外，全国其他省（直辖市、自治区）均已开展绿道规划建设工作。我国发展最快的是城市级绿道，至2018年已有227个城市提出绿道发展规划、已建或在建绿道，[64]涌现出成都、深圳、北京、南京、武汉、杭州、郑州、上海等一批代表性城市。根据住房和城乡建设部的统计数据，截至2018年底，全国共建设绿道5.6万km。我国绿道建设已成为贯彻落实习近平生态文明思想，推动形成绿色发展方式和生活方式，建设美丽中国和健康中国的重要内容。

2.2 台湾绿道

台湾学者郭琼莹将绿道概念定义为："绿道为一线形的开放空间，通常沿着自然廊道如水岸、溪谷、山脊或铁路而行，亦可作为游憩场地、交通穿越道、景观道路、行人穿越道或自行车道。其本身具有的开放空间将公园、自然保护区、文化特色区域、历史遗迹彼此连结，同时也连结着人口密集地区、地域性的狭长形或线形公园，大多被设计为绿带或风景道路"。[65]

从台湾绿道建设实践来看，可以分为两种类型：一种是公园连接道，受日本殖民时期的影响，绿道与城市绿地系统结合较为紧密，沿道路与河道发展，串联主要公园绿地，主要功能是提供绿色户外休闲空间，以台中市的绿园道系统为代表。另一种是自行车绿道，主要依托于道路修建，其建设起初是源于通勤功能，伴随人们对生活质量、健康水平的关注度不断增加，其功能也从通勤交通向运动游憩转变，铁马骑行（自行车骑行）成为台湾最受欢迎的休闲运动、旅游方式。

2.2.1 台湾公园连接道系统

2.2.1.1 台中绿园道系统

台中市是台湾第二大城市，也是台湾中部的经济、文化中心，由于多种原因，绿道建设起步较早。在日本对台湾殖民时期，由英籍工程师威廉·巴尔顿（William K. Burton）及其助手提出了格状方形市街系统，成为台中市绿色空间规划的起源。20世纪30年代，台湾先后出台了"台中市区计划绿园地指定""台中市区扩张计划"，指定了台中市的多处公园和三条绿道，成为台中绿道发展的起源，此时的绿道具备城市边界的功能。

随着台中都市区的扩大，绿道不再是城市边界，而被城市所包围。1953年进行的都市计划检讨中，将绿道纳入都市计划，构建环绕台中市区的都市绿带，串联主要公共空间，营造都市景观并起到生态保护作用。1988年台中市开始完善绿园道系统，至1996年完成了老城区13条绿园道的建设，绿道宽15～40m，其中人行道宽2～4m。

伴随台中市区向西北拓展，不断规划建设新的绿园道，将新老城紧密联系起来。目前台中市区绿道形成“一轴两环”的结构，以草悟道作为联系新老城区的轴线，老城绿道环线长约15km，新城绿道环线长约12km（图2–5）。

台中市绿园道系统依托道路及滨河绿地建设，串联了城市主要公园及文化设施，构成了完整连续的带状公共空间系统，主要具有以下几方面的功能：

第一，交通功能。台中老城区的13条绿园道中均设置了统一规格、标识的自行车道，结合少量道路，形成了一个近乎封闭的“台中市环市休闲自行车道”系统。该系统可以避免机动车干扰，并结合城市景点划分不同主题段落，为市民及游客提供了绿色出行、旅游体验的专属骑行空间。绿道连通社区、绿地与公共服务设施，也为市民步行出行创造了优良条件。

第二，避灾功能。台湾位于环太平洋火山地震带上，地质灾害频繁。台中绿园道系统为市民提供了快速避灾通道，让他们在灾难发生后可以尽快到达开阔、安全的场地。滨河绿道还可作为汛期的泄洪缓冲区使用。

第三，环境提升、教育与经济功能。绿园道系统优化了城市格局，美化了城市环境，是开展环境教育的优良场所。绿园道系统串联了城市文化设施，也是社会文化传播、市民交流的重要场所。调查显示绿道附近的土地、房屋价格明显高于其他地区。环境优美的绿道还可有效吸引商家集中投资，促进区域经济繁荣。

2.2.1.2 台中草悟道

草悟道位于台中市中心，由经国园道与美术园道改造而成，长3.6km。2007年台中市举办“台中翡翠项链经国园道改善计划”设计竞赛，2009年AECOM公司以“草悟道”设计方案中标，改造工程于2012年完工。草悟道连接了自然科学博物馆、

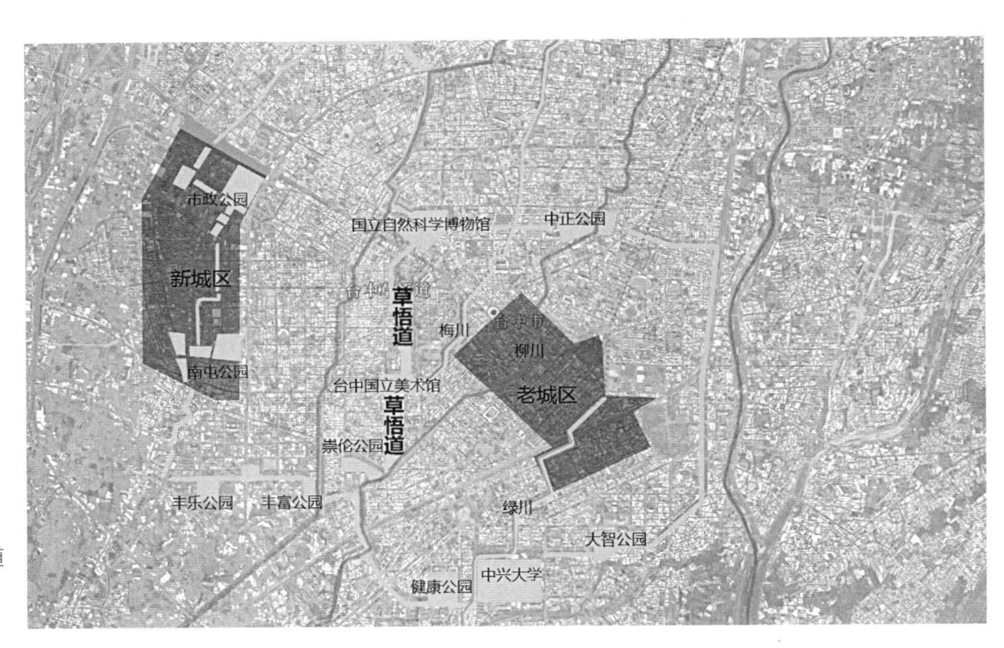

图2–5 台中市绿园道系统
资料来源：作者自绘

台湾美术馆、勤美术馆、NOVA咨讯广场、勤美诚品绿园道（商场）等多个大型文化商业公共建筑，结合市民广场及绿地，成为重要的城市生活长廊，也是展示城市景观风貌的新地标。

草悟道的设计理念源于我国行草书法，其英文名为Calligraphy Greenway（意为行草悟道）。参照潇洒灵动的书法笔意，追求景观的流动性，利用连贯的动线衔接原经国园道与美术园道；结合周边文化艺术及商业建筑，设置不同主题的系列节点，强化“起、承、转、合”的连接感，达到了环境景观的和谐统一（图2-6）。

草悟道改造工程对原有笔直单调的线性绿地进行重新布局，保留了承载记忆的现状树木，并根据其位置精心设计人流动线，合理划分不同使用功能的空间。朝向街道两侧依次为机动车临时停放区、自行车道以及人行道，满足慢行交通需求。中央为开合有致、形式多元的公共活动空间序列，包括入口广场、音乐主题绿地、喷泉花园、雕塑园、阅读角及开放大草坪等，充分满足市民不同规模、性质的户外活动需求。

草悟道改造补植了大量本土植物，在树林中设计候鸟休息站吸引鸟类驻足，以丰富生物多样性并为人们亲近、认识自然创造条件。场地中还设计了雨水收集系统，将现有铺装改造为透水铺装，沿绿地布局生态植草沟，最大限度地收集并过滤场地雨水转化为景观用水，降低自身维护所需要的能耗（图2-7～图2-9）。

台中市因其丰富的艺术和文化机构而著称，于2007年被世界领袖论坛评为“世界最佳文化与艺术城市”。台中市一直致力于推动城市文化产业发展，每年都会举办许多户外文化主题活动，包括草悟道在内的绿园道成为这些活动的重要场所。草悟道改造强调场地的弹性化设计，不同尺度的花园、广场、草坪可以容纳不同规模的活动，为沿线博物馆、美术馆、诚品书店、商场等公共建筑提供了室外展示、活动的空间。

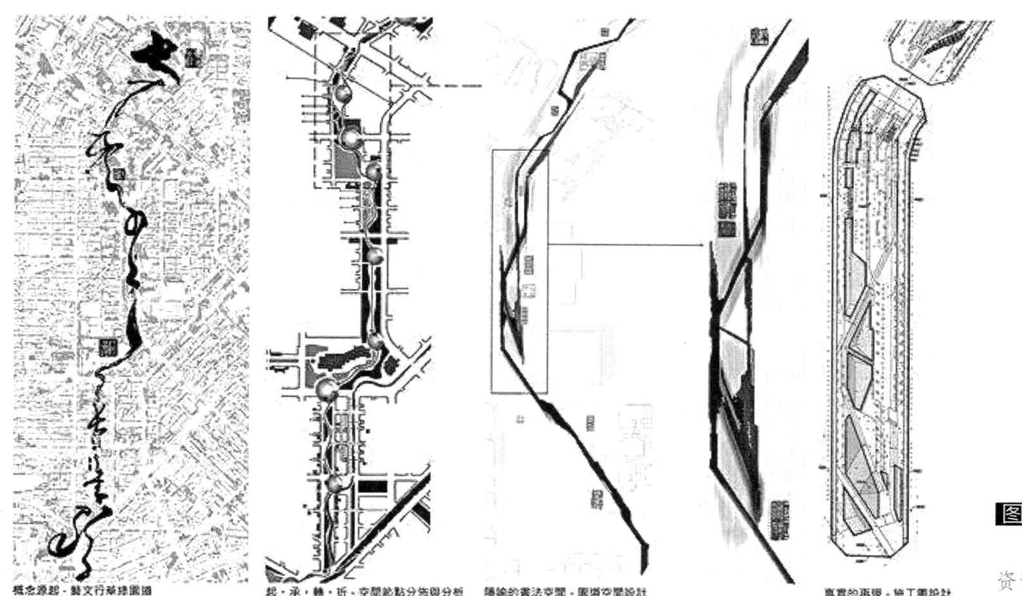

图2-6 台中市草悟道设计理念分析图

资料来源：百度图片

图2-7 草悟道鸟瞰及Google 平面
资料来源：作者根据百度图片和Google地图整理

图2-8 草悟道不同功能分区
资料来源：作者根据百度图片整理

草悟道以一条绿道的形式，承载了诸多城市公共文化活动，成为市民休闲、健身、交往的活力场所、城市文化艺术的发声地、绿色生活理念的传播地（图2-10）。草悟道作为绿道反哺周边地块，达到经济、社会、生态效益共赢的典型案例，值得我们学习。

图2-9 草悟道改造前后对比图
资料来源：https://wenku.baidu.com/view/faf57fb205087632311212bb.html

图2-10 草悟道承办不同类型、规模的户外文化活动
资料来源：TAICHUNG GREENBET, The Calligraphy Greenway

2.2.2 台湾自行车道系统

2.2.2.1 台湾自行车道系统发展概况

台湾把自行车称为“铁马”，和铁路一起并称“双铁”，是民众最喜爱的休闲运动、旅游方式。台湾自行车道的建设最初源于通勤功能，伴随人们对生活质量、健康水平关注度的不断提高，自行车道的功能也从通勤交通向游憩健身转变。

20世纪90年代晚期修建的淡水河至新店溪专用道是台湾第一条以游憩功能为主的自行车专用道，长12km，线路沿河道设置，串联沙洲湿地、码头及文化古迹，沿途风景优美。随后在明阳山、垦丁等公园及风景区纷纷修建以观光休憩为主要功能的自行车道，在绿色低碳理念的推动下，岛内掀起了自行车休闲的热潮。

2002年台湾“行政院”体育委员会制定《台湾地区自行车道系统规划与设置计划》，将自行车道建设列为县市重点项目，对全台自行车道进行统一规划。根据设置目的及使用功能，将自行车道划分为生活通勤型、运动休闲型、运动竞赛型三类。生活通勤型自行车道主要设在各城镇内，满足通勤需求。运动休闲型自行车道主要为节假日休闲活动行程使用。运动竞赛型自行车道主要为自行车运动爱好者提供练习路线。三种自行车道中最受台湾民众欢迎的是运动休闲型自行车道，主要承担休闲旅游功能，串联社区与海滨、山体、水岸，并连接风景区、公园等。运动休闲型自行车道一般结合现有景观道路或步道系统建设，形式可以是自行车专用道，也可以改造利用公园步道、景观道路、林间道、园区主题步道、废弃铁路、河滨步道、堤岸道路、农用道路、水圳（田间水沟）等。

2009年台湾“交通部”出台《自行车道系统规划设计参考手册》，提出了自行车道路网规划、自行车道形式与设置、车道几何设计、车道设施设计、自行车休憩点与补给点、自行车标志标线号志（交通信号灯）、自行车管理的原则。该《手册》明确了自行车道系统规划设计的三个基本原则：第一，安全与连续，用地足够时优先采用独立路权，用地不足且交通流量不高的路段考虑调整现有车道及路面设施，交通量高又无法设置自行车专用道采用绕行巷道。第二，景观与减量，考虑行人步行需求及沿线植栽绿化与景观，体现节能环保。第三，国际化原则，提供中英文对照的相关资讯。该《手册》还提出了环岛自行车道路系统由公路系统、市区道路、农路、村里道路等组成，用以串联各地区域自行车道路网及特色景点，提供民众生活、休闲、观光、游憩等目的的脚踏自行车使用。该路网并非全面性专用车道，而应改良公路系统对自行车通行的友善性，与各地自行车道联结构成。

2.2.2.2 台湾自行车道形式

台湾自行车道依据路权形式可分为道路（Way）和车道（Lane）两大类。道路指自行车专用道（或与行人共用），无机动车混用的路权形式。车道则指自行车与机动车（机车）共同使用同一平面的路权形式。考虑到使用安全与骑行体验，本书着重介绍自行车专用道路、自行车与行人共用道路、在人行道上设置的自行车专用车道。

（1）自行车专用道路：仅供自行车使用的道路（图2–11）

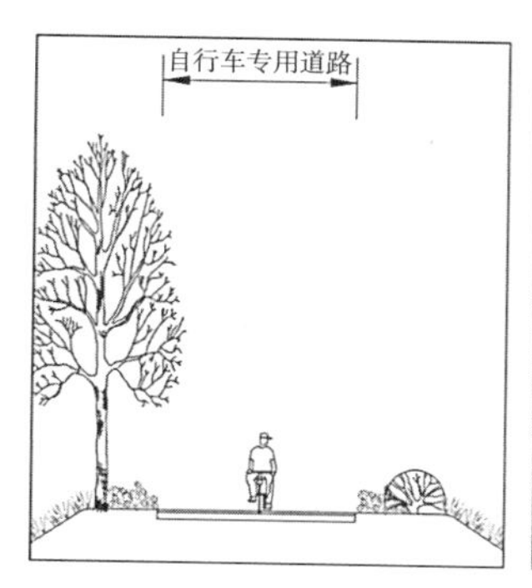

图2–11　自行车专用道路
资料来源：左图：台湾“交通部”运输研究所、自行车道系统规划设计手册，2009、右图：百度图片

（2）自行车与行人共用道路：自行车与行人共用，其他车辆不得占用行驶（图2–12）

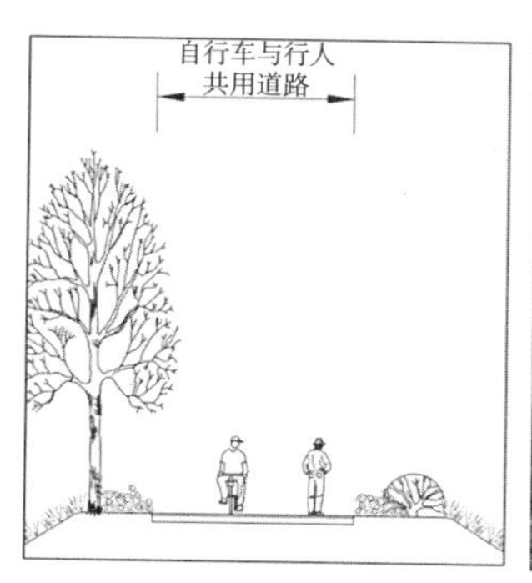

图2–12　自行车与行人共用道路
资料来源：左图：台湾“交通部”运输研究所、自行车道系统规划设计手册，2009、右图：百度图片

（3）自行车专用车道：在人行道上设置自行车专用车道以标线区分（图2–13）

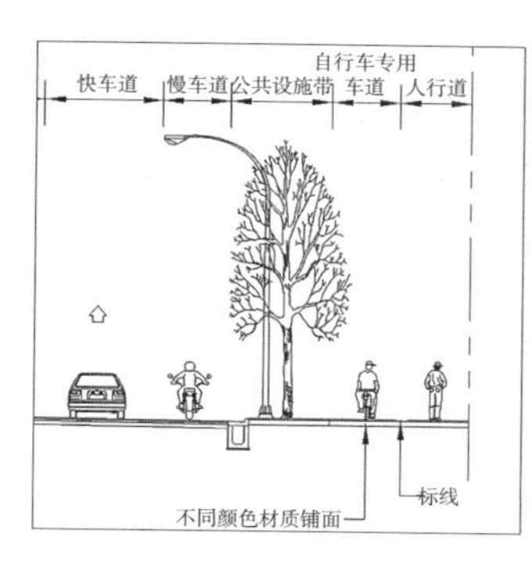

图2–13　在人行道上设置自行车专用车道以标线区分
资料来源：左图：台湾“交通部”运输研究所，自行车道系统规划设计手册，2009，右图：百度图片

（4）自行车专用车道：在人行道上设置自行车专用车道以分隔设施区分（图2–14）

图2-14 在人行道上设置自行车专用车道以分隔设施区分
资料来源：台湾“交通部”运输研究所，自行车道系统规划设计手册，2009，右图：百度图片

自行车专用道路宽度要求详见表2-1。在人行道上设置的单向自行车专用车道宽度在1.5m以上为宜（最小1.2m），双向自行车专用车道宽度在2.5m以上为宜。

自行车专用道路宽度表 表2-1

脚踏自行车道类型	分隔/位置	方向	净宽度（m）	备注
脚踏自行车专用道路		单向	2.0m以上为宜，最小1.2m	单车单向
		并行	3.0m以上为宜，最小2.0m	双车单向
		双向	3.0m以上为宜，最小2.5m	双车双向
脚踏自行车与行人共用道路	混用		4.0m以上为宜，最小3.0m	
	分隔	单向	3.2m~3.5m	（人行道：2.0m以上为宜。脚踏自行车：1.2~1.5m以上）
		并行	4.0m~4.5m	（人行道：2.0m以上为宜。脚踏自行车：2.0~2.5m以上）
		双向	4.5m以上	（人行道：2.0m以上为宜。脚踏自行车：2.5以上）

资料来源：台湾“交通部”运输研究所，自行车道系统规划设计手册，2009

2.2.2.3 台湾运动休闲型自行车绿道实例

台湾“交通部”观光局网站推荐了台湾十大经典自行车道，本书选取了其中的三条进行实例分析。

（1）台中东丰自行车绿廊—后丰铁马道

东丰自行车绿廊前身为台铁纵贯线东势支线，途径台南丰原、石冈、东势三区，是台湾第一条由废弃铁路改造的自行车专用道，全长12km。2000年东丰自行车绿廊建成，整条线路拥有独立路权，不受机动车干扰，与机动车道采取立交的方式，也不影响周边居民交通。沿途地形平缓，经过铁路桥、车站等，游客可以感受铁路记忆，欣赏溪谷风光，体验客家村落风情。2003年全线增设夜间照明设施，成为台湾首条夜间自行车专用道。

后丰铁马道前身为台铁旧山线，以后里马场为起点，行经旧隧道，穿过大甲溪谷，与东丰自行车绿廊相接，形成总长18km的自行车专用道。旧山线9号隧道有近百年历史，在创意巧思下使其重见光明，成为独特的“铁马隧道”。花梁钢桥横跨大甲溪，在桥上可欣赏美丽的大甲溪沿岸风光（图2–15）。

台中市政府结合东丰自行车绿廊、后里马场、后丰铁马道三个特色景点，在暑假举办“两马观光季”，通过骑自行车与骑马等户外活动，带动新形态的旅游观光文化。

（2）南投日月潭自行车道

日月潭是台湾第一大淡水湖，因不规则菱形的日潭与细长弧形的月潭而得名。环绕日月潭的自行车专用道全长33km，依托环潭公路建设，串联日月潭4大庙宇（龙凤庙、文武庙、玄光寺、玄奘寺）、8条自然步道（松柏崙自然步道、大竹湖自然步道、水蛙头自然步道、土亭仔自然步道、慈恩塔自然步道、水社大山自然步道、猫兰山自然步道、涵碧楼自然步道）及4个码头（水社、朝雾、伊达邵、头社），全程骑行时间约3h。因其自然生态基础良好、景色优美、原住民文化具有特色而被美国有线电视新闻网（CNN）旗下的生活旅游网站CNNGO选为全球十大最美自行车道之一（图2–16）。

日月潭景区设有高级自行车休闲服务站，设有“自行车卫星导航”及“自行车紧急呼叫系统”。自行车还可以带上环湖彩绘公交车，为体力不支的游客解决后顾之忧，堪称自行车友好的完美之旅。

图2–15　东丰自行车绿廊与后丰铁马道

资料来源：作者根据百度图片整理

图2-16 日月潭自行车道
资料来源：作者根据百度图片整理

（3）南投集集绿色隧道

集集镇是南投县面积最小的乡镇，也是著名的铁道观光小镇。集集铁路支线以集集火车站为中心点，全长约30km，是观光怀旧铁道之旅的经典路线。集集镇公所为促进观光发展陆续开辟自行车步道，不仅让游客深入体验集集风光，也鼓励游客加入绿色出行新时尚。

集集绿色隧道位于南投县名间乡与集集镇之间的152县道上，全长4.5km。通过铺装划线的方式区分机动车与自行车通行的区域，虽然没有独立的路权，但因县道车流量有限，未对自行车骑行构成干扰。道路两侧是数千棵高大的香樟树，形成舒适宜人的林荫自行车道，故名“绿色隧道”。1941年日本政府为纪念皇室开基2600年，发动居民每家在路旁种植3～4棵樟树作纪念树，使当时的台湾成为全球种植樟树密度最高的地方，后来樟树陆续被砍伐，“绿色隧道”成为台湾现存弥足珍贵的樟树林道。

集集绿色隧道大部分线路毗邻集集铁路，骑行时会偶遇集集彩绘火车，丰富骑行旅游体验。这条绿色隧道的周边汇集了许多陶艺馆、咖啡馆 及文创商铺，沿途均设自行车停车设施、休息凉亭，已成为南投休闲旅游的热门项目之一（图2–17）。

2.2.3 小结

通过对台湾城市绿道及自行车绿道的分析，笔者认为台湾绿道规划建设具有如下特点：

图2-17　集集绿色廊道
资料来源：作者根据百度图片整理

第一，受日本殖民时期的影响，城市绿道系统与绿地系统紧密结合，综合了交通、避灾、环境提升、社会与经济等方面的综合功能。

第二，自行车道系统兼容通勤与旅游功能，通过规划设计参考手册协调指导各地自行车道建设。根据实际情况设置具有不同路权的自行车专用道及专用车道，保证使用安全，积极发展自行车观光旅游。

第三，立足资源条件，采用改造废弃道路、设置滨水游径、借用风景优美的林荫路等方式，建设各具特色的自行车绿道。

2.3　香港绿道

20世纪中叶，为应对城市快速发展带来的人口急剧膨胀、自然环境恶化等问题，香港秉承“大疏大密”的思想制定了两项长远发展计划：一项是推行疏解人口的新市镇计划；另一项是划定郊野公园，制定郊野公园条例，以保护生态并为市民提供康乐场地和教育设施。绿道作为郊野公园内主要的康乐活动载体，在此背景下顺应而生。经过持续发展，目前香港已形成郊野公园游径、新市镇单车径、旧区文物径为主体的绿道体系。

2.3.1　香港郊野公园游径

香港1976年颁布《郊野公园条例》，翌年划定第一批受法律保护的郊野公园，目前郊野公园已遍布全港。郊野公园游径在一个郊野公园内或串联几个郊野公园，满足风景游赏、休闲健身、科普教育以及某些专业体育活动的需求。经历40余年的发展，香港已经形成了完善的郊野公园游径系统，根据不同的功能侧重，可以分为四大类：健身类、专业体育类、科普类和游憩类。

2.3.1.1 健身类郊野公园游径

根据适宜进行健身活动内容的不同，健身类郊野公园游径可再细分为远足径、健身径和缓跑径三小类，其功能及典型案例详见表2-2和图2-18。

健身类郊野公园游径基本情况 表2-2

类别	简介	典型案例	备注
远足径	串联数个郊野公园，分为多个主题段落，提供丰富多样的自然景观体验	麦理浩径：100km 10段 卫奕信径：78km 10段 凤凰径：78km 12段 港岛径：50km 8段	一般分段最长不超过10km，以4～7km居多，每段依据地形地势，难度不一。每500m设立标距柱，提供定位
健身径	设于郊野公园内，沿途设有健身站，游人可以按个人经验、兴趣及体能选择合适的活动	龙虎山健身径：7.5km 12个健身站 香港仔健身径：2.1km 13个健身站 屯门健身径：3.1km 14个健身站	各路径难度不一。健身站设置成品健身设施，包括掌上压支架、侧跳支架、斜梯、仰卧起坐凳、横梯支架、木桩、引体向上支架、平衡木及支撑提退支架等
缓跑径	设于郊野公园内，部分成环，坡度较缓，适合边慢跑边欣赏沿途风景	城门缓跑径：5km 九龙接收水塘缓跑径：1.6km 石梨贝水塘：1.7km 鲗鱼涌缓跑径：2km	前三个为环水水库慢跑径，鲗鱼涌为山林缓跑径

资料来源：作者根据香港渔农自然护理署网站资料整理

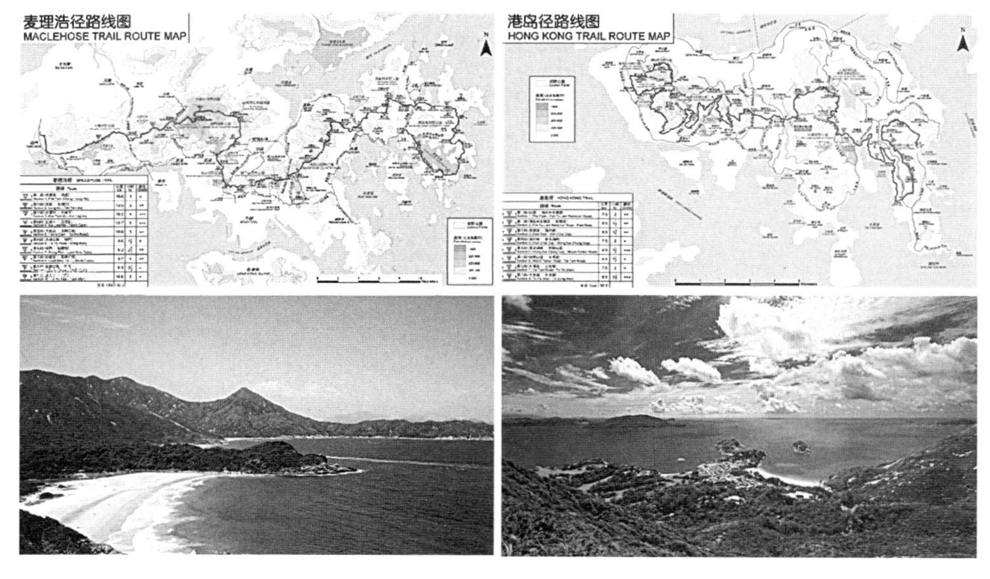

图2-18 香港麦理浩径与港岛径
资料来源：作者根据网络图片整理

香港有四条著名的远足径：麦理浩径、卫奕信径、凤凰径和港岛径，长度在50～100km不等，串联多个郊野公园，提供穿行山脉、森林、湖泊、海洋等丰富的景观体验，分为数个主题段落。如龙脊径（港岛径的最后一段）长度约8.5km，行走于山岭之间，沿途可以饱览南海、石澳、大浪湾、赤柱及大潭一带的壮丽景色，曾被《时代周刊》（亚洲版）选为亚洲最佳市区远足径。远足径由郊野公园以及海岸公园管理局管理，尽量采用天然铺装材料，如木栈道，碎石等。与远足径相连，通往村落的小径则由民政事务总署负责运营管理，采用柏油铺装加以区分。

健身径和缓跑径均长度较短，位于一个郊野公园内部。健身径沿途设有健身站，提供健身设施，游人可以按个人经验、兴趣以及体能，选择合适的活动。缓跑径则选择相对平缓的林荫路径设置，例如沿水库设置，环水库一周，沿路欣赏滨水景观。

2.3.1.2 专业体育类郊野公园游径

专业体育类郊野公园游径包括野外定向径和越野单车径，其基本情况详见表2-3。

专业体育类郊野公园游径基本情况　　表2-3

类别	简介	典型案例	备注
野外定向径	由香港定向协会与渔农自然护理署合作设立于郊野公园内，满足不同难度定向活动需求	香港仔野外定向径 鲗鱼涌野外定向径 薄扶林野外定向径 湾仔野外定向径 牛寮山野外定向径	没有固定长度，通过控制点（打卡标距柱）控制路线难度，使用者需先下载地图，选择不同控制点，来完成不同难易程度的路线
越野单车径	设立于郊野公园内的自行车越野路径及自行车训练区域	西贡西郊野公园越野单车径 大榄郊野公园越野单车径 石澳郊野公园越野单车径 南大屿郊野公园越野单车径	用绿、蓝、黑三种颜色区分不同难度。有些与步行道并行，出于安全起见，下山道是单独设置的。设有初学者使用的单独训练区域

资料来源：作者根据香港渔农自然护理署网站资料整理

野外定向径（图2-19）是用于完成野外定向活动的路径。野外定向又叫定向越野，是一种在野外利用地图、指南针及野外生活知识，在有限时间内或以比赛形式去完成一段路程，并在检查点位记录卡打上印记的活动。野外定向原是20世纪50～60年代驻港英军及警察的训练项目，70年代后期逐渐流行于民间，80年代成立了香港定向总会。香港定向总会与渔农自然护理署合作，在郊野公园内设立5条野外定向径，举办训练课程并承办各类赛事，满足亲子或者不同难度的专业野外定向活动需求。

越野单车径（图2-20、图2-21）是由渔农自然护理署授予许可证划定的可以在郊野公园进行越野自行车活动的路线。目前郊野公园内设有15条越野单车路径。渔农自然护理署对越野单车径的使用提出明确要求，如只准在划定的地点和路径上骑车、

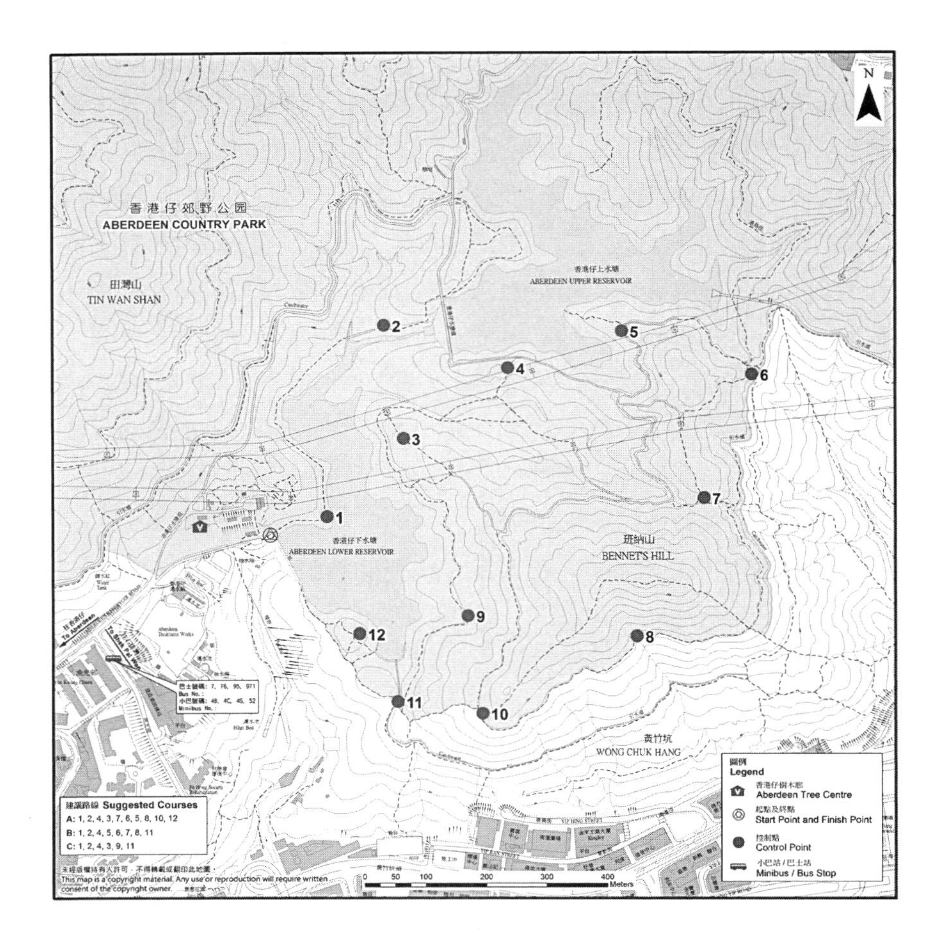

图2-19 香港仔郊野公园香港仔野外定向径

资料来源：香港渔农自然护理署网站 https://www.afcd.gov.hk/tc_chi/country/cou_vis/files/Aberdeen_Ori_Smalle_Trail_s.jpg

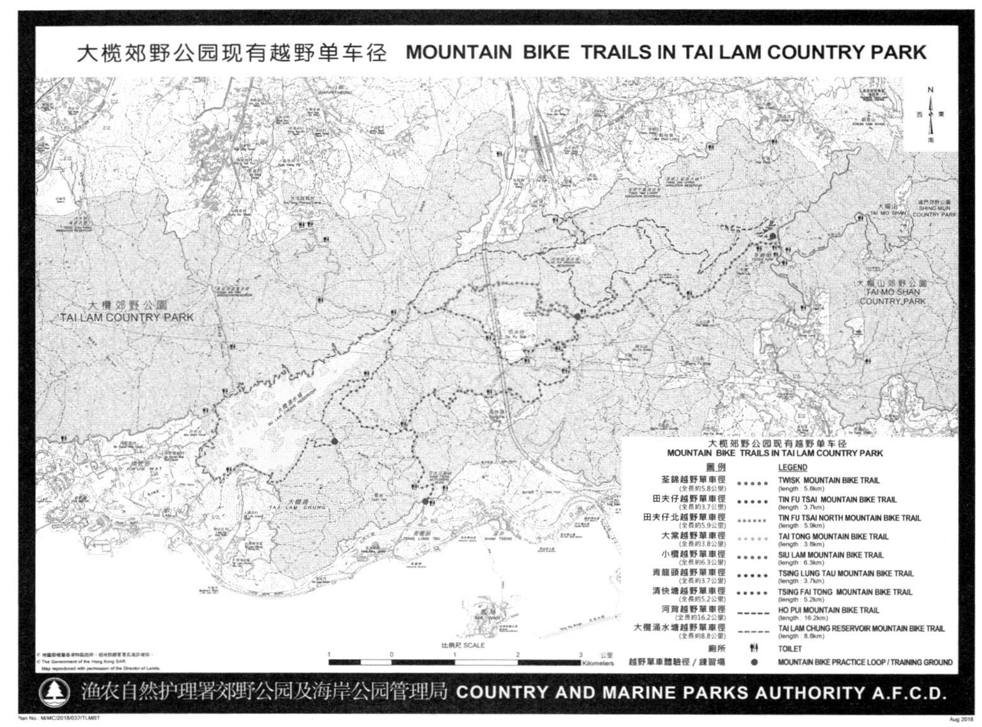

图2-20 大榄郊野公园越野单车径平面图：长度2~15km不等，难度不一

资料来源：香港渔农自然护理署网站https://www.afcd.gov.hk/tc_chi/country/cou_vis/cou_vis_mou/cou_vis_mou_mou/files/M_MC_2018_037_TLMBT.pdf

必须结伴同行、必须佩戴符合要求的安全设备、黄昏以后禁止骑行等。专门的骑行路径满足多种难度需求，与步行路径区别设置，保障步行以及骑行者的使用安全。

2.3.1.3　科普类郊野公园游径

科普类郊野公园游径主要包括自然教育径和树木研习径，主要设于郊野公园内，距离较短，坡度较缓。市民可以在政府相关网页上下载地图，查阅路线介绍，方便使用。

自然教育径设立于具有独特保育价值的地点，沿途设有标识牌介绍各种野生动植物、历史及乡村生活，以增加游人享受郊游的乐趣。树木研习径（图2–22）主要向公众传达教授有关树木及森林的知识，通过标识系统提供科普信息，并配有APP，便于边学边玩。

图2–21　大榄郊野公园越野单车径
资料来源：香港越野单车协会 http://www.hkmtb.com

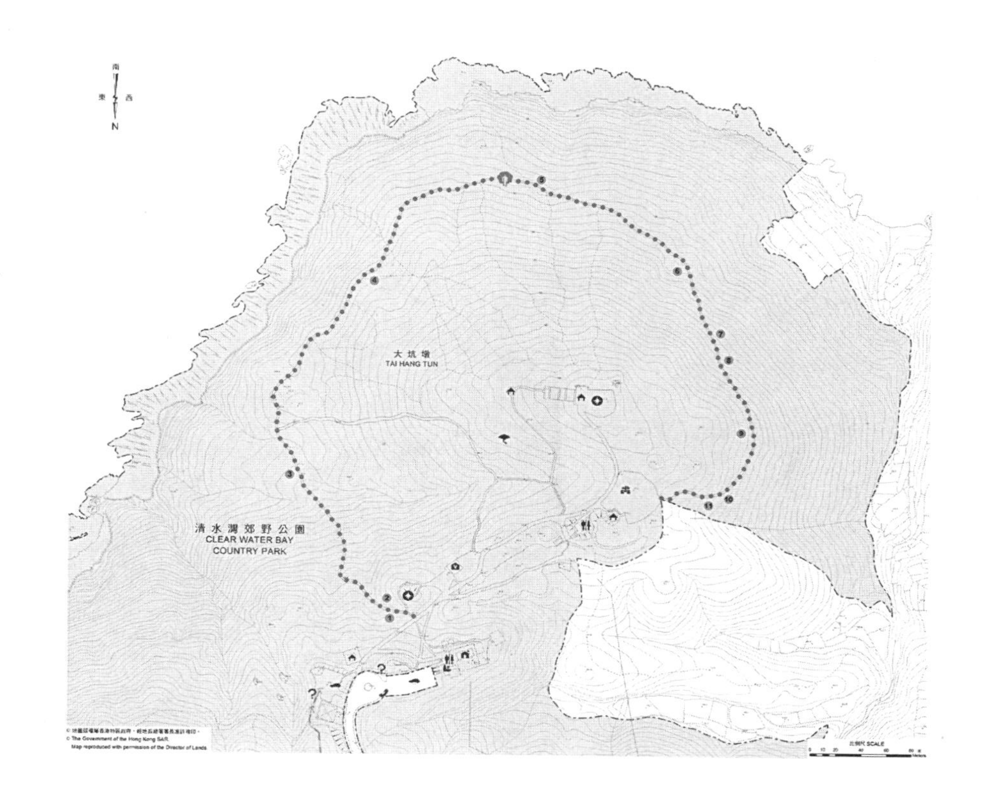

图2–22　清水湾树木研习径平面以及解说点分布图
资料来源：香港渔农自然护理署网站http://www.treewalks.gov.hk/treewalk/index_map.php?lang=sc

2.3.1.4 游憩类郊野公园游径

游憩类郊野公园游径包括家乐径及郊游径。家乐径难度较低，主要为一家老小共同亲近自然而安排的以放松、休闲为主要特色的郊游路线。家乐径设于郊野公园内景色怡人和交通方便的地方，长度1～3.5km，坡度平缓，沿途设有家乐径标志。大部分路径设计成循环路线，以便游人回到起点，无论幼儿或老人皆可以在0.5～2h内完成全部行程。沿途较为分散地建有观景平台或休闲场地，集中布置儿童游乐设施和非剧烈运动型康乐设施。

郊游径是选择各郊野公园中风景最优美地段连接设计而成的郊游路线，适合各年层次和不同健康状况的游人选用。郊游径长度多在5km以内，游览时间大多控制在1～3h，坡度难度不一，铺装以现状土路为主，注意起终点与外围交通设施、配套服务设施相结合。

2.3.2 香港新市镇单车径

由于自然条件限制及集约发展导向，香港城市建设主要集中于总面积25%的用地范围内。旧建成区主要集中于维港两岸，自1973年开始沿轨道发展多个新市镇，城市结构呈星座型。香港新市镇采用“均衡发展”理念，希望在职住平衡、公共服务设施平衡之外，也为本地居民提供充足的康乐设施，营造优良的居住环境。绿道顺应“星座型”城市形态，以新市镇为核心，形成与外围郊野公园并行发展的“边缘-组团”布局结构。

由于地形限制，香港没有像内地一般鼓励使用自行车作为代步工具，而将自行车定位为休闲或康乐活动，在管理条例上严格指引步行与骑行分离。为保障单车作为康体活动的有序推行，根据使用者需求以及既有出行习惯，在特定区域修建单车径。

目前香港单车径主要位于新界，该地区接近珠江口，地势平缓，具有发展自行车运动的条件。三条主要的单车径（图2-23、图2-24）风景各异，巧妙地将城市

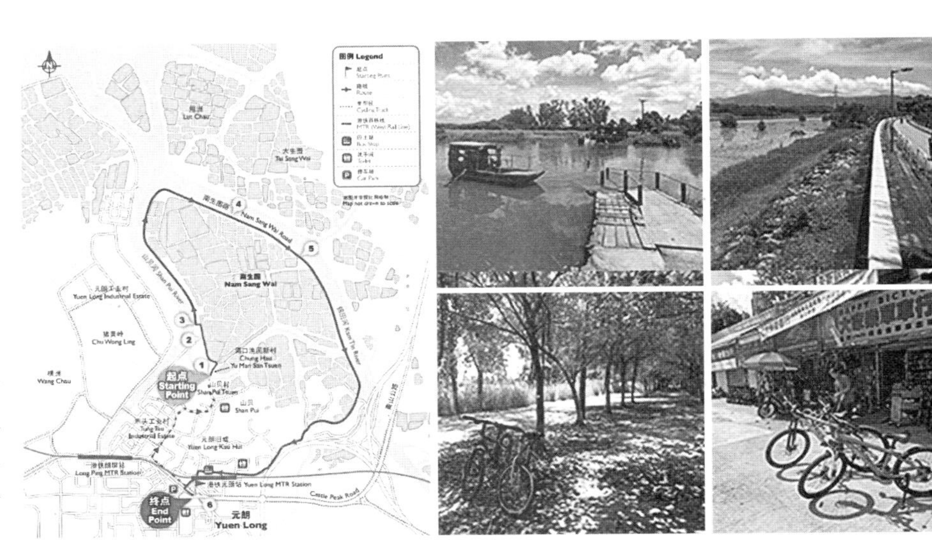

图2-23 南生围单车径
资料来源：https://www.discoverhongkong.com/china/see-do/great-outdoors/cycling/nam-sang-wai.jsp

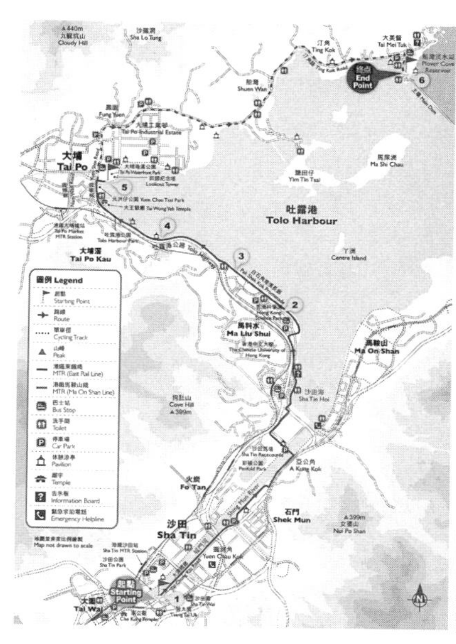

图2-24　沙田至大美督单车径

资料来源：https://www.discoverhongkong.com/china/see-do/great-outdoors/cycling/nam-sang-wai.jsp

风光与郊野风光互相融合，详见表2-4。单车径起始点设有自行车租赁点，沿途有许多补给点。自行车道的设计都平坦而宽广，与机动车道隔离，铺装形式多样。

香港新界单车径　　表2-4

单车径	简介	长度及行程时间
南生围	串联村落、树林、湿地、鱼塘教育园地等，元朗市镇的郊野风格自行车游径	7km，约2h
沙田至大美督	沿着广阔的城门河单车道一路乘风骑行，途经坐拥山海美景的吐露港一带，以大美督水坝作为终点。在香港科学园、白石角海滨长廊及大美督都有餐厅和补给点	22km，约3h
沙田至乌溪沙	途径马鞍山（新规划市镇），一路欣赏临海景色，可以欣赏日落	8km，约2h

资料来源：作者根据香港旅游发展局网站资料整理

2.3.3　香港旧区文物径

随着香港旧区重建的发展，不少古迹被拆除，余下的散落各处。香港文化康乐署依托历史文化资源开辟文物径。文物径将散落的历史景点、文物古迹串联成线，具有鲜明的文化主题，有利于城市文化资源的整体保护、推广与宣传，提高公众对历史文化的关注，同时也便于游人进行深入体验。因旧区用地限制，这些路径并不是专用的，只是在原有道路上增加一些指示牌，方便游客寻找古物古迹。

1993年12月12日，新界元朗的屏山文物径启用，标志着香港首条文物径的诞生。历经20多年的发展，香港目前共设置了屏山文物径、龙跃头文物径、中西区文物径（含中区线、上环线、西区及山顶线）、大潭水务文物径、湾仔历史文物径（图2-25）、圣士提反书院、城门战地遗迹径7条文物径（表2-5）。

香港文物径基本情况　表2-5

游径	简介	文化主题
屏山文物径	元朗屏山是香港历史最悠久的地区之一。邓族在12世纪定居屏山后，成为新界一个重要的宗族，他们先后建立了“三围六村”，并兴建多所传统中式建筑，如祠堂、庙宇、书室及古塔等；此外，还保存了各项节庆仪式等传统习俗	宗族生活
龙跃头文物径	龙跃头是新界五大族之一的邓氏聚居之地，现时仍保存不少典型的中式传统建筑。龙跃头邓氏至今仍保留农村风俗，如春秋二祭、天后神诞、正月十五为初生男丁举行的开灯仪式，二月初一祭祖及设斋宴，十年一届的太平清醮	民俗生活
中西区文物径	中西区文物径将区内的历史建筑及旧址连接起来，方便游人沿途游览古迹和了解该区发展及演变，包括中区线、上环线、西区及山顶线，分别涵盖42项、35项、25项历史建筑及旧址	中区线：殖民文化 上环线：革命文化 西区及山顶线：综合文化
大潭水务文物径	在古物咨询委员会的建议下，古物事务监督将大潭水塘群以及其他5个战前水塘内共41项具有历史价值的水务设施，一并列为法定古迹，确保这些重要的水务文物获得法例保护。全长5km的大潭水务文物径范围涵盖21项已被列为法定古迹的水务历史建筑	水利文化
湾仔历史文物径	湾仔是香港最早期发展区域之一。2007年，发展局成立了一个由湾仔区议会议员、专业人士和历史学者组成，并由市区重建局担任秘书处的“活化湾仔旧区专责委员会”。委员会设立了湾仔历史文物径，并制作了小册子，探讨区内的文化与历史	东西文化交融的建筑文化
圣士提反书院	香港首个设在学校校园内的文物径。1903年成立的圣士提反书院是香港少数拥有悠久历史的中学之一。书院内有为数不少由古物古迹办事处评定的1～3级历史建筑。这些传统的西式建筑物，有着殖民地建筑特色，在香港其他地方已较少见到	教育文化
城门战地遗迹	这条路线原位于城门及金山郊野公园的孖指径山坡，原属第二次世界大战时醉酒湾防线一部分，富有历史价值，堪称香港野外的军事历史宝库	军事文化

资料来源：作者根据香港康乐及文化事务署古物古迹办事处网站资料整理

2.3.4 小结

通过对香港不同类型绿道游径的分析，笔者认为香港绿道规划建设具有如下特点：

第一，城市不同区域采取不同的绿道发展策略，突出不同的功能主题。虽然香港是个国际城市，但是境内1108km^{2}的土地，约四分之三仍是郊野。在郊野区域发展了完善的郊野公园游径系统，严格保护自然环境，突出休闲健身与科普教育功能。在外围新市镇发展单车径，推广自行车运动及观光。而在高密度的城市中心区则着重发展文物径，不重新设置专用路径，而以完善沿线标识为主，展现香港历史文化。

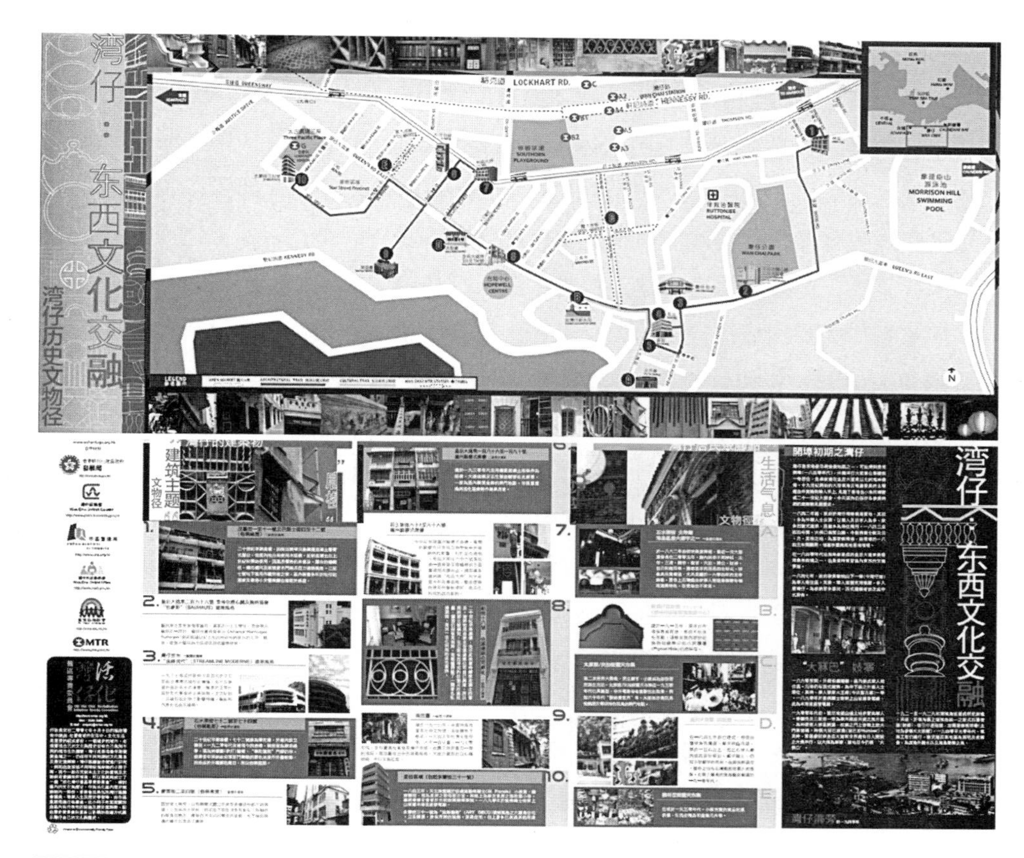

图2-25　湾仔历史文物径

资料来源：http://www.ura.org.hk/tc/projects/heritage-preservation-and-revitalisation/wan-chai/wan%20chai%20heritage%20trail.aspx

第二，各政府部门分工协作，保障游径的建设管理维护。郊野公园游径主要由渔农自然护理署负责，单车径主要由运输署负责，文物径则由康乐及文化事务署古物古迹办事处负责，由旅游发展局进行自然公园探索、登山远足、单车旅游等活动的宣传推广。

2.4　区域（省）绿道网

广东、浙江、福建是我国经济发展及城镇化率相对较高的省份，这三个省也是较早开始编制并实施区域级/省级绿道网规划的省份。本节主要对这三省的绿道网总体规划进行比较分析。

2.4.1　广东省绿道网

广东省一直是我国改革开放的前沿，城镇化率居全国首位，尤其是珠江三角洲地区城镇化率已高达80%。进入21世纪以来，为解决区域生态环境破坏、土地资源紧张等问题，广东省在借鉴国外先进经验的基础上开展了绿道建设。从广东绿道的发展历程来看，可以划分为珠江三角洲绿道网建设和全省全面推广建设两个阶段。2010年编制《珠江三角洲绿道网总体规划纲要》，2011年编制《广东省绿道网建设总体规划》，指导广东绿道发展建设。在广东省委、省政府统筹部署，省住房和城乡建设厅加强督导，地方政府组织实施，社会各界支持配合，以非常之力推进绿道建设的背景下，广东省绿道网建设取得了令人瞩目的突出成绩。

广东省作为我国绿道建设的领头羊，为指导绿道规划设计与建设管理，发布了一系列相关导则及指引性文件，如《珠三角区域绿道规划设计技术指引（试行）》《绿道连接线建设及绿道与道路交叉路段建设技术指引》《广东省省立绿道建设指引》《广东省城市绿道规划设计指引》《广东省绿道控制区划定与管制工作指引》《广东省绿道网“公共目的地”规划建设指引》《广东省绿道建设管理规定》《广东省城市生态控制线划定工作指引》《广东省郊野公园规划建设指引》《广东省社区体育公园规划建设指引》等。广东省目前还在持续进行绿道网的升级工作，加强绿道互联互通、完善复合功能，使绿道网与城乡其他绿色空间更好地结合，向省域公园体系发展。

（1）珠江三角洲绿道网总体规划纲要

《珠江三角洲绿道网总体规划纲要》是广东省首个区域尺度的绿道网规划，对绿道进行了明确定义，提出“绿道（Greenway）是一种线形绿色开敞空间，通常沿着河滨、溪谷、山脊、风景道路等自然和人工廊道建立，内设可供行人和骑车者进入的景观游憩线路，连接主要的公园、自然保护区、风景名胜区、历史古迹和城乡居住区等。”[71]该定义是我国实践工作中首次提出的绿道定义，阐述了绿道依托的主要资源以及绿道串联的主要对象。

该规划首次明确了绿道构成，包括由自然因素所构成的绿廊系统（主要由地带性植物群落、水体、土壤等具有一定宽度的绿化缓冲区构成，是绿道控制范围的主体）和为满足绿道游憩功能所配建的人工系统（包括发展节点即重要的游憩空间、慢行道、标识系统、服务设施等）两大部分。

在等级和规模上，将绿道分为区域绿道、城市绿道和社区绿道，实现绿道从乡村、郊野到城市中心区、社区的延伸，以及城市与城市的串联。根据绿道所处位置和目标功能的不同，将区域绿道细分为生态型、郊野型和都市型三种类型。

珠江三角洲绿道网的规划选线考虑了资源、政策、地方意愿三方面的要素。资源要素主要包括自然生态要素、人文要素、现状道路和城镇布局等。政策要素主要考虑了城镇群协调发展、土地利用、环境保护、城际交通等方面的相关规划政策。地方意愿主要是广泛征集了地方政府、民间组织、公众对于绿道选线的发展意愿。

该规划根据“一年基本建成，两年全部到位，三年成熟完善”的工作目标，确定了“6条主线、4条连接线、22条支线、18处城际交界面和4410km^{2}绿化缓冲区”的绿道网总体布局（图2-26），对各城市的绿道线路走向进行了指引，并预留

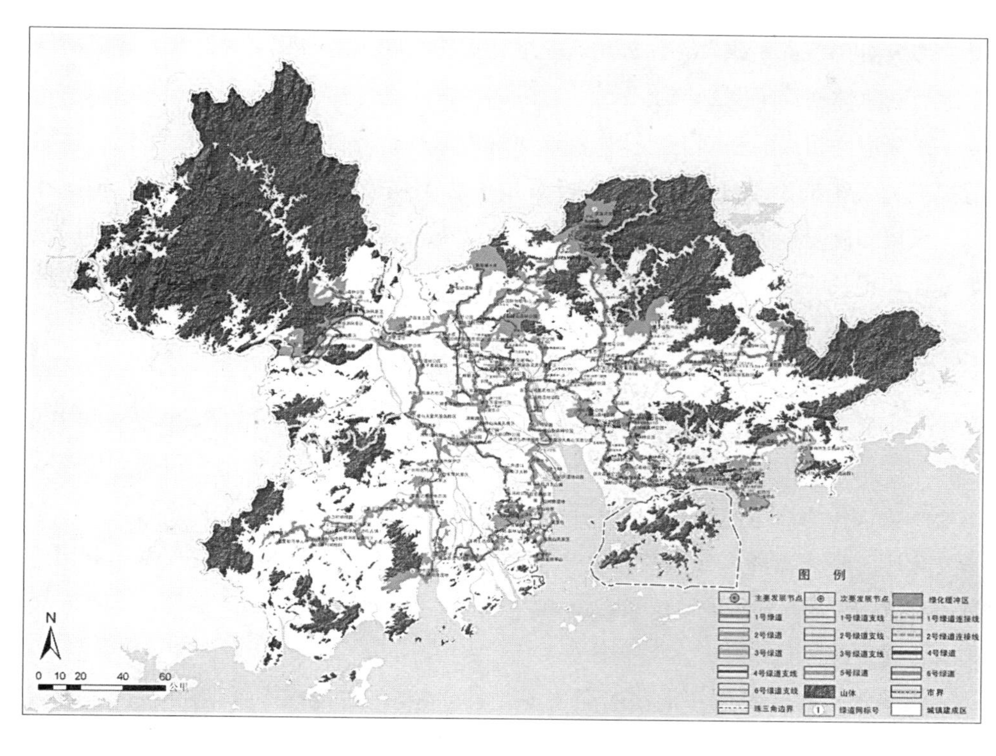

图2-26　珠江三角洲绿道网总体布局图
资料来源：珠江三角洲绿道网总体规划纲要，2010

与港澳、粤东西北地区衔接的接口。[71]充分考虑绿道所具有的连通性和生态、娱乐、游憩、文化价值等多种功能，建立以绿色或绿化缓冲区为基底，通过绿道连通生态斑块和绿道发展节点，实现绿道系统与自然本底、城乡布局、文化遗迹和交通线网布局的有机衔接。

（2）广东省绿道网建设总体规划

《广东省绿道网建设总体规划（2011～2015）》是在《珠江三角洲绿道网总体规划纲要》顺利施行的基础上编制的，延续了珠江三角洲绿道网的选线方法，以广东省丰富的自然生态资源和历史人文资源为依托，建设互联互通的绿道网络系统，有机串联全省主要的生态保护区、郊野公园、历史遗存和城市开放空间，将“区域绿地”的生态保护功能与“绿道”的生活休闲功能合二为一。建设完善的配套设施，并对一定宽度的绿化区域（绿道控制区）实施空间管制，融合生态、环保、旅游、运动、休闲和科普等多种功能，在构筑全省生态安全网络的同时，满足城乡居民日益增长的亲近自然、休闲游憩的生活需求。

广东省绿道网是由省立绿道、城市绿道构成的网络状绿色开敞空间系统，包括都市型绿道、郊野型绿道和生态型绿道三种类型。省立绿道是指连接城市与城市的绿道，构成广东省绿道网的主体骨架网络。城市绿道是指连接城市重要功能组团的绿道，是对省立绿道的丰富和补充。

广东省绿道网基于全省自然生态格局和历史人文脉络，引导珠江三角洲绿道网向粤东西北地区延伸；以绿道综合效益最大化为原则，综合考虑自然生态、人文、交通和城镇布局等资源要素，以及上层次规划、相关规划等要求，结合各市实际情况，形成由10条省立绿道、约17100km^{2}绿化缓冲区和46处城际交界面共同组成的省立绿道网总体格局（图2–27）。[73]

在绿道网布局的基础上，该规划还对绿道绿廊、慢行、服务设施、标识、交通衔接五大系统提出了规划建设要求。提出了生态化措施，避免大规模、高强度开发，保持和修复绿道及周边地区的原生生态功能。提出了绿道功能开发策略，以主题游径和特色节点为载体，打造精品旅游线路，带动相关产业发展，实现绿道综合效益最大化。

（3）广东省南粤古驿道线路保护与利用总体规划

广东省在持续推进绿道建设的同时，也积极探索历史文化线路的保护与利用。2016年广东省政府工作报告中提出修复南粤古驿道，将其作为实施乡村振兴战略的重要举措，作为广东解决发展不平衡、不充分问题的根本之策。2017年11月，广东省文化厅、省体育局、省旅游局联合印发了《广东省南粤古驿道线路保护与利用总体规划》，作为指导和推动广东省南粤古驿道保护利用工作的行动纲领，也是开展南粤古驿道线路规划建设的重要依据。

广东省南粤古驿道，根据不同依据，可分为水路和陆路，官道和民间古道等类型。古驿道沿线遗存丰富，是历史发展的缩影和重要的文化脉络。《广东省南粤古驿道线路保护与利用总体规划》以“文化线路”为视角，系统梳理了古驿道的历史走向与文化内涵，在整体保护的同时突出主题文化特色，确定了古驿道保

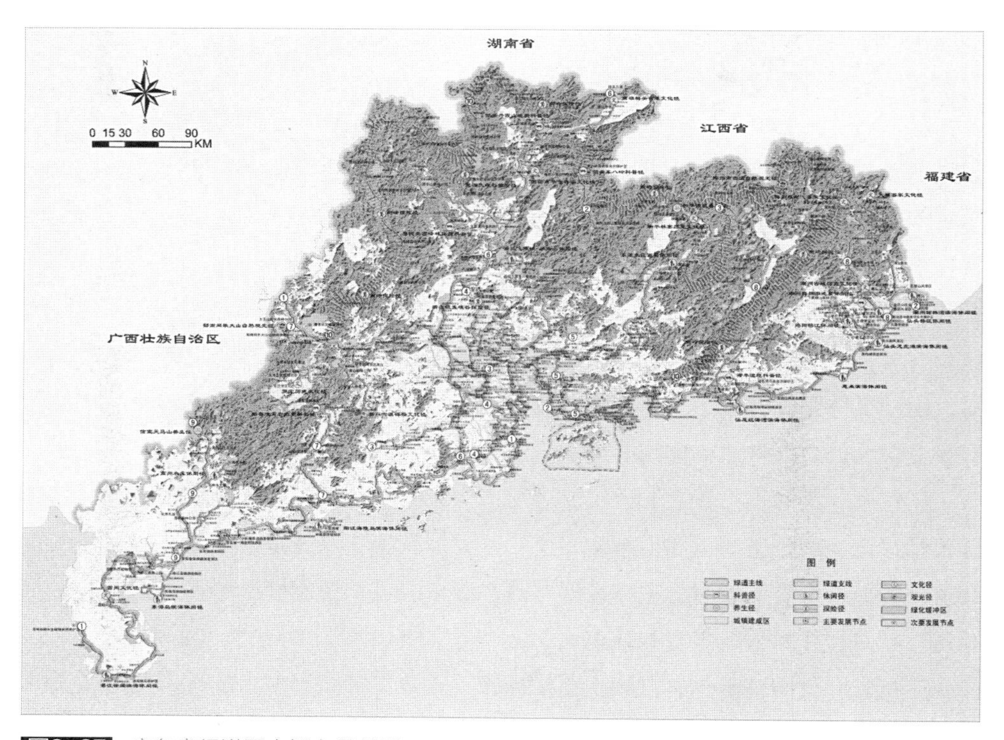

图2–27 广东省绿道网空间布局总图
资料来源：广东省绿道网建设总体规划（2011～2015），2011

护与利用格局。该规划提出构建以广州为中心，向东、西、南、北四个方向延伸的南粤古驿道线路网络，包括6条古驿道线路和4个重要节点，策划了8条古驿道主题文化遗产线路（图2-28），明确提出“两年试点，五年成线，十年成网”的总体目标，至2025年，全省将规划建设11230km的古驿道网络。同时，建成24个重点发展区域，1200多处人文和自然发展节点，59个区域服务中心，252个一级驿站；带动248个古驿道文化特色乡镇、416个古驿道文化特色村落、1320个贫困村的建设和发展。[74]

南粤古驿道网络着重联系乡村区域，古驿道两侧各5km范围内覆盖的贫困村数量约占全省总数的60%，将成为促进乡村振兴的重要框架结构，同时也是广东省绿道网络的有效补充。二者衔接结合将进一步串联和整合散布资源，更好地发挥休闲旅游、历史文化传承、科普教育、带动经济发展等复合功能。

（4）广东省绿道网规划建设评析

作为我国最早进行绿道网规划建设的省份，广东省做出了有力的先行探索。首次提出了绿道定义，进行绿道分级与分类，实践了较为科学合理的综合分析和绿道规划选线方法，同时明确了绿道组成要素的规划建设要求，在生态化措施、绿道功能开发策略等方面也做出了尝试，以分类及分市建设指引的方式进一步指导各城市的绿道建设。总的来说，广东省绿道网规划较好地指导了广东省绿道建设，也为后续我国其他省市绿道网规划建设提供了借鉴。

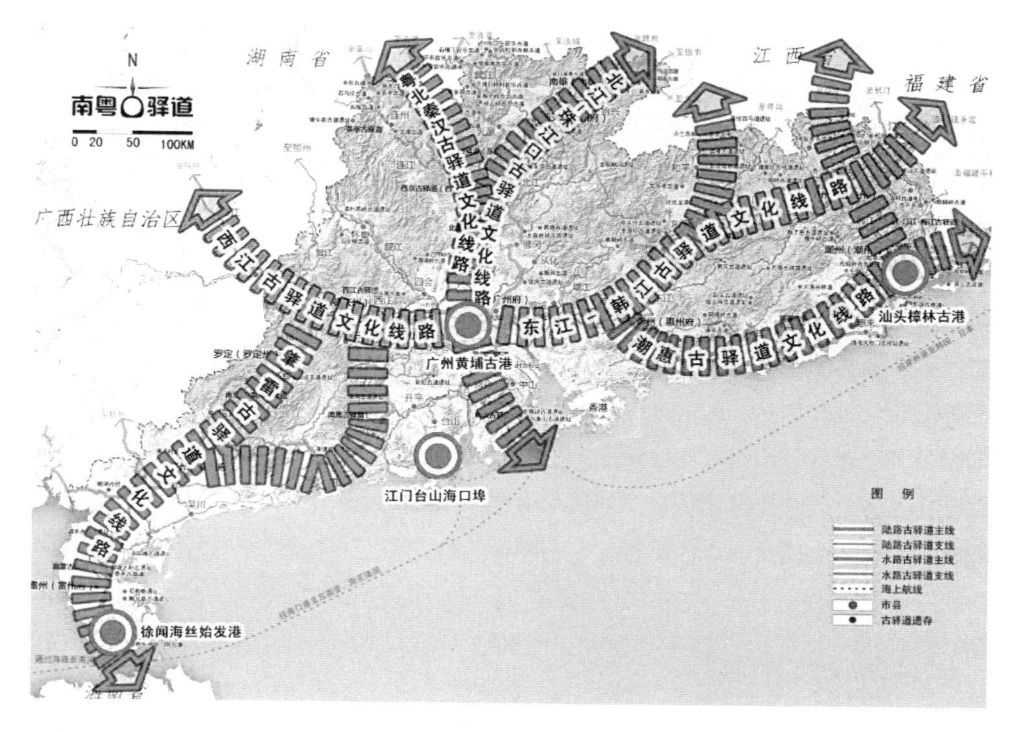

图2-28 广东省南粤古驿道文化线路保护与利用总体规划——空间结构规划图

资料来源：http://www.urbanspace.cn/prod_view.aspx?TypeId=70&Id=229&FId=t3:70:3

纵观广东省绿道网规划发展，从区域性的《珠江三角洲绿道网总体规划纲要》到《广东省绿道网建设总体规划（2011～2015）》，再到《广东省南粤古驿道线路保护与利用总体规划》，体现了对“绿道”认识的不断深入。绿道网空间布局不断延伸，从城镇密集的珠江三角洲地区向粤东西北区域发展。绿道复合功能不断拓展，从最初的主要侧重于生态保护与生活休闲，到历史文化保护展示、旅游与经济发展等方面的功能不断加强。

根据广东省自然资源厅公布的数据，截至2018年底，全省已建成绿道逾18000km，其中省立绿道约6000km，城市绿道约12000km，绿道串联多样化的绿色空间，基本实现“300m见园，500m见绿”。广东省各市根据自身的资源条件和发展方式开展绿道建设，主要有以下三种建设模式。

“依托大事件开展生态修复”模式：代表城市有广州市、深圳市，两市绿道建设在亚运会、大运会等大事件的推动下，不仅串联景观节点和居民点，还充分结合城市环境治理和景观改造工程，进行生态修复，改善大城市的生态环境，提高宜居性。

“依托景区拓展游憩功能”模式：代表城市有江门市、肇庆市、珠海市、惠州市。这四个城市自然、人文旅游资源丰富，城镇化水平和人口密度适宜，绿道建设充分利用自然资源，同时与景区开发紧密结合，拓展市民的游憩空间。

“绿道与慢行道同步发展”模式：代表城市有佛山市、中山市、东莞市。这三个城市工业相对发达，绿道建设依托当地的水系、公园等自然基底，将绿道与慢行系统的建设相结合，绿道的可行可游程度较高。[77]

广东省绿道建设产生了巨大的社会与经济效益。但仍存在以下薄弱环节：一是绿道使用率比较低，尤其是一些郊野型、生态型绿道与居民日常生活联系不够紧密，绿道网络的连通性、可达性以及人性化设施等方面有待提升；二是由于用地等条件限制，绿道生态功能发挥有限，绿道沿线旅游服务有待提升；三是绿道管理维护运营力量不足，需要建立健全长效机制；四是需要加强绿道与绿地系统、公共服务设施等的一体化规划布局与有效连通。

鉴于上述问题，广东省持续进行绿道网升级工作，从优化布局、完善设施、功能拓展、长效管理四方面推进绿道建设的良性发展。空间布局宏观上将绿道建设与郊野公园、省域公园体系建设和生态控制线划定等工作有效结合，微观上将绿道建设与社区体育公园建设相结合。依托绿道优化城乡发展格局，提高绿道使用率，全面发挥其在休闲健身、绿色出行、生态环保、社会与文化、旅游与经济方面的复合功能。

2.4.2 浙江省绿道网

2012年，浙江省提出“一年启动推进、两年初见规模、三年形成网络”的目标要求，启动全省“万里绿道网”规划建设工作。2014年5月，浙江省批准实施了《浙江省省级绿道网布局规划（2012～2020）》。至2016年，浙江省11个设区市根据省级绿道网的主体框架编制了本地绿道网规划，按照省市联动、市县区互动的方式，均已编制绿道网规划，并纳入县（市）域总体规划、绿地系统专项规划和城乡规划的年度实施计划中统一实施。同年发布《关于加快绿道网建设的实施意见》，明确了全省绿道网建设的指导思想、基本原则、目标任务、重点工作和相关保障措施。

自2012年全省绿道网建设工作启动以来，浙江省住房和城乡建设厅坚持每年定试点，多次召开全省绿道网建设工作现场会，积极推广绿道建设先进市、县经验，发挥示范引领作用。目前绿道综合效益逐步显现：一方面，绿道是城市慢行系统的重要组成部分，对鼓励绿色出行发挥了重要作用；另一方面，绿道建设带动了乡村游、景点游、生态游和健康游。各地充分利用本地自然及人文资源优势，打造主题鲜明、特色各异的绿道，形成绿道网区域品牌，如杭州市三江两岸绿道、淳安县千岛湖环湖绿道、桐庐县慢生活绿道、嘉兴市生态绿道、绍兴市滨水休闲步行道、宁波市东钱湖环湖骑行绿道、金华市浙中绿道、仙居县永安溪绿道等，受到社会各界的欢迎。

（1）浙江省省级绿道网规划思路

《浙江省省级绿道网布局规划（2012～2020）》对省级绿道的定义如下：省级绿道是指连接两个及以上设区市，串联浙江省主要中心城市和重要的自然、人文及休闲资源，对全省生态环境保护、文化资源的保护利用和风景游览体系构建具有重要影响的绿道。省级绿道网的主要功能是全省生态空间的保护系统、历史文化的展示系统、健康生活的活动系统、旅游网络的支撑系统和城乡统筹的连接系统。[79]

该规划对浙江省城镇空间发展形态进行了分析，认为城镇空间发展呈现密集与点状两种类型。城镇密集发展地区人口密度较大、社会经济发展水平较高，主要包括环杭州湾、温台沿海和浙中等地区；城镇点状发展地区多数为相对欠发达地区，社会经济发展水平较低，主要包括浙西与浙南山区。针对不同的城镇空间发展形态，省级绿道所承载的功能应该有不同侧重。

该规划提出将绿道主导功能划分为生态与休闲功能两大类型。侧重休闲功能的绿道应连接中心城市，县（市）域中心和其他城乡居民点，方便城乡居民使用；侧重生态功能的绿道应减少对环境的破坏，尽量避免直接穿越城镇中心。绿道选线应进行方案比选，结合城镇空间布局，串联散布自然人文特色资源节点，并注重与相关规划的衔接与协调（图2-29）。

（2）浙江省省级绿道网规划布局

结合浙江省城镇格局和自然特色，依托山脊、山谷、海岸、河流等自然廊道，串联浙江省内主要的自然、人文资源点，形成10条省级绿道，全长5555km，串联了11个设区市和56个县（市），密度为0.053km/km^2（图2-30）。

结合浙江省的城镇格局和资源分布特点，构筑“突出中心，网络覆盖；山环海抱，T 形联接”的绿道网布局结构。在环杭州湾、东部沿海以及浙中盆地等城镇密

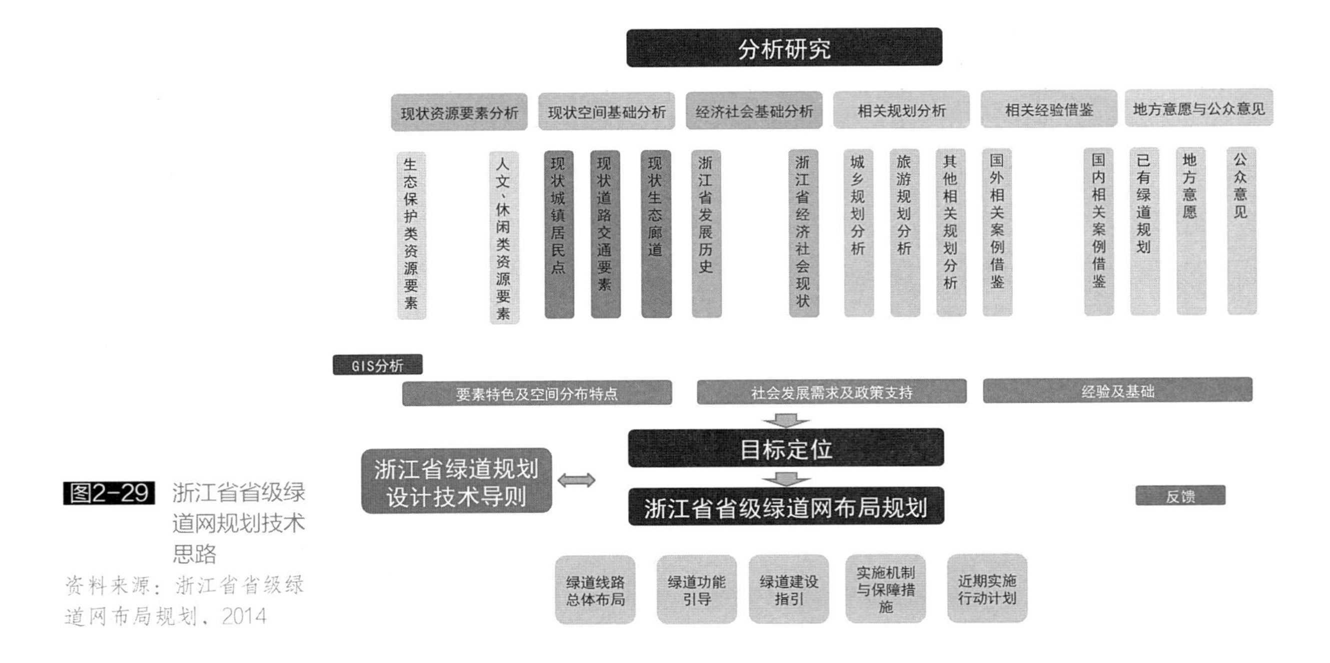

图2-29 浙江省省级绿道网规划技术思路

资料来源：浙江省省级绿道网布局规划，2014

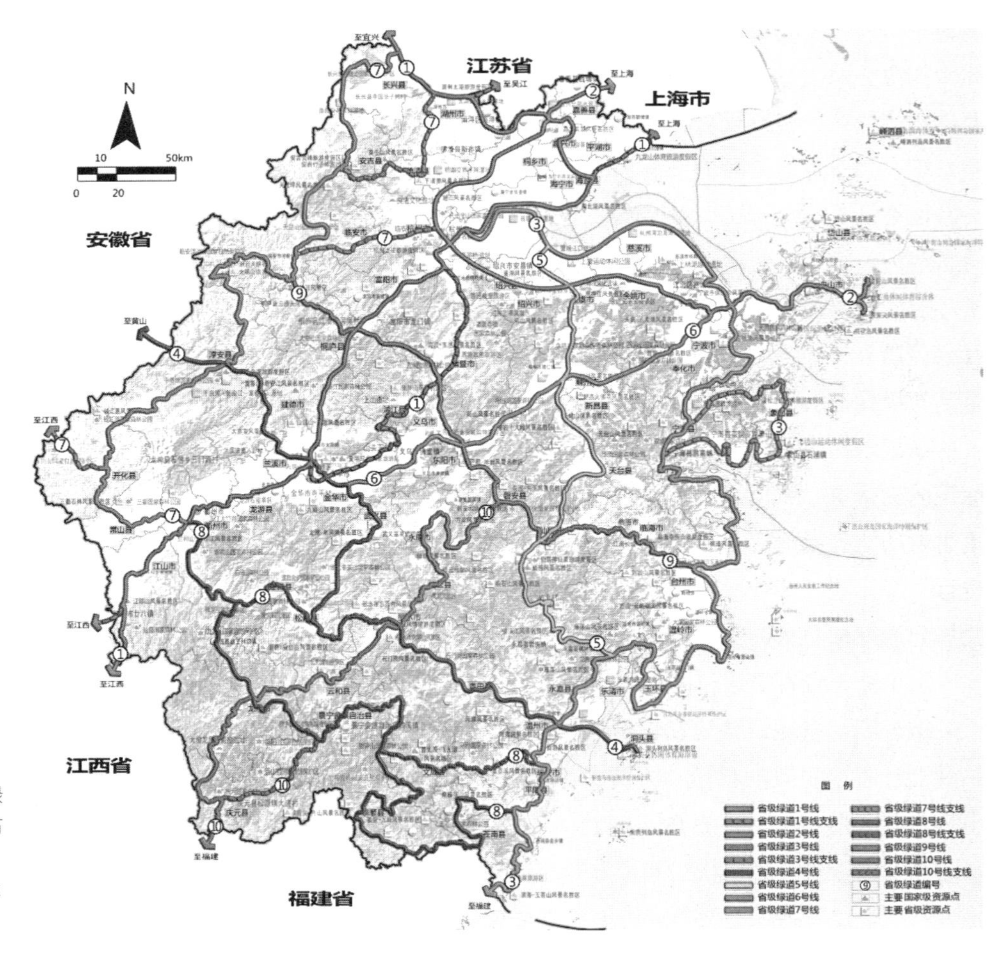

图2-30 浙江省省级绿道网线路布局图

资料来源：浙江省省级绿道网布局规划，2014

集区布置6条以休闲为主导功能的省级绿道。在浙江北部、西部、南部山区以及浙江中部联系浙西和东部沿海之间、联系浙中和浙南山区之间布置4条以生态功能为主导的省级绿道。[80]

该规划在10条省级绿道中精心组织了8条旅游精品路段，串联了浙江省具有代表性和特色性的风景名胜、历史文化、海洋风情、非物质文化遗产等资源节点。精品路段的长度控制在200～300km，适合作为2～3天的游览路径（以自行车计）。

（3）浙江省绿道网规划建设评析

截至2018年底，浙江省建成绿道逾5500km，遵循生态化、本土化、多样化和人性化的原则，构建生态维育空间和慢行系统相互交织辉映的绿色廊道。绿道已经成为浙江迈向现代化全面小康社会的生态之道、景观之道、幸福之道、发展之道，其有以下经验值得借鉴：

第一，坚持规划引领，明确标准规范，加强部门协调。各市根据省级绿道网的主体框架，因地制宜编制了绿道网专项规划，基本实现了绿道网规划市域全覆盖。发布《浙江省绿道规划设计技术导则（试行）》《浙江省绿道设计与施工技术规程》，规范绿道网建设地方性标准。建立由省建设厅牵头，省财政、林业、农业、水利、环保、交通、文化、旅游、体育等10部门（包括省农办）共同参与的绿道网建设推进协调机制，实施目标管理，明确责任分工。

第二，结合相关工程，打造精品工程。浙江省绿道建设与"三改一拆""五水共治""四边三化"、小城镇环境综合整治、园林城镇系列创建、风景名胜和历史文化保护利用等相关工程紧密结合，一举多得优化土地资源利用。各地正确把握绿道的科学内涵，立足生态保护，坚持需求导向，注重发挥绿道的多重功能，涌现了一批特色鲜明、群众满意的绿道网区域品牌。

第三，组织评选活动，加强宣传推广。组织"浙江十大经典绿道"与"浙江最美绿道"评选，面向社会公开征集"浙江省级绿道"Logo标志，举办"文化和自然遗产日"绿色骑行活动、绿道国际马拉松比赛等活动，鼓励"骑友""驴友"等自发组织的群众性绿道健身、旅游活动，将绿道与群众生活紧密联系起来。

虽然浙江省绿道建设成就有目共睹，但仍存在一些问题：一是各地发展不平衡，规划设计建设水平参差不齐；二是绿道设施配套不完善，借用城市道路、公路的绿道连接线安全、环境景观问题需要优化；三是绿道综合功能和效益需要进一步发挥，以彰显地方特色；四是机制创新，特别是社会资本参与绿道建设管理运营方面还要加强。浙江省绿道未来发展主要着重于以下几方面：

第一，提升规划设计水平。绿道网规划注重专业化、一体化与特色化，与相关规划无缝衔接。绿道选线方面注重通达性、安全性和利用效率。绿道设计坚持因地制宜、以人为本，实现可游赏、可深入、可共生，做到"三个避免"：即避免"公园绿道化""绿道公园化""道侧绿化带辅路化"。

第二，突出绿道功能整体性。以连网为目标，以使用为导向，加强绿道与旅游休闲、健康运动、绿色出行的融合。通过绿道的合理串联，连接城乡自然系统和休闲游憩空间，优化城镇结构性绿地布局，为群众提供休闲游憩场所，提高绿道使用率，实现绿道可持续发展和永续利用。

第三，加强绿道建管宣传。坚持建管并重，建立健全长效机制，制定绿道使用指南。构建政府主导、群众参与、市场运作的绿道网建管运维多元化投融资机制。建立完善土地保障机制，最大限度地利用现有绿地以及廊道等用地，实现土地集约节约利用。加强宣传引导机制，广泛宣传绿道、享受绿道、保护绿道，营造全社会参与绿道建设的浓厚氛围。

2.4.3 福建省绿道网

福建省也是我国较早开始绿道建设的省份，2012年底《福建省绿道网总体规划纲要（2012～2020）》获批，明确了福建省绿道建设的总体目标和分阶段目标。

为指导本地绿道建设，福建省住房和城乡建设厅2012年5月发布《福建省绿道规划建设导则（试行）》，2014年发布《福建省绿道规划建设标准》，是我国首部关于绿道规划建设的地方标准。

目前福建省省级绿道网已基本建成，陆续建设市（县）级绿道与社区级绿道，并与省级绿道相连。福州、龙岩、厦门、漳州、泉州等地依托资源特色持续推进本地绿道建设，公园连山水，绿道走城乡，满足了当地居民对美好生活的向往。

（1）福建省省级绿道网规划思路

《福建省绿道网总体规划纲要（2012～2020）》提出“绿道是指以绿化为特征，沿着河滨、海岸、溪谷、山脊、风景道路等自然和人工廊道建立的线形绿色开敞空间。由绿道构成的网络状绿色开敞空间系统称为绿道网”。

按照等级和规模划分，绿道可分为省级绿道、市（县）级绿道和社区级绿道。《规划纲要》的重点内容是福建省省级绿道网。结合福建省城乡空间布局、地域景观特色、自然生态与人文资源的特点，根据绿道所处位置和目标功能的不同，省级绿道可分为生态型、郊野型和都市型三种类型。

规划总体目标为以省级绿道构成福建省绿道网的主体框架，将其打造成为福建省的一项标志性工程，形成新的经济增长点，带动休闲度假、餐饮娱乐、康体健身、文化创意等相关产业的发展。

《规划纲要》提出生态化、本土化、多样化、人性化、便利化、可行性六项规划设计原则，提出四项指导思想：绿道建设与福建省发展实际相契合，构筑覆盖全省的绿道网络；与人民群众的日常生活相结合，全面提升绿道建设效益；与各层次交通系统相结合，营造便捷换乘条件；与生态环境保护相结合，构筑生态绿色长廊。

（2）福建省省级绿道网规划布局

根据《规划纲要》，至2020年福建省将建成10条省级绿道，包括6条绿道主线、2条绿道支线、2条绿道连接线，总长3119km（图2-31）。

6条省级绿道主线连接福建省9大设区市，串联多处风景名胜区、自然保护区、森林公园、湿地公园、郊野公园、滨水公园和历史文化遗迹等发展节点，全长约2727km，实现福建省城市与城市、城市与市郊、市郊与农村以及山林、滨水等生态资源与历史文化资源的连接，对改善沿线的人居环境质量具有重要作用。为加强主线与重要发展节点的联系，规划两条支线，全长约187km。为促进省级绿道主线的有效衔接，规划两条连接线，全长约213km。

（3）福建省绿道网规划建设评析

《规划纲要》对福建省自然及人文资源点、交通网络、城镇布局等资源要素，以及相关规划等政策要素进行了详细的调研分析。福建省总体上生态大环境条件良好，河川密布、山海相连。其中西部山地多、平原少、人口少，自然资源丰富度和价值较高；东南沿海平原多、人口多，人文资源相对集中。省级绿道网的选线思路

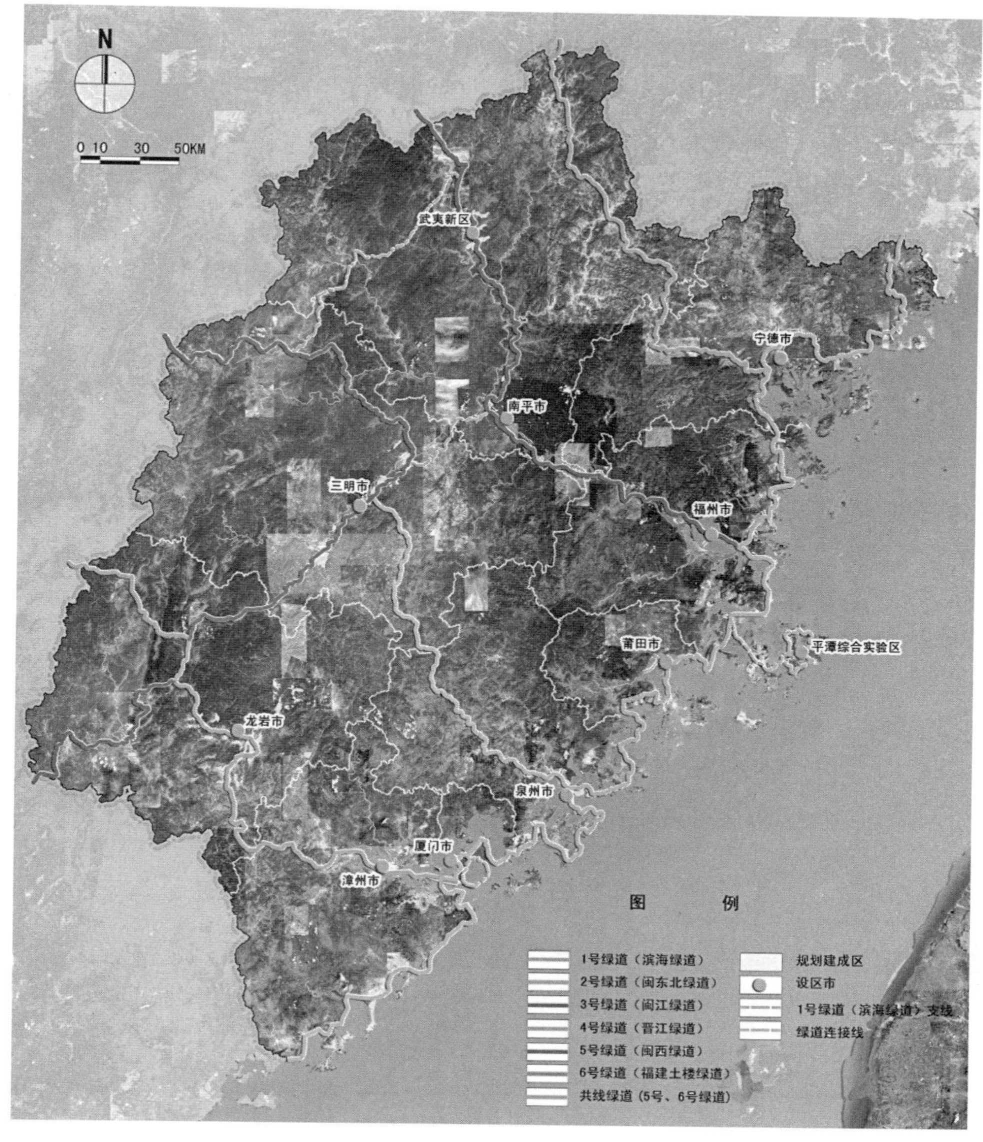

图2-31 福建省省级绿道网空间布局总图

资料来源：福建省绿道网总体规划纲要（2012~2020），2012

是以海岸线和河流廊道为主要依托，综合资源、交通、城镇及人口分布情况来进行布置。绿道网布局与区域生态格局、区域交通网络、城乡空间布局相协调，承担生态、社会、经济、文化等多种功能。

福建省具有生态环境优良、森林覆盖率居全国首位、生物多样性丰富、滨海岸线曲折，旅游资源丰富等绿道建设的有利条件，同时也面临地形地貌复杂，城镇化发展不均衡等不利因素。福州、泉州、漳州及兴化平原为城镇密集发展区，闵中河谷盆地为城镇点轴状发展区，其余为城镇散状发展区。差异性的城镇空间拓展，决定了相对均质化的福建省级绿道网络仅是基础框架，尚需各地结合自身特色及实际需求，完善城市、社区绿道网。

福建省绿道结合"三边三节点"规划建设，重视山边、水边、路边及城市中心节点、市民活动节点、交通枢纽节点的环境整治提升，突出"见景互联、功能完善、要素整治"，体现"显山、露水、透绿"，各地区各具特色。闽东地区以福州市为代表，依托"环山沃野、派江吻海"的自然山水资源，着手"一纵、两岸、五环"绿道网建设。闽南地区厦漳泉分别推进绿道建设，同时加强三地绿道的衔接串联。闽西地区三明、龙岩市绿道建设结合城市河道及自然山体，集运动健身、休闲娱乐于一体，打造旅游文化走廊。闵北地区武夷山市结合绿道建设，从旅游景区向旅游城市转变。

2.4.4 小结

根据2018年统计数据，广东、浙江、福建三省的城镇化水平均较为接近，尽管GDP总量存在较大的差距，但是人均GDP数值较为接近，三省社会经济发展水平也较为接近。由表2-6可以看出，虽然三省的规划绿道总长度、规划绿道网密度存在较大差距，但是省级绿道万人指标差距相对较小。笔者认为除了建设发展时间、经济投入、政策等因素之外，人口因素对于绿道建设也有重要影响，绿道建设是对当地居民休闲游憩需求的积极响应。

对不同功能侧重的绿道规划长度进行比较，广东、浙江两省侧重休闲功能的绿道比例约占60%～65%，而侧重生态功能的绿道比例约占35%～40%（表2-7、表2-8），也显示目前我国绿道主要以服务群众的休闲游憩功能为主，绿道生态功能有待加强。

广东、浙江、福建三省规划绿道网比较表 **表2-6**

省份	陆域面积（万km²）	省级绿道总长度（km）	省级绿道密度（km/km²）	人口（万人）	人口密度（人/km²）	省级绿道万人指标（km/万人）	2018年城镇化率（%）	2018年GDP（亿元）	2018年人均GDP（元）
广东省	17.98	8770	0.049	11346	631	0.77	70.7	97277	86412
浙江省	10.54	5555	0.053	5737	544	0.97	68.9	56197	98643
福建省	12.14	3119	0.026	3941	325	0.79	65.8	35804	91197

资料来源：作者整理

广东省分类绿道长度统计表

表2-7

	都市型绿道	郊野型绿道	生态型绿道
规划长度（km）	2010	3755	3005
占规划绿道总长比例	22.9%	42.8%	34.3%

资料来源：作者整理

浙江省不同功能绿道长度统计表

表2-8

	侧重休闲功能的省级绿道	侧重生态功能的省级绿道
规划长度（km）	3340	2215
占规划绿道总长比例	60%	40%

资料来源：作者整理

三省绿道网总体规划均重视绿道的多功能开发，期望发挥绿道在社会文化、旅游经济等方面的积极作用。广东省规划了绿道主题游径，提出了绿道功能开发策略，培育绿道产业新型业态。南粤古驿道既是重要的文化线路，也是助力乡村振兴的重要框架结构。浙江省规划了适合2～3天自行车骑行的旅游精品路段，串联了本省具有代表性的资源节点。福建省省级绿道注重突出线路景观特色，展现闽东、闽西、闽北、闽南不同地域风情。

2.5 城市绿道网

通过对国内不同地域代表性城市绿道网的调研，笔者认为根据不同的布局形态特点，可以将城市绿道网分为两种类型。一种是组团轴带型，此类城市大多自然山水条件比较优越，绿道作为重要的联系元素与组团发展的城市格局相结合，自然形成组团轴带式布局。另一种是环线拓展型，这种类型以平原城市为主，绿道网主要结合路网、水网、林网拓展，呈现环线放射的形态。本节将选取上述两种类型的代表性城市进行分析研究。

2.5.1 组团轴带型

2.5.1.1 广州市绿道网

广州地处广东省中南部，西江、北江、东江三江在此汇合，大小河流（涌）众多。广州背山面海，地势东北高、西南低，北部是森林集中的丘陵山区，中部是丘陵盆地，南部为沿海冲积平原。广州一直是我国华南地区的政治、军事、经济、文化和科教中心，历史文化积淀深厚。

广州是珠三角都市圈、粤港澳都市圈的核心城市，也是广东省最早启动绿道规划建设的城市。2010年广州市结合第十六届亚运会的举办，以《珠江三角洲区域绿道规划纲要》为基础，结合《广州市城市绿地系统规划（2001～2020）修编》《广州市历史文化名城规划》《2010年广州亚运会场馆规划建设布局》《广州市城市自然生态及历史文化特色区步行系统规划》等，利用GIS平台（航片、地形）分析，编制了《广州市绿道网建设规划方案》。

（1）广州市绿道网规划评析

广州市绿道网的总体架构是以区域绿道为骨干、以城市绿道为支撑、以社区绿道为补充，结构合理、衔接有序、连通便捷、配套完善。区域绿道连接周边城市，城市绿道连接重要功能组团，社区绿道连接社区与公园。

依托“山、水、城、田、海”的自然格局，结合“组团–轴带式”的城市空间格局，在《珠江三角洲区域绿道规划纲要》确定的4条区域绿道的基础上，规划6条区域绿道，形成“四纵两横”的绿道网主体结构，总长526km；20条城市绿道衔接区域绿道，总长395km。[83]区域绿道的规划思路是以帽峰山、珠江前后航道为核心，利用已有的水系廊道、道路绿化廊道、生态隔离带连接广州市域内的主要生态、人文景观节点，并与东莞、佛山、中山的区域绿道进行衔接。城市绿道的规划思路是衔接区域绿道，主要沿河涌水系设置，联系市域内主要的集中建成区，方便市民健身游憩、亲近自然（图2–32）。

从根本上说，该规划不是一个绿道网总体规划，而是一个近期建设规划，先对近期建设的绿道做一个大致的安排，在城市组团内部再进行详细优化。其主要目标在于强化体育赛事节点与城市主要公共活动中心的绿道联系，同时落实珠江三角洲区域绿道在广州的选线。

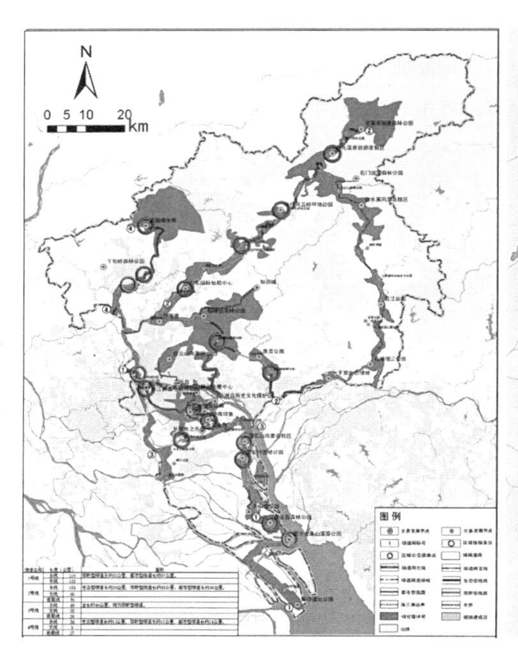

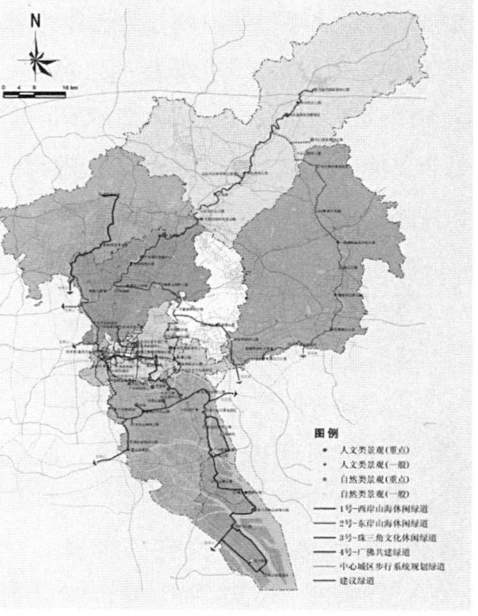

图2–32 珠江三角洲绿道网总体规划纲要广州段规划图及广州市绿道网建设规划图

资料来源：左：珠江三角洲绿道网总体规划纲要，2010. 右：广州市绿道网建设规划，2010

（2）广州市绿道建设评析

广州市绿道建设经历了四个阶段：第一阶段为建设起源阶段，以2008年开始建设的增江河绿道为代表。第二阶段为建设高潮阶段，广州市结合举办“绿色亚运会”的契机，根据珠江三角洲绿道网“一年基本建成，两年全部到位，三年成熟完善”的战略部署，至2010年底基本完成了全市大部分区域的绿道网建设。第三阶段为逐步完善阶段，一方面继续增建绿道，另一方面不断优化已建绿道。第四阶段为提质发展阶段，完善绿道网结构体系，提高绿道的功能复合性，探索绿道运营管理的长效模式。

目前广州市已建成绿道3500km（绿道总里程位居广东省首位），串联500多个节点，服务人口超过1000万，先后获得国际“可持续交通奖”“中国人居环境范例奖”等荣誉称号。广州绿道发展始终与经济发展、社会进步、城市更新的步伐紧密相关，经历了由“推进城乡一体化”到“改善居住环境”再到“提升城市品质”的转变。广州市绿道产生了巨大的综合效益，“千里绿道、万民共享”已成为幸福广州的新名片，但是由于建设推进速度过快，难免存在一些问题，也成为下一步广州绿道提质发展的主要方向，主要包含以下几个方面：

第一，提高绿道使用效率。广州市绿道除部分精品段落外，整体使用率不高，主要原因在于已建绿道以区域绿道和城市绿道为主，交通距离大都比较远，而城市中心区的社区绿道相对缺乏，难以满足日常就近使用需求。未来应提升郊野绿道服务设施与交通接驳，加强社区绿道建设，同时完善绿道管理维护，积极策划绿道主题休闲活动，让绿道更好地融入市民生活。

第二，优化绿道网络布局。广州中心城区慢行系统并不完善，已建绿道有很大一部分被作为慢行道使用。因用地紧张等原因，部分绿道并未实施绿化改造，仅通过地面画线的方式借用现状道路，与机动车交通之间缺乏安全隔离，某些段落甚至连适宜的尺度都难以保证。未来应优化中心城区绿道线路，以多种形式提高网络贯通水平，提升慢行道建设标准，消除安全隐患，鼓励绿色出行。

第三，提升绿道复合功能。目前广州市绿道以游憩健身功能为主，生态功能发挥有限。绿道建设“重道轻绿”，绿道沿线绿色空间不足，未来应巩固“以道串绿”，积极“因道建绿”，结合城市更新渐进式拓展绿道沿线绿地，结合园林绿化、慢行系统、环境整治等相关工程，优化绿道周边环境。此外还要进一步加强城市中心区内绿地之间，以及城市中心区与城郊之间的绿色连通。

2.5.1.2 深圳市绿道网

改革开放40年来，作为首个经济特区，深圳成为我国城镇化水平最高、开发建设强度最大的城市，社会经济发展与生态环境保护矛盾突出。2005年深圳在全国率先划定了“基本生态控制线”，对保障城市生态安全、防止建设无序蔓延发挥了重要作用。2011年发布的《深圳市绿道网专项规划》以“基本生态控制线”为基础，进一步落实转型发展理念，助力宜居城乡建设。

深圳市将绿道网的规划建设纳入城市发展的整体系统中综合考虑：在规划层面，在充分尊重并利用良好生态本底的基础上，绿道网顺应城市整体发展结构，注重与城市总体规划、绿地系统规划、公共空间规划、慢行系统规划、公园景区规划等的有效衔接；在建设层面，将城市环境提升、公共空间营造、慢行系统完善、环境综合整治、文物古迹保护、风景名胜区保护、旅游资源开发等与绿道网系统建设有机结合。

（1）深圳市绿道网规划思路

深圳市绿道网分为区域绿道、城市绿道和社区绿道三个层级，各级绿道功能和作用各有侧重：区域绿道是连接城市与城市，对区域生态环境保护和生态支撑系统建设具有重大意义的绿道；城市绿道是连接城市内重要功能组团，对城市生态系统建设具有重要意义的绿道；社区绿道是连接区级公园、小游园和街头绿地，主要为附近居民服务的绿道。[88]

深圳市绿道网规划提出在全市范围内构建以区域绿道为骨干、以城市绿道为支撑、以社区绿道为补充，结构合理、衔接有序、连通便捷、配套完善的绿道网络。在此规划目标的指导下，规划提出“生态优先、整合资源、以人为本、面向操作”的规划理念。

生态优先：强调自然的过程和特点，使绿道网成为有一定自我维持能力的动态绿色结构体系，逐步修复和提升绿道及周边的生态功能，改善地带性植物群落、野生动物的生境，并保持生态基底的完整性和原真性，从而进一步完善生态功能和网络格局。

整合资源：绿道网作为城市复杂巨系统中的一个子系统，其发展应置于“社会–人口–经济–环境–资源”这一城市发展的大系统中综合考虑，注重与自然景观、河湖水系、城市组团、道路系统等各方面密切配合，通过绿道网将各部分有机连接起来，发挥最大效益。

以人为本：人是绿道网活动的主体，绿道网的建设本身就是为了更好地满足人们对美好生活的向往和追求，因此绿道网规划在满足生态保护要求的同时，也必须重视人性化意识。充分考虑人在使用中的需求，尽量提高绿道网的可参与性、可介入性，供人们休闲、游憩、娱乐、活动。

面向操作：规划从全局性系统构建、网络选线，贯穿到施工建设、宣传推广、时序安排等各个环节，保证规划编制与实施建设充分对接，使绿道网规划成为推进绿道综合发展的有效工具。[89]

（2）深圳市绿道网规划布局

深圳具有背山面海，山河湖海俱全的自然景观优势，形成了独特的“组团–轴带式”城市空间形态。深圳市绿道网规划以“基本生态控制线”为基础，顺应“组团–轴带”式城市空间形态，构筑了“四横八环”的绿道网总体格局（图2–33）。规划2条区域绿道作为骨架，连接全市主要生态人文资源，总长度约300km

（图2-34）。规划25条城市绿道，根据空间特征分为四种类型，总长度约500km。其中2条滨海风情绿道，凸显城市滨海特质；16条山海风光绿道，沟通山海，强化城市山-海-城市特色体验；6条滨河休闲绿道，提升城市生态与环境品质；1条都市活力绿道，展现都市活力，倡导绿色生活理念（图2-35）。社区绿道以城市组团为基本单位，接入全市绿道网络，并尽可能地串联起河滨、林荫道路、公园、广场、街头绿地、文物古迹、标志性城市节点、商业步行街等公共空间，与都市生活建立紧密联系。[88]

（3）深圳市绿道网规划建设评析

深圳市自2010年启动绿道建设，目前已建成总长度约2448km的绿道网络，其中区域（省立）绿道345km，城市及社区绿道2094km，绿道网密度达到1.2km/km²，据广东省首位。深圳建成绿道“公共目的地”382个，绿道网络串起山、林、城、

图2-33 深圳市绿道网布局结构图
资料来源：深圳市绿道网专项规划，2011

图2-34 深圳市绿道网总体布局图
资料来源：深圳市绿道网专项规划，2011

海、河，给市民生活提供绿色福利，也为城市构筑绿色休闲体系提供重要基础。[90]深圳市绿道网规划建设和管理成就显著，主要体现在以下几个方面：

第一，整合资源，构建契合城市结构的总体框架，发挥绿道复合功能。深圳市绿道网规划以“基本生态控制线”为基础，与城市“组团-轴带式”总体格局相协调，转变城市生态绿地规划与管理思路，从“绝对保护”走向“控制与引导并重”，依托绿道网串联沿线自然及人文资源，加强生态绿地与城市的互动，构建功能复合的网络系统（图2-36）。其生态功能主要体现在增强生态空间的连通性和完整性；休闲功能主要体现在为市民提供户外游憩的绿色开放空间网络；交通功能主要体现在提供绿色出行的途径；社会价值主要体现展示在科普教育，促进旅游与经济发展。

第二，分级分类，系统性规划绿道网络，有效进行建设指引。深圳市绿道网规划“区域、城市、社区”三级绿道，承担不同的职能分工，根据不同层级绿道特点提出相对应的可达性目标要求，要求市民骑行30 ~ 45min可达区域绿道，15min可达城市绿道，5min可达社区绿道（图2-37）。根据依托的不同资源与空间特征，规划

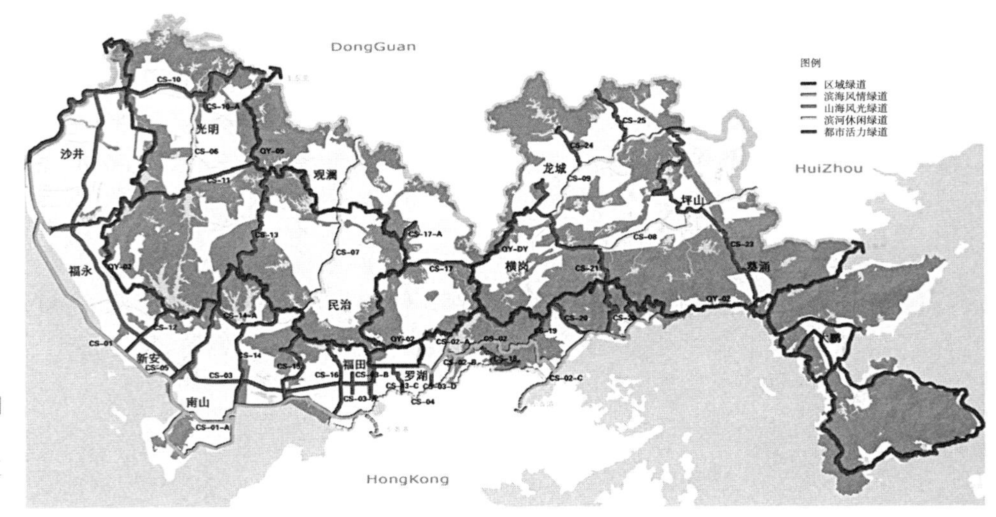

图2-35 深圳市绿道网分类布局图
资料来源：深圳市绿道网专项规划，2011

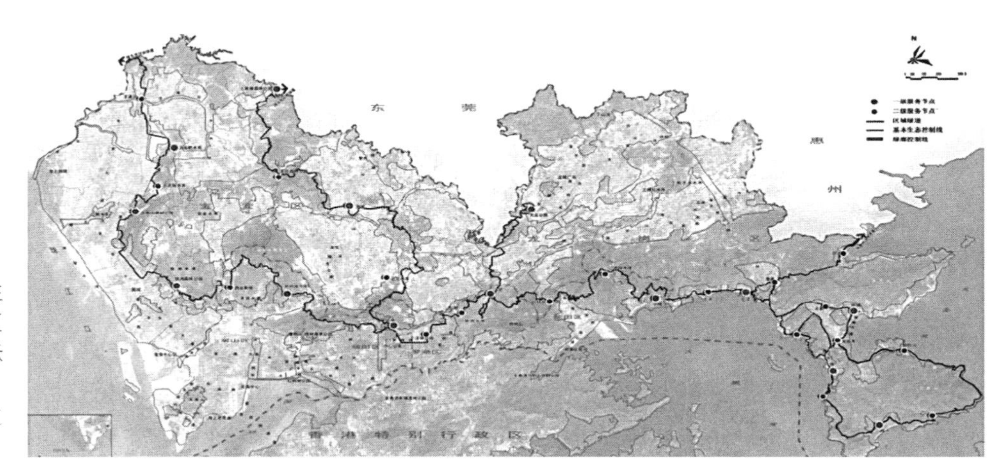

图2-36 深圳市基本生态控制线与区域绿道叠加示意图
资料来源：深圳市绿道网专项规划，2011

滨海风情、山海风光、滨河休闲、都市活力四种不同类型的城市绿道。综合绿道分级分类、可达性及风貌特色等要求，有针对性地制定建设标准与指引，切实指导绿道建设。

第三，因地制宜，强调可操作性，注重节能环保。绿道网规划选线及施工建设遵循因地制宜、实事求是的原则，顺应城市地形地貌特征，充分利用现有的登山道、滨水道、公园园道、森林防火道、二线巡逻道等，避免破坏自然环境和重复建设。绿道网建设中坚持原生态、原产权、原民居、原民俗，贯彻不征地、不租地、不拆迁，不改变原有土地的产权和使用性质的基本方针，取得了良好的实施效果。鼓励应用节能环保材料与技术，建设可移动、可拆卸、非永久性设施，体现了资源节约、循环使用的理念和特色。

第四，多方联合，共同推进绿道建设，完善保障机制。深圳市绿道网规划的实施广泛吸取规划国土、人居环境、交通运输、水务、城管及各区政府（新区管委会）等有关单位的意见，达成整体合作的最优效果（图2-38）。深圳市政府制定实

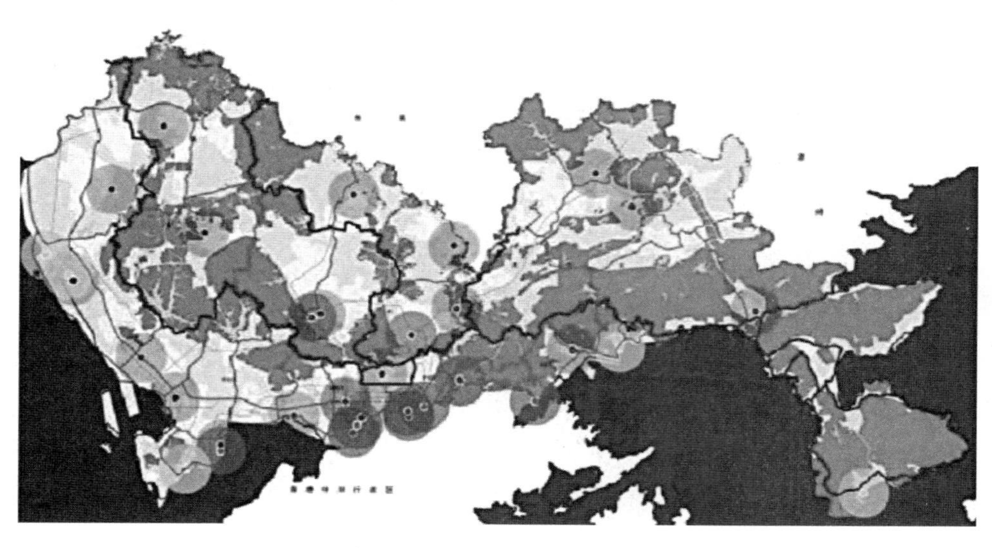

图2-37 深圳市绿道网服务半径分析图

资料来源：深圳市绿道网专项规划，2011

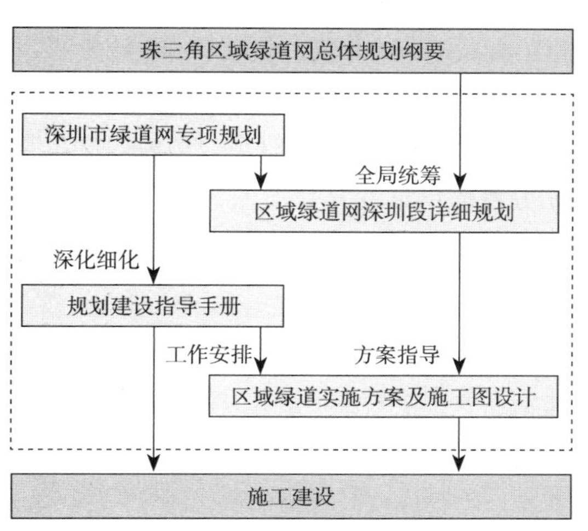

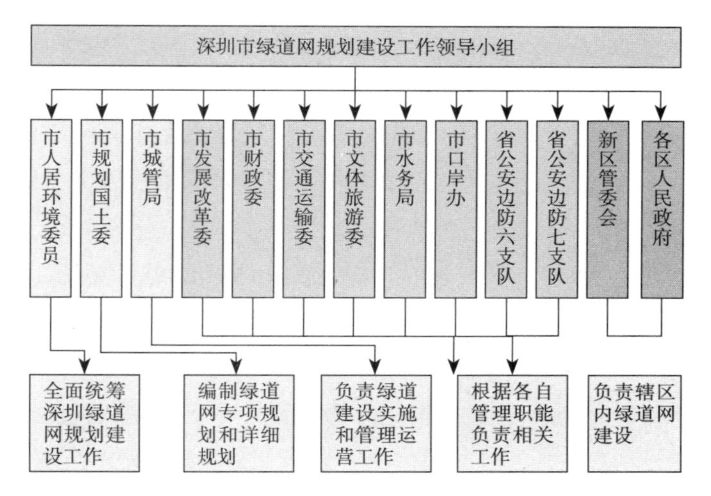

图2-38 深圳市绿道网工作组织流程示意图及深圳市绿道网规划建设工作组织机制

资料来源：深圳市绿道网专项规划，2011

施了《省立绿道管养维护运营方案》和《深圳市绿道管理办法》，在绿道建设管理、公民监督、项目公示等方面做出了具体规定，使深圳市的城市绿道管理实现了法律化，保证了绿道网络建成后实现长效经营。

2.5.1.3 杭州市绿道网

杭州市地处长江三角洲南沿，有着江、河、湖、山交融的自然环境。全市丘陵山地占总面积的65.6%，平原占26.4%，江、河、湖、水库占8%。杭州西部、中部和南部属浙西中低山丘陵，主干山脉有天目山等；东北部属浙北平原，江河纵横，湖泊密布，具有典型的“江南水乡”特征。

杭州是我国绿道建设较早的城市之一，2003年启动河道综合整治工作，提出“水清岸绿景美”的建设方针，探索在滨河绿带内建设慢行道，成为绿道建设的前身。因水而兴的杭州针对自身特点，以“因势就形、独具特色”为原则，以河道治理为载体助推城市绿道建设，沿河、滨江、环湖、穿湿地设置城市绿道，突出杭州市山、水、城融为一体的特点，充分展现杭城的山水灵动和江南特色。

杭州也是我国首个推出公共自行车的城市，2008年开始运行公共自行车服务系统，并编制《杭州市公共自行车交通系统发展专项规划》，构建与公共交通衔接良好，兼顾软硬件设施的高品位公共自行车系统。2011年被英国广播公司（BBC）旅游频道评为全球8个提供最好公共自行车服务的城市之一。杭州公共自行车服务系统的发展，为市民及游客自行车出行（游）提高了便利条件，也从侧面促进了杭州绿道的发展建设。

2011年，杭州市出台《杭州市城市河道综保工程设计导则》，明确将滨河绿道绿廊、慢行道、服务设施等设计列入河道景观绿化设计的重要内容。同年开始“三江两岸”绿道建设，打造联系富春江–新安江国家级风景名胜区，纵贯杭州8个区（县、市），全长716km的黄金生态旅游线。2014年出台《杭州市城市绿道系统规划》，确定了全市绿道发展格局。2016年结合“十三五”发展规划，编制《杭州市区绿道系统近期建设实施规划》。2018年，为落实“拥江发展”和迎接第十九届亚运会，杭州市编制了绿道系统建设完善方案。2019年绿道建设入选杭州市政府10件民生实事项目，实施“迎亚运·全民健身”设施建设专项行动。2019年5月，杭州市发布《杭州市绿道系统建设技术导则（试行）》，根据自身资源特点，将绿道细分为沿江绿道、沿河绿道、环湖绿道、沿山绿道、沿路绿道、湿地绿道、公园绿道和乡村田野绿道八大类，强调充分发挥绿道的复合功能，提升绿道建设品质。

（1）杭州市城市绿道系统规划评析

《杭州市城市绿道系统规划》将绿道网分为市域及市区两个层次。规划目标主要是促进生态环境保护、提升城乡居民生活品质、带动旅游景区发展、建设全城景区化的“美丽杭州”。规划依托杭州市生态资源基底，契合城乡空间布局，有机串联自然、人文景观，形成全市范围布局合理、衔接顺畅的绿道网络。

杭州市域范围内构建由省级绿道、区域级绿道构成的骨架网络。市域范围内规划9条绿道，总长度1396km，其中省级绿道6条，总长1031km；区域级绿道3条，总长365km（图2-39）。[99]

杭州市区规划形成以省级绿道和城市级绿道干线为主骨架，城市级绿道支线为补充，社区绿道为“渗透支脉”的多层次市区绿道网络。规划23条市区绿道主骨架线路，总长892km，其中包括省级绿道6条，总长342km，城市级绿道干线17条，总长550 km（图2-40）。[99]

杭州市城市绿道系统规划包含市域与市区两个层次，具有不同的发展侧重。市域绿道主要构建联系市区与下辖县（市）的骨架，规划绿道网密度为0.08km/km^2；市区绿道致力于联系城区各组团的绿色开放空间，规划绿道网密度达1km/km^2，保证居民出行基本在5min内（步行）可达。

（2）杭州市绿道建设评析

杭州自古因水而兴、因水而强，绿道建设结合城市水系整治行动同步推进，先后实施西湖、湘湖、京杭大运河、市区河道综合保护、西溪湿地综合保护、“三江两岸”生态环境整治等行动，全面推进绿道建设。

目前杭州已建成绿道逾3000km，初步形成了市域“一轴四纵三横”绿道网。其中“一轴”是沿钱塘江、富春江、兰江设置的绿道，“四纵”是贯穿市域南北走向的四条纵向绿道，“三横”是市域东西走向的三条横向绿道。以西湖景区为“绿芯”，钱塘江、运河绿地为“绿带”，河道沿线绿地为“绿脉”，各类公园绿地和广场为“绿点”的市区绿道系统也已成网贯通。

据统计，杭州沿河绿道占比最大，约三分之一，其次是沿山绿道，占比近五分之一。杭州绿道建设注重因形就势，不搞大拆大建，最大限度地保护和利用现有的自然风貌和人文环境，突出绿道生态、游憩及社会文化功能，传承以西湖文化、运河文化、钱塘江文化为代表的历史文化名城的独特韵味。形成了“一道一特色，一处一风景”的特点，展现江南水乡风情，如以钱塘江诗词文化为特色的“三江两

图2-39 杭州市域绿道总体规划布局图（左）
资料来源：杭州市规划局网站．杭州市城市绿道系统规划公示

图2-40 杭州市区绿道规划布局图（右）
资料来源：杭州市规划局网站．杭州市城市绿道系统规划公示

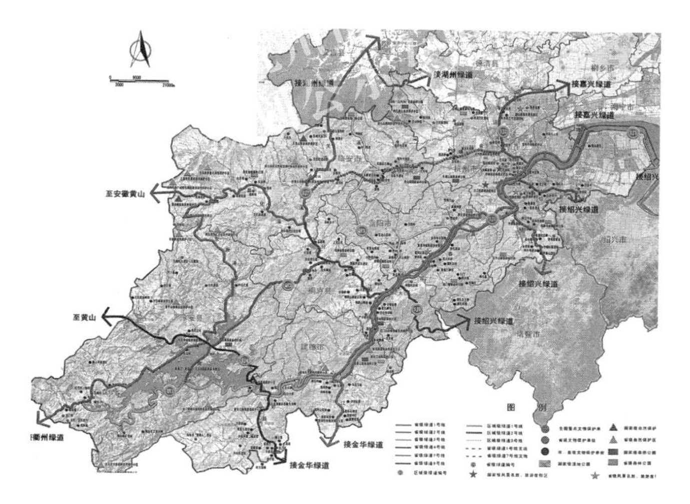

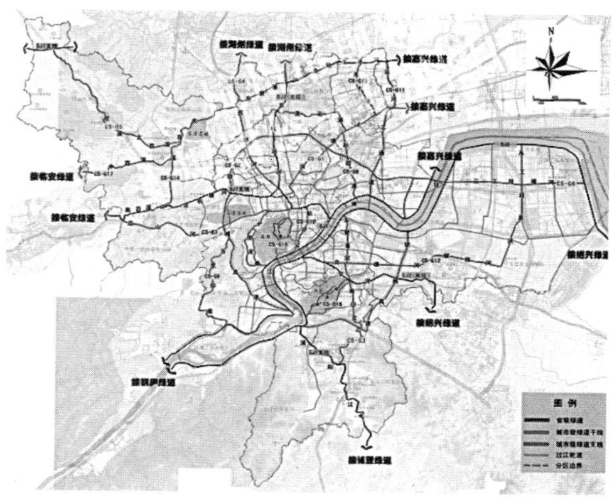

岸”绿道、以吴越钱王文化为特色的青山湖绿道、以“古桥韵味”为特色的中东河绿道、以拱宸桥漕运文化为特色的运河古韵生态绿道等。杭州绿道不仅是城市休闲生活的新空间，也是发展乡村经济的新动力，“三江两岸”绿道、淳安环千岛湖绿道、余杭塘栖绿道等有效促进了乡村旅游的发展。

杭州绿道建设还与健康城市建设紧密结合。2008年杭州正式启动健康城市建设工作，出台系列计划、规划，提升城市空间环境，推进重点水域保护整治，推行并完善公共自行车服务系统，广泛开展全民健身活动，一定程度上促进了杭州绿道的发展。杭州承办2022年第十九届亚运会，将进一步促进健康城市及绿道的发展。

（3）杭州市绿道使用评析

魏薇等（2018）[101]基于使用者运动轨迹大数据对杭州市绿道进行评估，研究选取某热门运动记录型移动端软件作为LBS 时空数据获取平台，运动轨迹由用户于2015年12月27日～2017年10月10日间自主创建并分享，涵盖了跑步、健走、登山、骑车四种活动类型，得到以下结论。

从整体上看，研究范围内46.3%的活动轨迹点位于绿道空间中，体力活动与绿道空间的匹配程度较高，绿道空间提供了相对有效的活动场所。运动者活动在绿道空间分布上呈现出明显的不均衡的集聚特征。城市中心老城区绿道的活动强度要明显高于外围地区。经统计，杭州骨干绿道系统中有24.3% 的绿道未被锻炼者使用，大部分分布在外围地区；老城区——上城区的使用率最高，为90.5%。省级绿道因涉及更为丰富的自然资源，其使用率（90.2%）相比市级干线（72.8%）以及市级支线（70.9%）绿道更高。

具体路段调研结果显示8.06% 的绿道为高效用路段。叠合比对空间地理信息，研究发现这些高使用强度的热点路径主要为滨水型绿道，集中在钱塘江滨水风情绿道、环西湖沿线、余杭塘河沿岸以及近西溪湿地公园等段落。山地型绿道——西湖群山的龙脊游步道也成为锻炼者日常活动的场所。尽管中心城区的绿道系统已经基本建成并投入使用，但局部仍然有无使用路段，构成绿道网络的薄弱环节乃至结构性断点。

绿道活动强度评定结果比较准确地反映了绿道空间直观的可使用性，与实地建成环境的外在表征相一致，人们对绿道空间使用的时空特征体现了环境要素的影响：高效用绿道无不依托一定规模且空间连续的自然要素，并与诸多的核心资源节点充分结合，具有良好的空间临近性与通达性，并在场所设计层面展现出优质的空间品质；无使用或者使用效度低的路段则受到如铁路分隔、自然地保护、城中村改造及环境设计、设施管理不完善等因素的制约。

2.5.1.4 南京市绿道网

南京地处长江下游，长江穿城而过，沿江岸线总长近200km，还拥有秦淮河、滁河、玄武湖、莫愁湖、紫金山、汤山等风景优美的自然山水资源。南京自古以来是中国南方的政治、经济、文化中心，被誉为“六朝古都”“十朝都会”“天下文枢”，历史文化资源丰富。这些都为南京绿道建设奠定了优良的基础。

2012年底，南京市编制了《南京市绿道规划暨三年行动计划》，初步确定了市域绿道网结构。2013年起，南京市全面启动绿道建设，依托代表性自然山水及历史文化资源，陆续建成滨江风光带绿道、环紫金山绿道、明城墙沿线绿道等，连缀古都之韵，勾勒山水之美。2017年10月，南京市发布《绿道建设三年行动计划（2018～2020年）》，将绿道建设作为城市绿色发展的重要工作。2018年2月，南京市发布《南京绿道规划设计技术导则》，坚持“以人为本、生态优先、注重功能、彰显特色”原则，更好地指导本地绿道建设。2019年11月，南京市组织编制的《南京市总体绿道规划（2019～2035）》获得市政府批复，在前两次绿道短期行动计划的基础上，对市域绿道布局进行全面深化，为南京绿道中长期发展指明了方向。

（1）南京市绿道网规划评析

1)《南京市绿道规划暨三年行动计划（2012）》

根据《南京市绿道规划暨三年行动计划（2012）》成果，南京市域形成以江为轴、江南江北相对独立、环带相接、串点连景的绿道整体结构，结构性绿道总长度约1200km（图2-41）。其中主城长200km；南部（江宁、溧水、高淳）长510 km；北部（浦口、六合）长490km。

江北形成一江一环两带的结构，其中“一江”指江北滨江绿道（含八卦洲）；“一环”指老山环线；“两带”指沿滁河绿道、六合东北部绿道。

江南形成一江三环五带的结构，其中“一江”指江南滨江绿道（含江心洲）；“三环”指老城内环、百里风光带滨江环线、沿汤铜线风景带。“五带”包括牛首云台绿道、秦淮河至两湖绿道、青龙山-枞溪绿道、紫金山-汤山绿道、仙林-宝华山绿道。[102]

2）南京市绿道总体规划（2019～2035）

该规划将绿道定义为“结合南京特色、贯穿城乡的线性绿色开敞空间，是依托自然格局，串联城乡、风景名胜资源与现代产业区等，集生态保护、体育运动、休闲娱乐、文化体验、科普教育、旅游度假等为一体，供城乡居民、游客步行和骑行的绿色廊道”。[106]该规划重点对南京市、区两级绿道进行线网布局，提出生态为本、串山链水；突显文化，彰显特色；

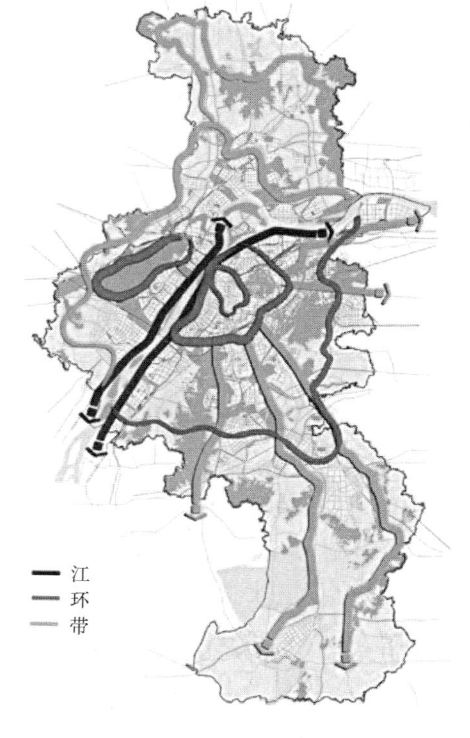

图2-41　南京市绿道布局示意图

资料来源：http://roll.sohu.com/20130110/n362979252.shtml

综合利用，强化运营；以人为本，设施完善的规划原则。契合南北田园、中部都市的城乡空间格局，突出园林绿化特色和文化内涵，有机串联城乡资源点，将南京绿道打造为有景致、有底蕴、有温度、有趣味的自然山水体验道、古都风貌彰显道、人文城市关怀道、多元南京活力道。

市域绿道布局思路为脉络梳理，锚固城市生态本底；蓝绿交织，契合绿地系统格局；文绿结合，传承多元文化底蕴；多规协调，提升规划可实施性。按照“滨江、沿河、环山、绕城”的选线原则，依托带型绿化空间，构建通达的市域绿道网络，至2035年南京市绿道总长度2662km（不含社区绿道），规划16条市级绿道，总长1099km，串联市域主要自然人文景观，形成绿道骨架。区级绿道承接市级绿道，总长1563km。在落实市、区级绿道基础上，以实现步行5min（约500m）为目标引导。[106]市域绿道包含3种类型。城市型绿道位于中心城区及其他集中规划建设用地范围内。郊野型绿道位于城镇开发边界外，依托自然和人文资源建设，为市民提供亲近自然的绿色休闲场所。联络型绿道是以保持绿道连续性和完整性为目的，通过借用城市道路的非机动车道实现绿道连通的路段。该规划还对滨水游憩绿道、山地森林绿道、人文景观绿道、郊野田园绿道分别做出风貌引导（图2-42）。

纵观南京绿道网规划的发展，主要有以下两方面的变化。一方面绿道布局有不同侧重，老规划强调绿道整体结构和大连通，新规划则更加侧重绿道网络的完善，以及绿道复合功能的发挥。另一方面绿道网密度有了较大提升，2012年规划的绿道网密度为0.18km/km^2，2019年提出至2035年绿道网密度达到0.40km/km^2，翻了一倍多。此外，新规划更好地契合了城市组团格局，呈现明显的疏密变化，在中心城区、副城及新城区域绿道网密度较高，而在其他郊野地区绿道网密度较低。绿道密度与日常使用率成正比，能够比较客观地满足市民就近使用需求。新规划编制期间还进行了网上问卷调查，关注绿道服务民生的功能，征集公众对于绿道发展的意见。

（2）南京市绿道建设评析

2013年以来，南京市按照“环山、顺水、沿城、连景”的绿道设计理念，“一道一方案一特色”的精细化标准，目前已完成绿道建设863km，初步构建了融合生态保护、休闲游憩等多种功能的绿色网络。南京绿道串联宜人的生态景观，凸显山水城林特色；融合精彩的文史资源，融合精彩的文史资源，展现六朝古都风貌；承载丰富的市民活动，打造绿色健康生活。总结南京市绿道建设主要有以下成功经验：

第一，规划先行、精准施策。编制短期及中长期规划，结合南京绿地系统、历史文化名城、空间特色、旅游发展等相关规划，并将绿道建设任务列入年度城乡建设计划，稳步有序推进。2013年南京市绿化园林局结合明城墙沿线绿道试验段建设经验，编制《南京绿道规划建设导则》和《南京绿道导视系统实施导则》，2018年修改完善形成《南京绿道规划设计导则》，指导全市绿道规划建设。

第二，优化格局，彰显魅力。南京绿道将有代表性的山川资源、文化遗迹、历史建筑和传统街区串联，加强绿道与滨水蓝道、文化步道的串联整合，形成结构性

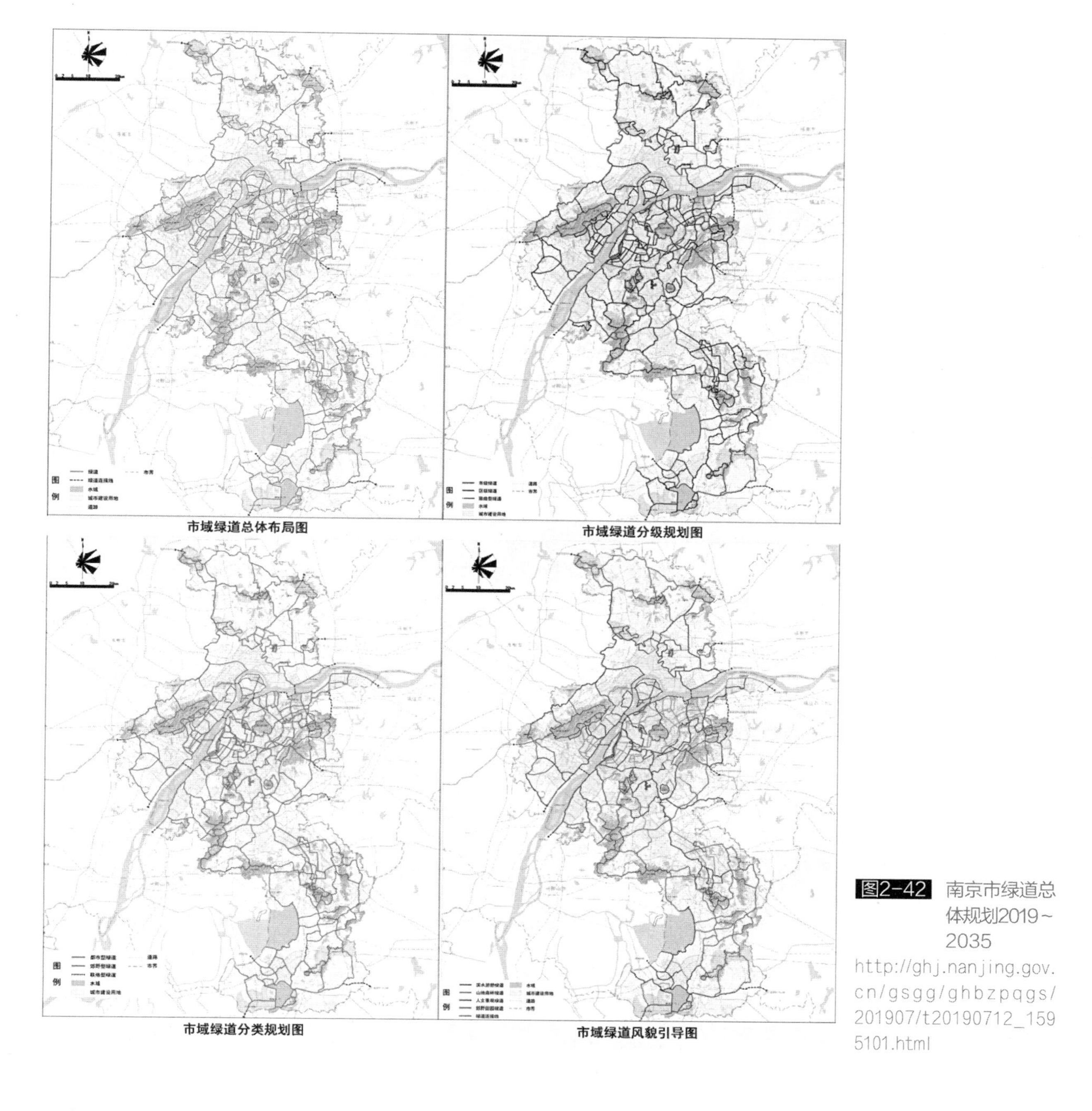

图2-42 南京市绿道总体规划2019～2035
http://ghj.nanjing.gov.cn/gsgg/ghbzpqgs/201907/t20190712_1595101.html

绿色开放空间体系，促进了生态园林城市建设水平提升。环紫金山、明城墙沿线、滨江风光带等绿道与城市旅游紧密结合，成为彰显南京城市魅力的新名片。未来南京市将积极延伸绿道网络，串联美丽乡村，促进乡村旅游发展。

第三，因地制宜、以人为本。南京绿道建设最大限度地利用现有资源条件，避免大拆大建，因势随形、因山就势，不强调统一的形式，更关注实际效能的发挥。选择合理的铺装与绿化方式，与周边环境相协调。环山绿道充分利用现有登山路，尽量减少植物伐移；滨江绿道依托江堤建设，符合河道蓝线管理要求并易于近距离体验滨水风光。注重绿道可达性，结合交通节点及居住区布局绿道出入口，完善沿线服务设施及标识系统，未来将进一步完善健身、商业等设施，更好地为市民服务。

2.5.1.5　武汉市绿道网

武汉有“江城”之称，长江、汉水在中心城区交汇，构成极具特色的“十字形”生态景观轴线，同时将武汉市区一分为三，形成汉口、汉阳和武昌三镇鼎立的格局。武汉也被誉为“百湖之城”，拥有全国最大的城市内湖——东湖。武汉市江河纵横、湖港交织、群山环绕，山水资源极其丰富，自然环境得天独厚，具有建设绿道网的优良条件。武汉是国家历史文化名城和中国优秀旅游城市，丰富的文化景观资源可赋予绿道网更多的内涵。武汉也是我国较早运营公共自行车的城市，绿道建设有广泛的需求和使用群体。在上述背景下，《武汉市绿道系统建设规划》于2012年4月获市政府正式批复。规划范围覆盖武汉市全市域，考虑与城市圈的对接，重点对市域和主城区内的城市绿道进行规划布局。

（1）武汉市绿道网规划评析

1）武汉市绿道网规划思路

武汉市绿道定位为城市生态系统、风景旅游系统和综合交通系统的重要组成部分，以休闲健身和旅游观光功能为主，兼顾交通通勤功能。规划目标为以山水资源为依托，以历史文化为纽带，以慢行交通为载体，以休闲健身和生态旅游为根本，将绿道打造成市民体验湖光山色、追溯城市记忆、践行低碳生活、享受幸福武汉的好去处。[107]

该规划根据所在区位、所承担功能不同，将武汉市绿道分为市域绿道、城市绿道和社区绿道三类。市域绿道布置在主城外围，串接六大生态绿楔、新城、村镇及风景名胜区，以旅游观光、休闲健身功能为主。城市绿道布置在主城范围内，连接城市功能组团、滨水空间、人文景区及公园绿地，呈网状布局，以休闲健身为主，兼顾交通通行功能。社区绿道结合社区公园、小游园和街头绿地布局，为附近居民提供便捷、安全的慢行交通环境。

2）武汉市绿道网规划方案

在综合分析武汉市城镇体系、旅游空间布局、历史文化名城保护、生态绿地系统、城市水系和综合交通系统的基础上，按照生态化、网络化、特色化、人性化等原则进行绿道网络布局。规划绿道全长2200km，其中主城区城市绿道长450km，网络密度（含社区绿道）不低于1km/km^2；实现居民5～10min可达社区绿道，15～20min可达城市绿道，30～45min可达市域绿道。[107]

市域绿道形成“一心、六楔、十带”的总体结构，总长1750km，其中主线长430km，支线长1320km（图2–43）。“一心”为主城绿道网络核心区；“六楔”为依托大东湖、汤逊湖、青菱湖、后官湖、府河、武湖等生态绿楔的生态景观资源，构建串联新城、城镇和景点的六片市域绿道网络；“十带”为连接主城与新城、风景旅游区的十条市域绿道主线。

规划在主城区形成“一环两轴五片十联”的城市绿道网络（图2–44）。“一环”为三环线环城绿道；“两轴”为南北向长江滨江风情绿道和东西向山水风光绿道；“五

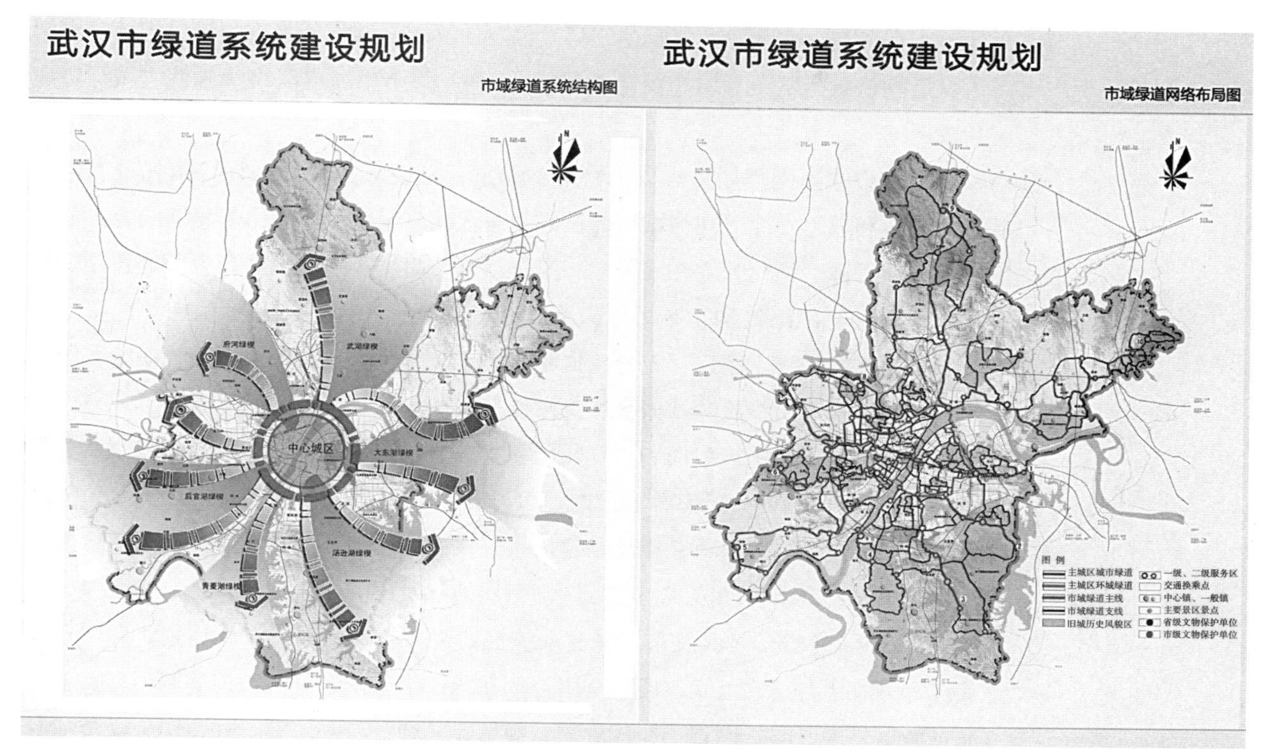

图2-43　武汉市域绿道系统规划图
资料来源：武汉市绿道系统建设规划，2012.http://gtghj.wuhan.gov.cn/pc-7-48659.html

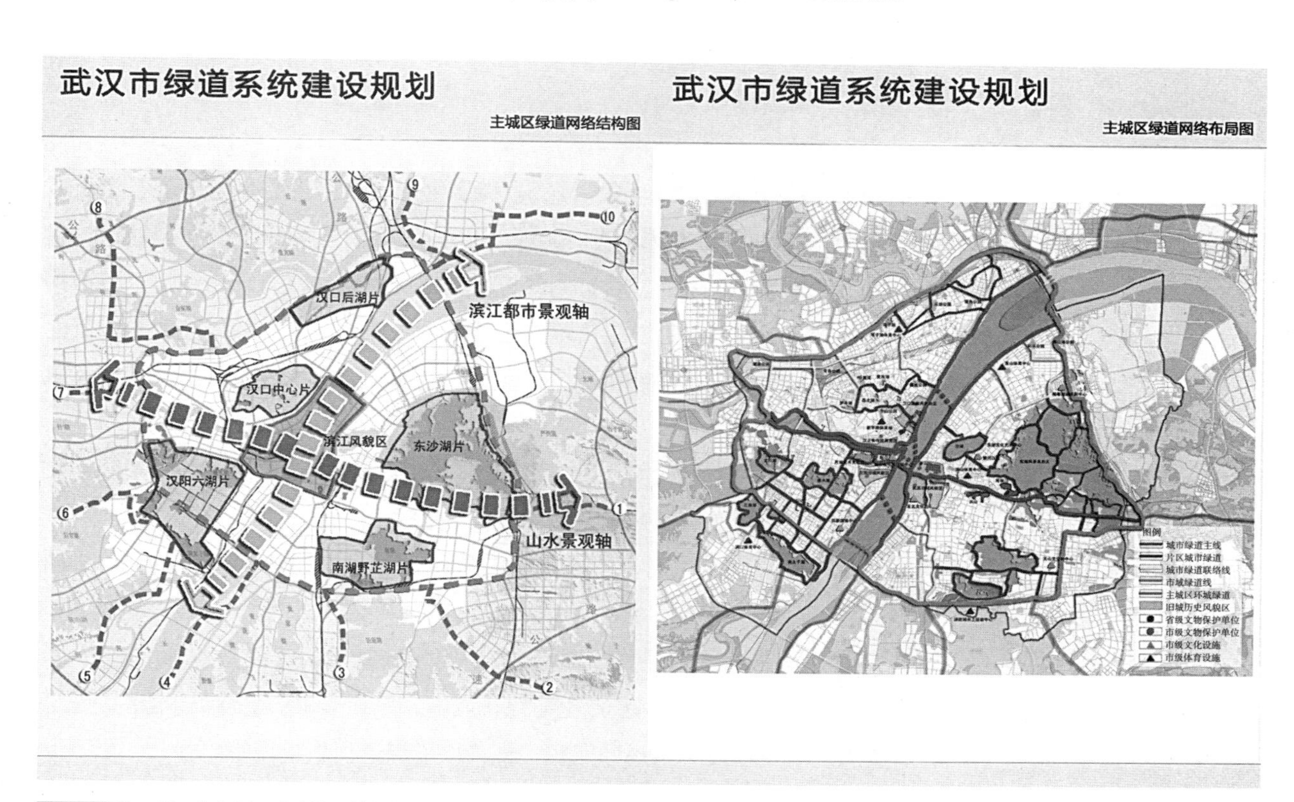

图2-44　武汉中心城区绿道系统规划图
资料来源：武汉市绿道系统建设规划，2012.http://gtghj.wuhan.gov.cn/pc-7-48659.html

片”为东沙楚汉文化、南湖野芷湖科教创新、汉阳六湖水网景观、汉口中心都市活力、后湖低碳生活五片城市绿道网络；“十联”为十条绿道联络线，使主城绿道成片成网。

武汉市绿道网规划具有以下特点：第一，顺应城市发展格局，依托现有的山体、水系和道路，绿道网与城市绿楔、生态水网、绿色交通网络等紧密结合，高效利用土地资源。强化绿道在维护生态安全、调节雨洪、水土保持等方面的作用。第二，完善绿道网络结构，突出以人为本，完善绿道交通衔接、标识和其他服务系统，方便市民使用。第三，充分挖掘和突出人文特色，打造形式多样、功能各异的绿道，促进绿道沿线旅游及城乡经济发展。

武汉市国土资源规划局利用互联网和大数据技术，建立了全国第一个“众规平台”，直接面向国内外所有社会公众，公开征集规划方案，实现真正意义上的公众参与和公众规划。武汉市在推动绿道网络建设的过程中，以“众规武汉”平台为切入点，通过公众参与的方式，多方调动市民的积极性。

2015年1月8日，《武汉东湖绿道系统规划暨环东湖路绿道实施规划》在“众规武汉”开放平台正式上线，成为全国首例在线征集公众意见的规划编制项目。平台通过信息公告、问卷调查、在线规划、规划建言和资料查阅等方式，向公众传达专业的规划资讯，同时也尝试收集和反馈公众的意愿。平台构建了公众与政府、规划设计者之间的桥梁，使公众支持绿道、参与绿道、使用绿道、享受绿道，真正感受和分享生活品质的提升，让市民在绿道建设中得到实惠，成为绿道建设最大的受益者，切实增强幸福感。

（2）武汉市绿道建设评析

武汉绿道建设突出“绕湖环山沿江”，结合生态保护修复、环境综合整治及城市慢行系统建设，目前已建成绿道1400km。2012年开始建设环东湖沙湖绿道，目前东湖绿道已成为武汉新名片。后官湖绿道、金银湖绿道、江夏环山绿道、洪山狮子山绿道、两江四岸江滩绿道、张公堤绿道等被列入武汉十大绿道。在取得成就的同时，武汉绿道发展仍存在一些困难，李继春、曹亚妮（2017）[110]总结了武汉绿道建设面临的难题：

第一，中心城区绿道建设用地难。市区内环境复杂，城市道路及公共空间非常有限，较难找到合适的空间来实施绿道建设。

第二，绿道不成系统，尚未形成网络。武汉部分已经建成的绿道没有形成网络，与慢行交通、公共自行车系统的衔接有待提高。

第三，绿道与非机动车道混淆。绿道的主要功能为满足运动休闲游憩，并兼顾日常生活的通勤，而非机动车道两侧虽然也有绿化设施，但并不能承担游憩休闲的功能。

针对武汉市绿道建设中出现的问题，提出以下绿道规划建设策略：

第一，合理统筹绿道建设用地。在城市总体规划中为绿道预留空间，优化利用现有用地，绿道建设在城市现有绿地系统的基础上，选取合适的线性开放空间进行游憩化、生态化整合。

第二，协调自然利益与人类需求。绿道连接城市绿色空间，将破碎的自然地块有机整合起来，为生物提供通道和更广阔的生存空间；同时也为居民提供绿色出行途径，改善城市宜居环境，提升城市形象，带动经济发展。

第三，完善绿道人工系统。绿道人工系统为使用者提供便利，丰富绿道的功能和文化内涵，反映人文关怀，体现城市特色。

2.5.2 环线拓展型

2.5.2.1 成都市绿道网

成都位于四川盆地西部，成都平原腹地，海拔在1000～3000m之间，在市域内形成了三分之一平原、三分之一丘陵、三分之一高山的独特地貌类型。成都境内河网纵横、物产丰富、农业发达，自古享有“天府之国”的美誉。成都是古蜀文明发祥地，国家历史文化名城，名胜古迹众多。

成都在经历了20世纪90年代“做强城市”、21世纪前10年“以城带乡”的基础上，迈入“城乡共荣”的新阶段，提出建设“世界生态田园城市”。借鉴霍华德“田园城市”的核心思想，并立足于成都现实基础与长远目标，打造世界级、国际化、人与自然和谐相融、城乡一体的田园城市。成都市将绿道建设作为建设“世界生态田园城市”的重要内容，2010年提出构建覆盖全域、连接城乡的多功能绿道系统。

（1）成都市绿道网规划评析

1）成都市健康绿道规划

2010年成都市健康绿道系统规划设想形成两级绿道：Ⅰ级健康绿道是贯穿市域的骨干绿道，由市统一规划；Ⅱ级健康绿道主要是中心城、区（市）县（含乡镇）等区域的支线绿道。在两级绿道之外规划健康绿道连接线，主要是为了确保绿道网的连续性和完整性，借用公路、城市道路等的机动车道或非机动车道、人行道来承担连通功能的路段。

Ⅰ级健康绿道包含9个主题，呈现“环线+放射”结构（图2-45）。连接水系、山体、田园、林盘、自然保护区、风景名胜区、城市绿地以及城镇乡村、历史文化古迹、现代产业园区等自然和人文资源，形成覆盖全域的绿道网络。规划Ⅰ级健康绿道总长1117km，规划绿道网密度约0.08km/km^2。

成都中心城区健康绿道形成“三环、六线、多网”的结构，“三环”为外环路绿道、三环路两侧绿道和内环滨河绿道，“六线”主要依托河流及绿化廊道布局，“多网”则主要依托公园绿地及景区建设（图2-46）。中心城区规划健康绿道总长490km，规划绿道网密度约0.9km/km^2（中心城区以成都绕城高速公路以内的面积计算）。

2011年3月，《成都市健康绿道规划建设导则》正式发布，将成都健康绿道定义

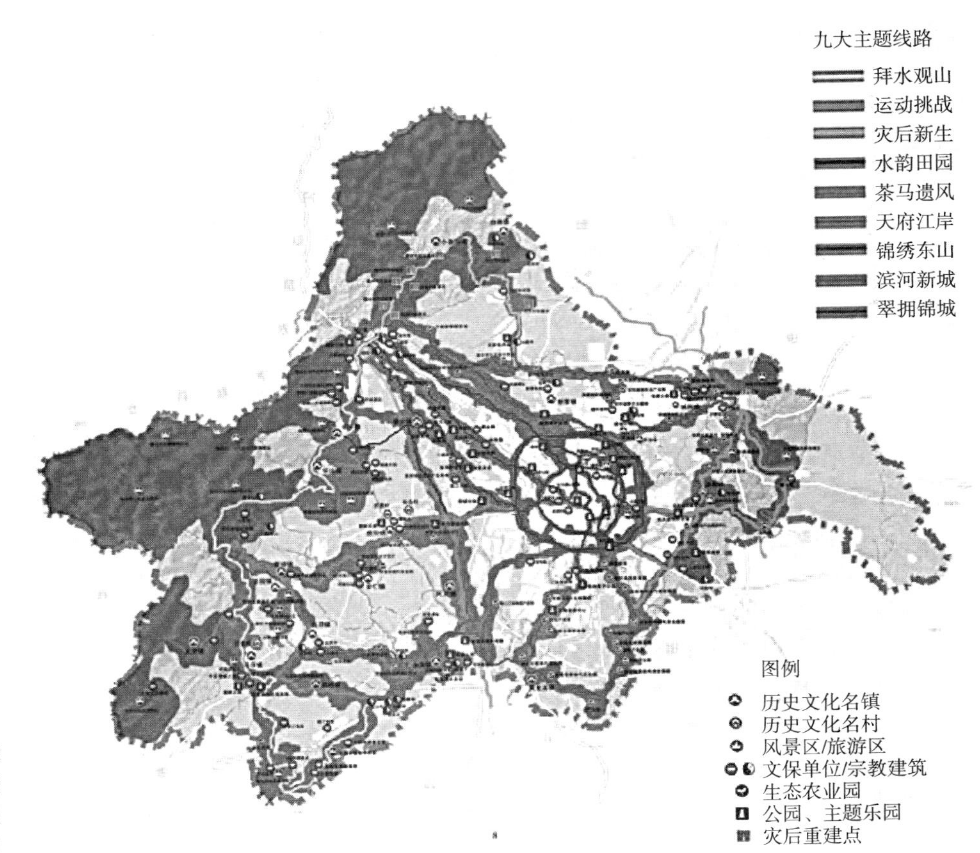

图2-45 成都市Ⅰ级健康绿道布局图

资料来源：成都市健康绿道规划建设导则，2011

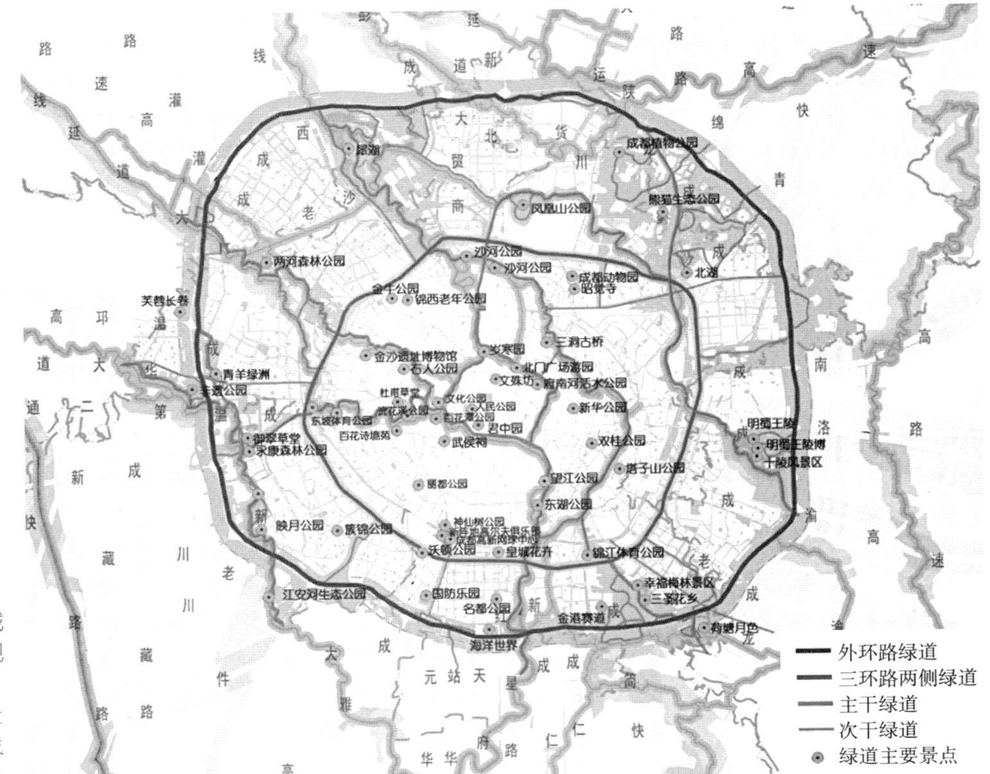

图2-46 成都市中心城区绿道网络规划图

资料来源：成都市规划设计研究院、成都市中心城健康绿道系统规划，2010

为“结合成都特色、贯通全域城乡的一种线性绿色开敞空间，是连接水系、山体、田园、林盘、自然保护区、风景名胜区、城市绿地以及城镇乡村、历史文化古迹、现代产业园区等自然和人文资源，集生态保护、体育运动、休闲娱乐、文化体验、科普教育、旅游度假等为一体，供城乡居民、游客步行和骑游的绿色廊道”。[111] 自此成都绿道规划建设不断推进，取得了丰硕成果。

2）成都天府绿道规划建设方案

2017年，结合成都中心城区范围的拓展，成都市公布了新的天府绿道规划建设方案。按照建设大生态、构筑新格局的思路，梳理成都市域11534km^{2}生态基底和2800km^{2}城乡建设用地情况，结合“双核联动、多中心、网络化”城市格局和“两山两环两网六片”生态禀赋，按照“可进入、可参与、景观化、景区化”的规划理念，以人民为中心、以绿道为主线、以生态为本底、以田园为基调、以文化为特色，规划覆盖成都全域的区域、城区、社区三级绿道体系，总长达16930km。

规划区域级绿道总长1920 km，规划区域级绿道网密度升至0.13km/km^2，形成“一轴、两山、三环、七道”的总体结构（图2–47）。规划城区级绿道总长5380 km，在城市各组团内部成网，与区域级绿道衔接；规划社区级绿道总长9630km，与城区级绿道相衔接，串联社区内幼儿园、卫生服务中心、文化活动中心、健身场馆、社区养老等设施，体现“绿满蓉城”的宜居品质。[113]

比较两版成都市绿道规划方案，“环线+放射”的绿道网络格局基本相似，增加了沿第二绕城高速布局的田园绿道环线，进一步加强城乡统筹联系。除此之外，新的绿道规划还有以下两方面的进步：

图2–47　成都天府绿道区域级绿道体系规划图
资料来源：百度图片

第一，进一步强化山水资源及历史文化特色。一轴锦江绿道、两山森林绿道及七条滨河绿道着力展现成都自然山水资源特色。将中心城区的原三环路绿道升级为熊猫绿道，成为国内首条文化主题绿道。将原绕城高速绿道改为锦城绿道，串联11个中心城区，以宋代名画《蜀川胜概图》为蓝本，打造展现天府文化的蜀川画卷。

第二，持续拓展绿道功能，注重多功能产业开发。成都绿道从生态保护、健康休闲、资源利用、慢行交通、经济发展五大功能发展为生态保障、慢行交通、休闲游览、城乡统筹、文化创意、体育运动、农业景观、应急避难八大功能。将绿道建设与产业拓展紧密结合，最新规划建设的锦城绿道打造开放式多功能的环状生态公园，积极完善绿道服务体系，建设特色小镇形态的一级驿站、特色园形态的二级驿站、林盘院落形态的三级驿站、亭台楼阁形态的四级驿站。

（2）成都市绿道网建设评析

成都绿道建设取得了巨大的成绩，截至2018年，天府绿道总长达到2607km，其中区域级绿道345km，城区级绿道928.5km，社区级绿道1333.5km（含乡村社区级绿道1057.5km、城市社区级绿道276km）。沿天府绿道建成生态绿地49.79km^2，串联生态区44个（总面积1000km^2），串联绿带123个（总面积79km^2），初步形成了生态区、绿道、公园、小游园、微绿地的五级城市绿化体系[114]。相对于国内其他城市，成都市社区级绿道发展建设较快，在建成绿道中占比最高。

绿道伴随着成都城市发展建设，从“世界现代田园城市”走向“美丽宜居公园城市”，成为“绿水青山”和“金山银山”之间的一种转换媒介，其多重价值不断得到发掘与提升，概括起来主要有以下几个方面：

生态价值：绿道是成都生态宜居的绿色动脉。在成都的生态蓝图上，绿道与龙门山脉雪山、岷江水系、川西林盘、龙泉山城市森林公园及各类城市公园等山水田园林生态资源交相辉映。绿道建设成为推进生态本底保护和修复，连接贯通各类生态资源，带动整个城市生态环境改善的重要抓手；也是成都绿色发展，建设美丽宜居公园城市的重要实践。例如锦江绿道建设结合锦江水治理，治污与筑景一体推进。锦城绿道建设结合环城生态带，完全建成后可增加全市人均绿地面积10m^2，形成生态公园133km^2、生态水系20km^2、城市森林24km^2。[115]

文化价值：绿道是成都生活美学之道。成都平原气候温和，冬无严寒，夏无酷暑，植被丰茂，自古以来成都人就喜欢户外踏青、亲近自然。绿道为高品质休闲生活方式提供了绝佳的场景，有效传承了体现成都城市气质的生活美学。例如锦城绿道镶嵌了道明竹艺村、建川博物馆、刘氏庄园、安仁古镇、元通古镇、白鹿音乐小镇、天府芙蓉园等诸多人文景点。而在郫都区与崇州，川西林盘与绿道互为掩映。林盘是成都平原独有的乡村居住形态，这一农耕文明遗存与绿道一起成为绿色发展的代表，目前正准备申报全球重要农业文化遗产。

经济价值：绿道是联系城乡的“绿色经济带”。绿道在突出公益性质的前提下，努力形成政府主导、市场化运营的模式。一是坚持以市场化眼光审视绿道经济价值，以商业化逻辑推进绿道的规划设计、投资建设、产业孵化、管理运营；二是依托绿道创造生活消费场景，大力发展体育赛事、健身、康养、民宿、会议、演艺等特色产业，并带动沿线周边区域文创、文旅、科创、金融等高端现代产业服务，成为成都绿色经济的新增长点，也是乡村振兴的有效助力。

连接价值：绿道是重塑成都产业经济地理的重要牵引。成都绿道“环状+放射”结构与城市慢行系统连通衔接，构建全域“轨道+公交+慢行”的绿色交通体系，有效促进了绿色出行。根据摩拜单车发布的骑行元年大数据显示，成都的骑行指数在新一线城市中排名首位。绿道建设改变了成都城乡发展传统圈层结构，实现了对城市空间的重新整合。通过绿道把乡村生态要素带到城市内部，同时把城市功能引向郊野田园，促进人口和产业流动，催生新的要素聚集，带动了城乡融合发展。

品牌价值：绿道是成都重要的城市名片。规划近17000km的天府绿道，长度在世界城市绿道中首屈一指。绿道践行城市永续发展的成都模式，强化山水资源及历史文化特色，融入成都人的生活方式，滋养着人们的精神气质，同时具有鲜明的时代特征。绿道已经成为一张城市名片，极大提升了成都的城市品牌。

2.5.2.2　郑州市绿道网

郑州地处中原腹地，北临万里黄河，西依中岳嵩山，东、南接黄淮大平原，山水相依，资源丰富。郑州总体地势西南高、东北低，呈阶梯状下降，由西部、西南部的中低山，逐渐过渡为丘陵、倾斜（岗）平原和冲积平原。市内河流分属于黄河和淮河两大水系。郑州是重要的交通枢纽城市，是全国普通铁路和高速铁路网中唯一的“双十字”中心，也是全国公路主枢纽城市之一。

郑州市作为中原经济区的核心城市，因城市自然生态环境条件相对薄弱，绿道建设强化生态作用和城市功能的复合，创建了具有特色的郑州“绿道模式”——绿道规划建设在城郊与森林公园体系相结合，在中心城区则与生态廊道体系相结合。将绿道作为一种自然或人工构建的以植物为主，沿自然地形地貌和道路系统纵向横向延展，复合了自然生态、城市交通、休闲健身和社会功能的带状开放空间。

（1）郑州市绿道网规划评析

1）郑州市森林游憩绿道网规划

《郑州都市区森林公园体系规划（2011～2015）》将森林游憩绿道网规划作为重要内容之一，通过绿道串联郑州城郊的森林公园。绿道布局与“一环、两带、四区、八脉、三十二园”的森林公园整体结构紧密衔接，依托黄河、南水北调中线干渠、贾鲁河、索河等水系绿带以及交通线路沿线绿带，形成以非机动交通方式为主，和城市机动交通网络相互连接又互不干扰的连续无间断的森林游憩绿道网络（图2-48）。

该规划依据地形地貌及资源特征的不同将森林游憩绿道分为四种类型：城市道路型绿道沿城市道路或省级公路分布，和道路之间有一定的绿化缓冲区，为城市居民提供通行、游憩空间。河流堤岸型绿道沿城市内河流分布，这类绿道景观丰富、

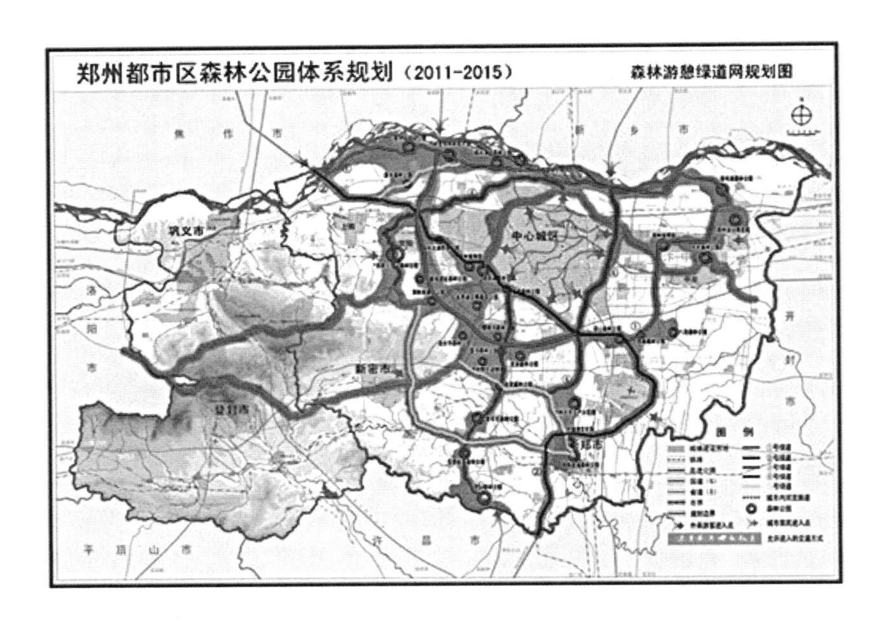

图2-48 郑州市森林游憩绿道网规划图
资料来源：郑州都市区森林公园体系规划（2011~2015）

构成要素和功能较为多样化。森林生态型绿道位于城市外围大面积的造林区域，建设自行车道、生态游览步道和休闲游憩设施。滨河景观型绿道主要依托黄河南岸滨河防护林，突出自然生态和景观游憩功能。

2）郑州中心城区绿道（生态廊道）

2012年底，郑州市出台《郑州市生态廊道建设设计导则》，明确生态廊道建设的概念、标准、指导思想、原则、树种选择、建设模式和功能定位。2014年出台《郑州市生态廊道建设管理办法》，将生态廊道定义为"以绿化为特征，沿公路（高速公路、国道、省道等）、城市道路（快速路、主干道等）、铁路、水系等建设的带状、一般具有生态、景观、休闲游憩、运动健身和慢行交通功能的开敞式绿地"[118]。

2012年，郑州市以新型城镇化建设为引领，以"两环十七放射"生态廊道建设为先导工程，全面推进绿色郑州、园林郑州、生态郑州、美丽郑州建设。在郑州中心城区依托"环形+放射"的快速路网络构建"两环十七放射"生态廊道体系（图2-49），"两环"为郑州市区的三、四环路，"十七放射"为三、四环路之间的十七条放射道路，是复合城市交通、生态、绿化、美化的综合系统[119]。提出控制性、生态性、连通性、安全性、便捷性、可操作性、经济性七条规划原则。根据城市总体规划明确绿道规划设计范围，按照生物生境条件对绿道宽度、连接度、植物、配置等关键技术问题进行控制。充分结合现有地形、水系、植被等资源特征，发挥绿道作为生物廊道的作用，尽量为生态环境改善和物种多样性修复提供生境。因地制宜地采取有效措施实现全线贯通，发挥绿道沟通与联系自然、历史、人文节点的作用，并提供城市居民进入郊野的通道。

生态廊道依托交通线路，从中心城区到郊区县市，再到新市镇与乡村，两侧建设20~50m的绿化休闲廊道。绿化休闲廊道中融入人行道、自行车道、公交港湾、绿岛加油站、休闲健身广场节点等，从而实现"公交进港湾，行走在中间，辅道在

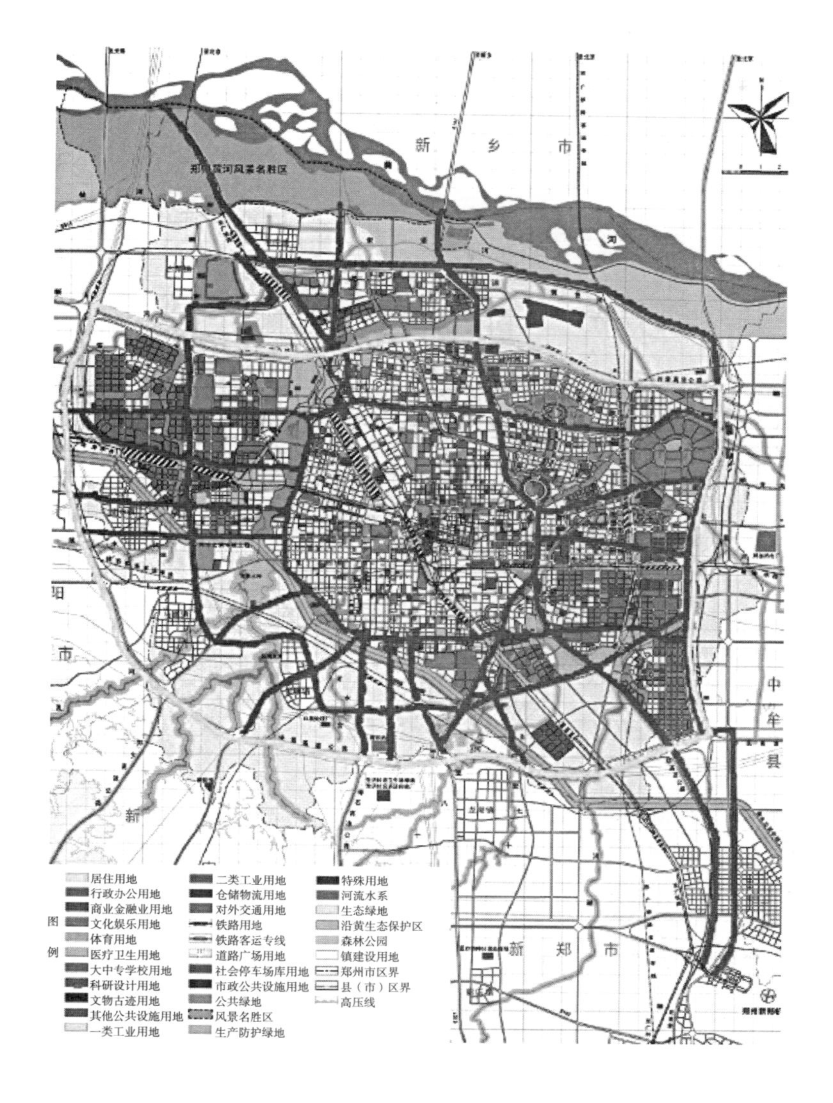

图2-49 郑州市两环十七放射道路示意图

资料来源：薛永卿等，城市绿道建设的新探索及思考——以郑州市两环十七放射绿道建设为例，2013

两边，休闲在林间”，以此达到车行、人行、绿化、生态的和谐统一。

3）郑州都市区绿道系统规划

郑州市自然资源与规划局2019年3月公示的最新《郑州都市区绿道系统规划》，计划到2035年建成“一轴、三水、三山、三环五廊”的绿道系统（图2-50）。规划按资源空间分布将绿道分为三级，Ⅰ级绿道为串联核心景区的全域性绿道，Ⅱ级绿道为串联大中型景观节点的组团间绿道，Ⅲ级绿道为组团内部绿道网络的补充[120]。按主要功能将绿道分为生态保护型、近郊游憩型、滨水休闲型、城市服务型四类（图2-51）。并依据绿道等级和功能分类，制订了绿道系统指引，对绿廊宽度控制、景观要求、交通衔接方案、慢行道宽度控制、服务设施设置等内容提出了规划建议。

纵观郑州市绿道规划的发展，与城市特色紧密结合，从初期的郊区、城区分立走向整体统筹与融合。郊区游憩绿道规划立足“绿城郑州”优良的林业发展基础，结合森林城市建设；城区生态廊道规划结合快速交通网络；最新的郑州都市区绿道系统规划将二者结合起来，强化了城市轴线与山水特征，同时构建了城市组团式发

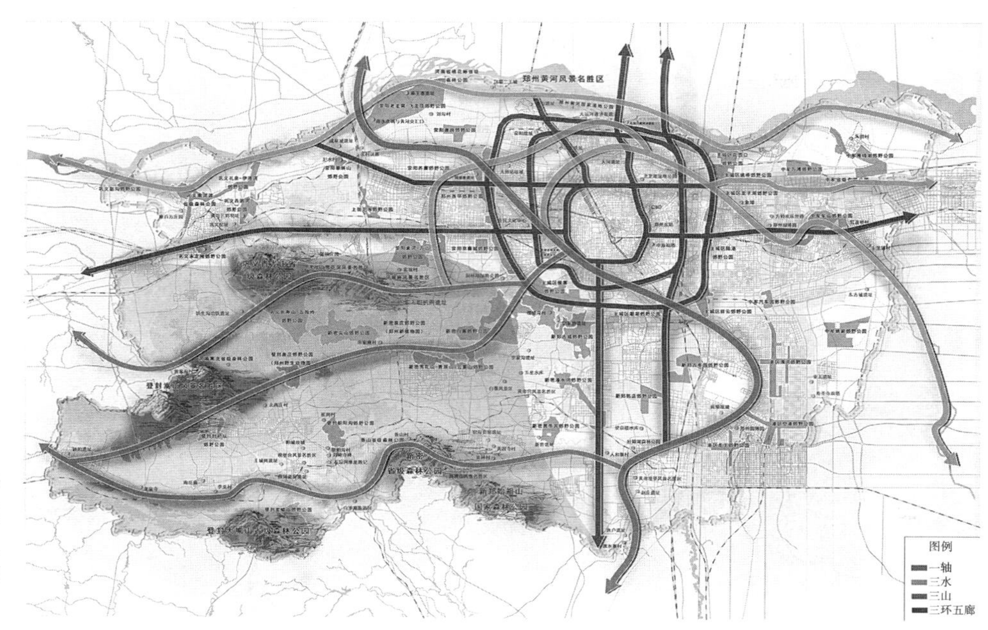

图2-50 郑州都市区绿道系统结构图
资料来源：http://cxghj.zhengzhou.gov.cn/ggfw/1635769.jhtml

图2-51 郑州都市区绿道系统分级、分类布局图
资料来源：http://cxghj.zhengzhou.gov.cn/ggfw/1635769.jhtml

展的框架。关于绿道系统分级，各级绿道配比较为合理，三级绿道基本上依托交通路网布局，老城中心区绿道网密度有限。关于绿道系统分类，滨水休闲型、城市服务型绿道占比较高，生态保护型绿道占比较低。

（2）郑州市绿道建设评析

随着郑州市生态廊道建设的不断推进，原规划“两环十七放射”，逐渐增至“两环三十一放射”。截至2018年底，郑州市区146个公园、27个绿化广场、598个游园、19495hm^{2}绿地，都成功与绿色廊道相连[121]。绿道建设的价值逐渐凸显，主要体现在以下几个方面：

第一，调整城市发展格局，优化土地资源利用。郑州市提出了“组团发展、绿道相连、生态隔离、宜居田园”的总体布局思路，通过绿道连通城市各组团，限制城市“摊大饼”式发展，促进城乡一体化。完善绿地系统，实施扩绿增量，推进城市园林与城郊绿化的统筹融合。由于历史原因，郑州市近郊存在大量沿路、依水的违法建设区域，结合绿道建设拆除违法建筑，把拆迁出来的土地转化为绿地及农业用地，将腾出来的建设用地指标置换到最需要的地方，有效缓解了建设用地紧张的局面，为郑州都市区未来发展留下了空间。

第二，改善城市环境，促进宜居城乡建设。生态廊道强调“大绿量、高密度，多节点、多功能，乔灌花、四季青，既造林、又造景”的绿化定位，突出“生态、景观、健身、休闲、旅游、文化、科技、示范”功能。整合沿线绿化，在绿廊中统筹布局园林景观和休闲健身场所，就近服务群众，提升城市品位并实现内涵式发展。

第三，改变道路传统断面，鼓励绿色出行。将慢行系统融入绿道内，与快速交通无缝对接，保障安全便捷的使用。更新人们的出行理念，优美的环境让人们更愿意选择绿道内出行，践行健康生活。

第四，引导人口迁移，促进经济发展。郑州绿道建设在一定程度上推动了党政事业单位、批发市场、传统工业和仓储企业等的外迁，吸引了三环内中心城市人口向外围城市组团迁移，优化了城市人口布局。绿道建设提升了沿线土地价值，绿道施工养护还增加了一定就业岗位。

郑州市生态廊道建设取得了巨大成就，但也存在一些问题。目前郑州市中心城区道路生态廊道普及率达90%，但是只有20%以上的生态廊道初步完善了配套服务设施和慢行系统建设，使用效率有待提高。新编制的郑州都市区绿道系统规划将有效弥补之前规划不够完善的缺陷，丰富绿道体系构成，为郑州绿道的持续发展提供政策和技术支撑。

郑州市生态廊道建设以政府投资为主，以抑制城市蔓延和规范城市空间发展为目标，发挥生态、景观和休闲等功能。其建设和管护需要大量的资金做支撑，如仅采用“单一保护”的经营模式，不吸纳社会资本参与，完全依靠政府资金投入，将难以实现可持续发展。应建立绿道多元化的长效管理机制，在确保生态廊道核心生态要素得以严格保护的前提下，进行合理的经营开发，引入适当的休闲旅游项目。

2.5.2.3 北京市绿道网

北京市域绿色空间资源丰富，已形成第一道绿隔、第二道绿隔、中心城十条绿楔、“五河十路”绿色通道等重点绿化区域。随着百万亩平原造林的深入开展，市域绿色空间资源规模还将进一步增加。潮白河、温榆河、永定河等生态走廊的建设，形成了多条水系景观廊道。北京市是国家历史文化名城，包括世界文化遗产6处，国家级、市级、区县级文保单位862处，并划定了多个历史文化保护区和历史文化景区，对历史文化资源进行保护和合理利用。上述条件为北京绿道规划建设奠定了良好的基础。

北京是我国华北地区较早进行绿道建设的城市，2012年开始建设通州运河绿道、西城营城建都滨水绿道、顺义潮白河森林公园绿道。2013年启动环二环绿道、海淀三山五园绿道、丰台园博园绿道、温榆河滨水绿道建设，扩大绿道试点工程。同年编制了《北京市级绿道系统规划》，确定了北京绿道网络骨架。

（1）北京市绿道网规划评析

1）北京市绿道网规划思路

北京市绿道体系由市级、区县级、社区级三个层次的绿道组成，其中市级绿道是“骨干”和“代表”，区县级绿道是“枝桠”，社区级绿道是“末梢”，相互配合完成生态、风景、文化、绿色交通方面的功能。根据主导功能的不同将北京绿道划分为四种类型：生态绿道、风景绿道、历史文化绿道和城市绿道（图2-52）。生态绿道是在生态绿地内建设形成的绿道，将生态绿地空间资源和居民运动休闲需求相互结合。风景绿道是在风景资源周边绿色空间内建设，提高风景资源可接近性的绿道。历史文化绿道是串联历史文化资源，强化线性历史文化廊道保护和利用的绿道。城市绿道是在城市带状绿地中建设，满足居民绿色出行需求的绿道。[124]

根据北京城市总体规划和土地利用总体规划，将绿道建设与绿色生态空间相结合，与景观文化资源相结合，与公共交通衔接相结合，与健康休闲需求相结合，将北京绿道定位为生态保育之道、健康休闲之道、城乡魅力之道、整合带动之道，以“以绿为基、呼应地势、突出特色、强化生态、整合衔接、综合平衡”六条策略指导绿道选线及绿道节点规划。

以绿为基：绿色空间是市级绿道建设的基础，规划将现状、规划带状绿地作为绿道的建设基础，将公园、景区前广场作为绿道节点的建设基础。

呼应地势：北京地势特征西北高、东南低。为利于自行车骑行及步行，参照国内外建设经验，合理规划绿道线路，避免山区绿道坡度过大，尽量沿沟谷布局。

突出特色：绿道线路尽量串联对全市居民具有吸引力的休闲游憩空间，绿道节点设置尽量靠近具有文化特色和景观特色的景点或公园，重要历史文化资源、城市地标和景观资源。

强化生态：绿道建设有效利用具有生态功能的绿地，与《北京市生态控制区规划》提出的“一区、两环、五水、九楔、多廊”的空间结构相协调。

整合衔接：为发挥北京市绿道体系骨干作用，市级绿道线路将城市建设区、风景名胜区、国家公园、历史文化区等联系起来，并与轨道交通、道路交通进行无缝衔接。

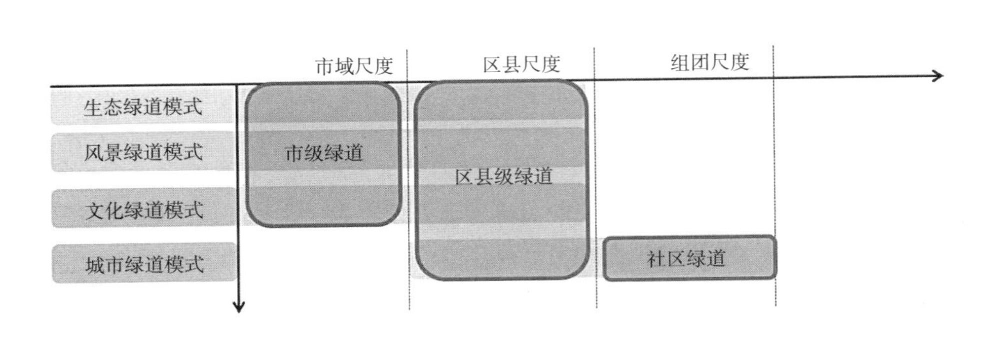

图2-52 北京市绿道体系示意图

资料来源：北京市级绿道系统规划，2013

综合平衡：市级绿道覆盖北京十六个区县，并在长度和密度上进行综合平衡，在人口稠密地区适当加密绿道密度。

2）北京市级绿道系统规划方案

北京市域内规划28条主要绿道线路，44个绿道节点和多条绿道支线。规划市级绿道总长度1240km，覆盖全市16个区县，贯通11个新城，形成“环带成心、三翼延展”的空间结构（图2–53）。

“三环”为环城公园绿道、森林公园环绿道、郊野休闲环绿道，分别沿二环路和第一、二道绿化隔离带布局，将北京中心城区、边缘组团、近郊新城、四大郊野公园和著名历史文化风景区联系起来。“三翼”为东翼大河绿道、西翼山水绿道、北翼山水绿道，将市区东部、西南部和北部的风景区、历史景区和新城建设区联系起来。“多廊”为沿城市河湖水系由中心城向外辐射的滨水绿道。[124]

该规划活化利用生态空间，倡导绿色出行理念，强化首都城市魅力，整合已有绿道项目，形成了具有较强实施操作性的市级绿道网络布局。根据人口密度平衡绿道网密度，城六区市级绿道网密度0.2～0.5km/km^2，郊区县市级绿道网密度0.03～0.1km/km^2，全市域市级绿道网密度0.075 km/km^2。规划绿道线路主要利用现状绿地、现状游径和借用现状非机动车道形成，这三类约占绿道总长的80%，其中利用现状绿地改造的占比最高，将近58%。其余为随着规划绿地建设实施的绿道，约占绿道总长的20%（图2–54）。

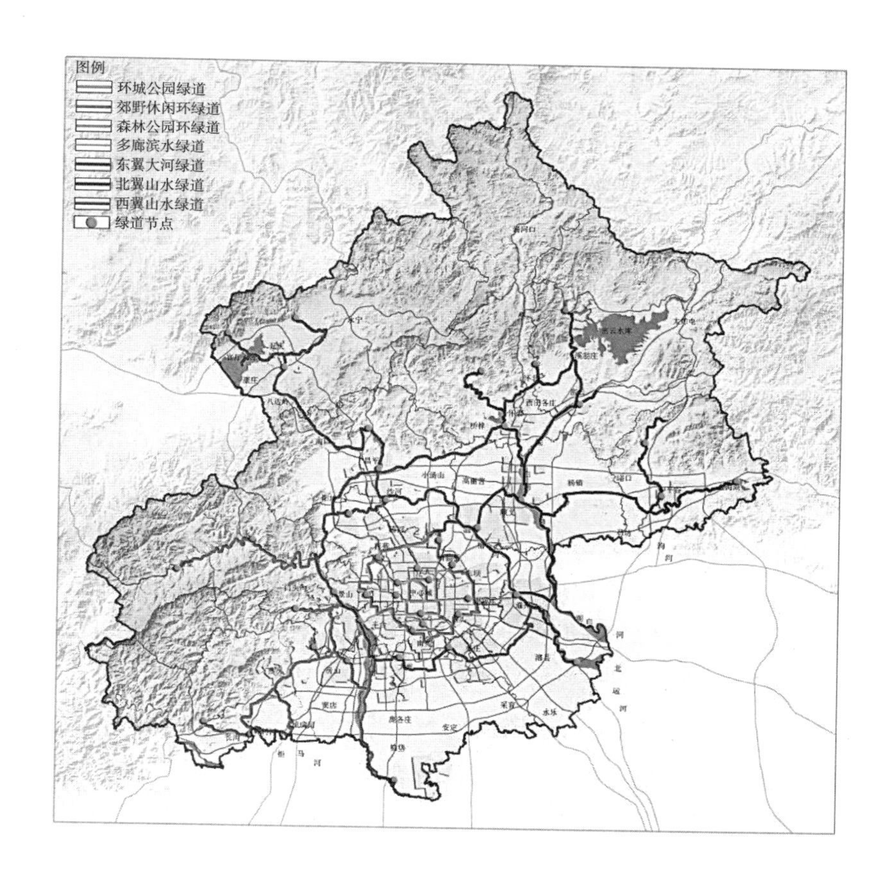

图2–53　北京市级绿道规划图

资料来源：北京市级绿道系统规划，2013

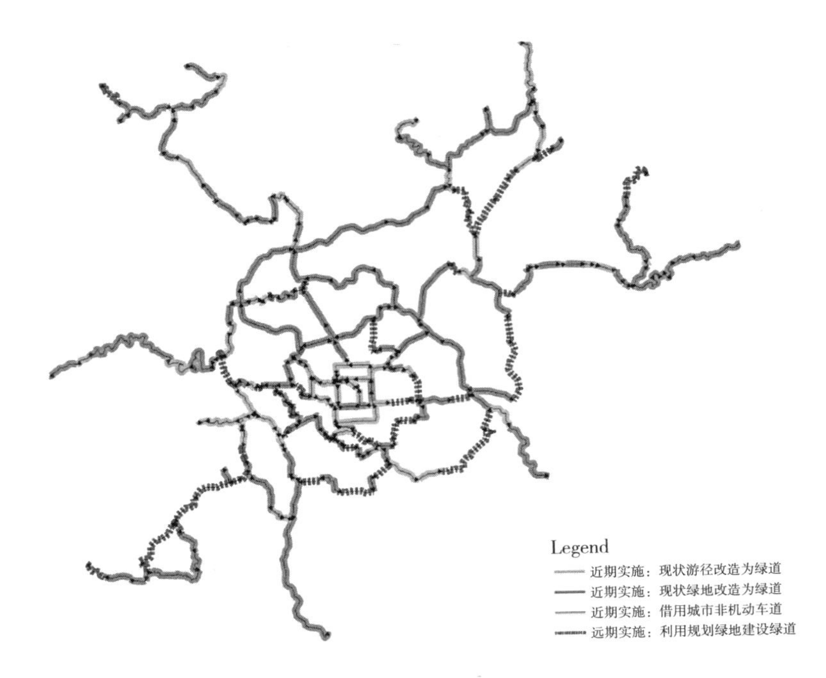

图2-54 北京市级绿道规划图
资料来源：北京市级绿道系统规划，2013

该规划绿道选线遵循以下原则：生态绿地优先、特色线路优先、现状绿地优先、整合串联、多方参与。采取了备选线路适宜性评价的方法，从生态、景观、历史文化、可实施性四方面打分并通过Arcgis软件进行综合加权分析，得出绿道选线的主要参考线路。同时将绿道沿线景点及公园作为备选节点，对它们进行了交通可达性评价（图2-55）。

为了让市级绿道网络更符合使用者的需求和行为特征，该规划分析了覆盖北京市域内骑友选择率较高的11条线路，并针对骑行及远足活动进行了问卷调查。问卷调查参与者中有骑行运动经验的约占80%，预计绿道建设后运动频率可达2～3次/月以上。无骑行运动经验的问卷调查参与者表示骑行环境差是他们未参与活动的主要原因，大部分表示环境改善后会进行骑行或远足活动（比例分别为97%、73%）。问卷调查显示，骑行者一般活动距离在120km以内（约占85%），最远距离达180km以上；远足者能接受的最远距离为6～20km（约占50%）。对于出行方式，大部分愿意接受全程骑行，或“自驾+骑行”“骑行+远足”。骑行者对于不同环境的偏好依次为滨水线路>郊野线路>山区线路>城市线路。

在确定绿道选线布局的基础上，该规划将绿道按照建设类型和景观类型分别进行分类，提出建设引导。根据所处区位及建设条件的差异，将绿道分为城市型、郊野型、联络型三种类型。根据所处区域的景观环境特征差异，将绿道分为滨水游憩绿道、森林景观绿道、郊野田园绿道、人文景观绿道、公园休闲绿道五种类型。该规划还提出了分区县建设指引，对线路走向、绿道类型、发展节点、配套服务设施、与城镇布局及绿色空间衔接、特色段建设等提出了要求。

《北京市级绿道系统规划》立足多方面的综合分析，明确了北京市绿道体系与功能，构建了绿道网络主体框架，为区县级、社区级绿道规划编制提供了样板。在该规划的基础上，为更好地指导绿道建设，北京市2014年发布《北京市区县绿道体

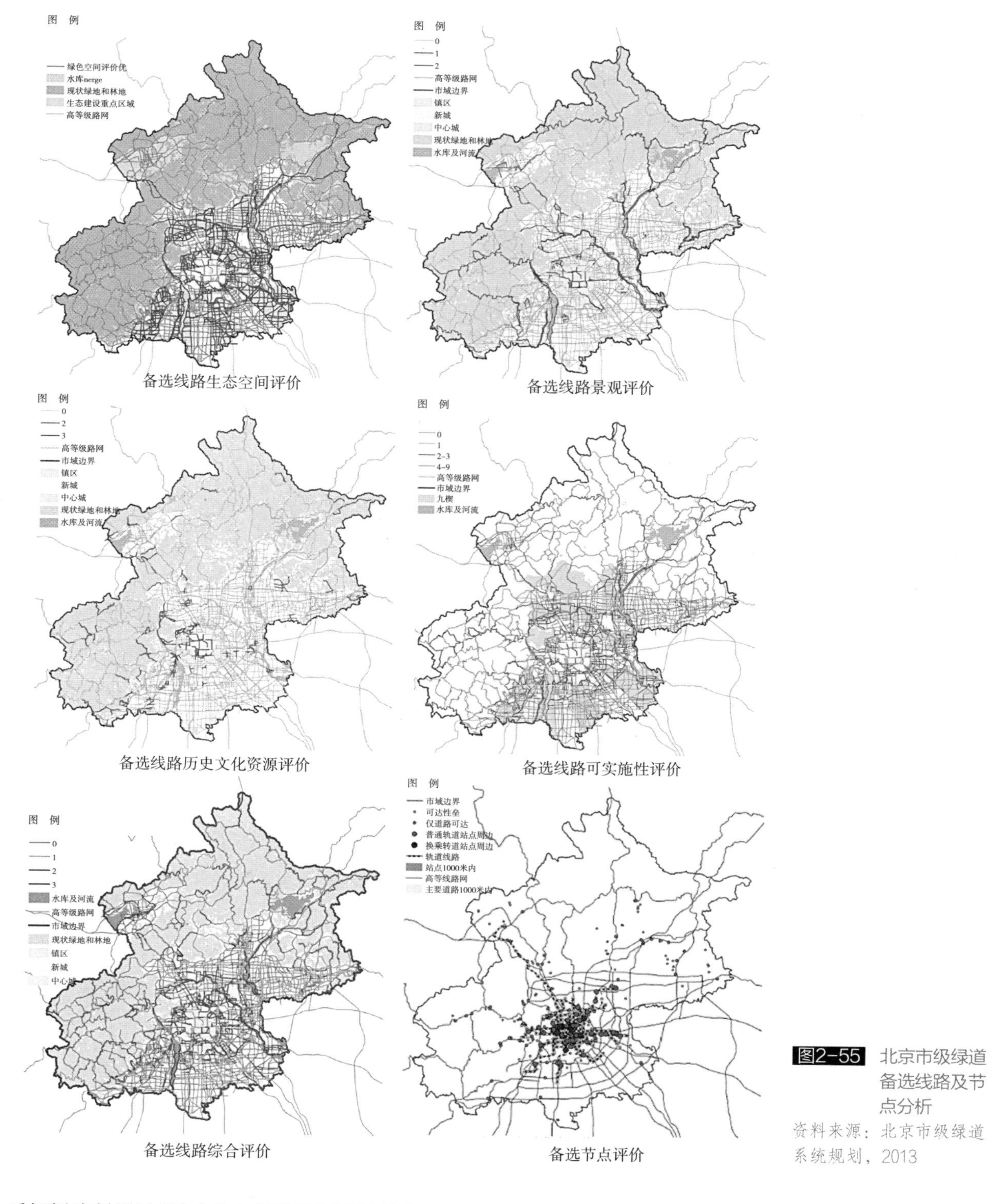

图2-55 北京市级绿道备选线路及节点分析
资料来源：北京市级绿道系统规划，2013

系规划编制指导书》《北京绿道规划设计技术导则》，将绿道定义为"一种串联各类自然和文化景观资源，适用于步行、骑行等慢行休闲方式的线性绿色空间，具有美化环境、文化展示、健康休闲、沟通城乡等多种功能"[125]。

李方正等（2015）[126]基于对北京中心城公交刷卡大数据的挖掘和分析，建立

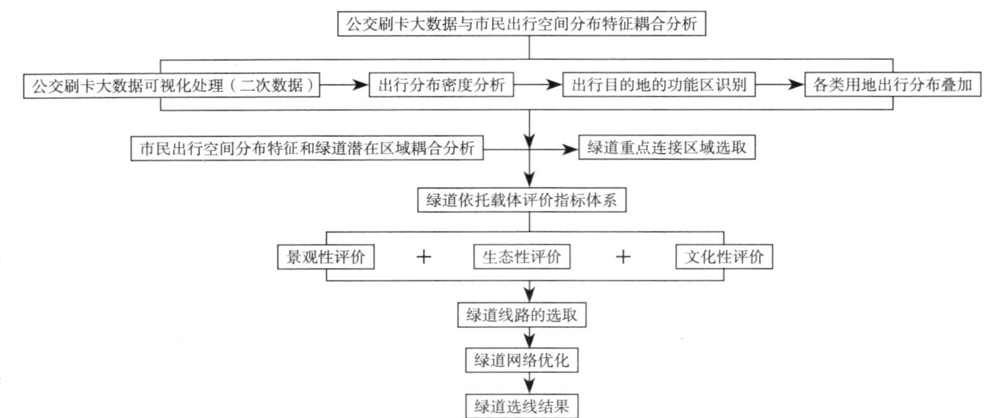

图2-56 基于公交刷卡大数据分析的绿道规划技术框架

资料来源：李方正等. 基于公交刷卡大数据分析的城市绿道规划研究——以北京市为例，2015

图2-57 北京市中心城绿道规划图

资料来源：李方正等. 基于公交刷卡大数据分析的城市绿道规划研究——以北京市为例，2015

市民出行空间分布特征和绿道潜在连接区域的耦合分析，将其作为绿道选线的基础，将高频率使用的城市空间纳入绿道连接斑块中，最大化地为居民提供方便出行的绿色空间（图2–56、图2–57）。该研究借助时空信息准确的出行数据，实现绿道选线的科学化和精确化，为城市中心区绿道规划选线提供了有益的思路。

（2）北京市绿道建设评析

2014年北京市全面启动绿道建设，至2018年底共完成绿道建设约821km，其中市级绿道长度约587km，区级绿道长度约234km[128]。北京市绿道建设以城市绿地系统为基础，以历史文化景观和自然生态资源为依托，充分考虑工程易于实施、市民方便到达、兼顾绿色出行等因素，基本形成兼具生态涵养、户外游憩、文化传承、资源整合功能的绿道“骨架”。

北京市相关部门按照职责分工，加大对绿道建设与管护的支持。市发改委是绿道建设的牵头协调部门。市园林绿化局负责制定相关技术规程及管护办法，方案审查、工程验收及管护监督。市交通委、公安交通管理局负责绿道与公共交通衔接的道路标识及交通组织方案审查。市规划委、国土局、环保局、水务局等部门负责规划、土地、环境影响评价、防洪影响评价等相关手续办理。区县政府是绿道建设的责任主体，组织实施属地绿道建设。

北京市不断制定完善绿道建设配套政策，主要包含以下三方面内容。

一是出台实施意见，提供政策依据。2014年，市发改委会同市园林绿化局、市财政局出台了《关于加快推进北京市市级绿道建设工作的意见》，进一步明确市级绿道的建设标准、投资政策和后期管护相关要求，为全市绿道建设提供了政策依据。

二是出台用地要求，规范绿道建设用地管理。为加快推进绿道工程建设，规范绿道建设用地管理，2015年，市规划国土委会同市发改委和市园林绿化局印发了《关于规范健康绿道建设项目用地实施管理的通知（试行）》，规范了绿道建设用地控制标准，简化审批程序，强化监督管理。绿道建设原则上不涉及新增建设用地，土地权属性质不变。市级绿道建设涉及土地流转的，根据不同情况给予相应的土地流转补助。

三是出台管理办法，保障绿道建设成效。为加强本市绿道建设成果保护，促进绿道运营管理，2015年，市园林绿化局会同市发改委和市财政局出台了《北京市绿道管理办法》，明确了绿道管理的管护职责、任务分工、管护标准、绿道运营、资金保障等多方面内容，为绿道后期管护提供了制度保障。绿道建成后纳入区县公园绿地管理范围，由所在区县园林绿化部门负责管护，提出城市绿道管护标准不低于9元/m^2；借用城市非机动车道的绿道仍按原方式管护。

2.5.2.4 上海市绿道网

上海地处长江入海口，境内江、河、湖、塘相间，水网交织，平均河网密度达3～4km/km^2。上海是一个自然生态资源相对匮乏的城市，同时高度城市化导致用地紧张，推进绿道建设难度相对较大。从全国范围来看，虽然上海绿道规划建设的启动时间并不算早，但是发展迅速，走出了具有超大城市特点的绿道建设之路。

2014年，上海市政府印发《关于编制上海新一轮城市总体规划指导意见》，要求“突出生态优先的发展底线，推进基本生态网络和体系建设”。2015年出台了《上海外环林带绿道建设实施规划》，开始编制《上海绿道专项规划》。2016年发布《上海市绿道建设导则（试行）》并发布上海绿道Logo和标识系统，同年出台的《上海市绿化市容“十三五”规划》将构建“两道”“两网”“两园”（即生态廊道、城市绿道、农田林网、立体绿网、城市公园和郊野公园）生态体系列入重点实施项目。自2017年起，绿道连续三年被列入上海市政府实事项目，每年以200km的增长量持续推进。

根据《上海市绿道建设导则（试行）》，绿道主要依托绿带、林带、水道河网、景观道路、林荫道等自然和人工廊道建立，是一种具有生态保护、健康休闲和资源利用等功能的绿色线性空间。[131]绿道具有生态保护、景观游憩、资源利用等功能。

（1）上海市绿道网规划

1）上海绿道专项规划

《上海绿道专项规划》作为《上海市生态空间专项规划》五个子专项之一，与城乡公园体系、城市森林体系、生态廊道体系和古树名木专项规划同步编制，保证了较好的协调衔接。

该规划的远期目标为：2040年上海绿道系统将通过串联都市绿脉、水脉、文脉，构建一个健康、多元、互通、易达的都市绿色休闲网络。其内涵具体包括四个方面：一是健康生态的环境，即通过绿道整合城乡自然生态与人文景观资源，创造城市绿色运动休闲空间。二是多元复合的空间。绿道宜结合当地的自然、历史、人文特色，展现不同主题，组织不同活动，满足不同文化层次、职业类型、年龄结构的人群需求，体现多样性。鼓励绿道与城市慢行系统、防护林带、农田果林等功能相复合，实现土地的集约节约利用。三是互通互联的网络，即构建与城乡空间统筹方式相协调，层级清晰的绿道网络。四是便捷易达的设施，未来绿道将像藤蔓一般延伸入各个街道社区和村镇，实现广覆盖，保证居民出门15min便能进入绿道系统。

该规划将绿道分为三个级别：市级绿道、区级绿道和社区级绿道，各级绿道相互迭合，形成层次丰富的休闲服务体系。市级绿道主要指覆盖上海及近沪地区，包括全市重要生态廊道、对全市生态网络体系具有重要影响的绿道。区级绿道主要指城镇圈范围内，连接重要功能组团的绿道，为居民提供休闲场所。社区级绿道主要指生活圈范围内，与慢行系统相结合，串联居住社区与主要公共开放节点的绿道。

该规划明确在市域范围内形成“三环一带、三横三纵”的市级绿道体系，规划市级绿道10条，总长度达1019km，主要依托水域及规划生态走廊建设，以外环绿道为中心向外拓展（图2-58）。区级绿道则按照“一区一环”的布局要求，以“中心加密，长藤结瓜”的规划为引领，分步有序推进。[132]

2）上海市城市总体规划中的蓝网绿道规划

《上海市城市总体规划（2017～2035年）》明确提出至2035年，形成通江达海、城乡一体、区域联动的城市绿道体系，兼顾生态保育功能与市民休闲需求，建成2000km左右的骨干绿道（图2-59）。绿道网布局在《上海绿道专项规划》的基础上，对内进一步串联生态走廊及郊野公园，向外沿长江及杭州湾滨海岸线拓展延伸，联系上海周边地区。

该规划提出加强滨海及骨干河道两侧生态廊道建设，形成连续贯通的公共岸线和功能复合的滨水活动空间。主城区生态、生活岸线占比不低于95%，加强郊区水系空间保护，营造水绿交融的河道空间。同时结合“双环、九廊”等市域线性生态空间，设置骑行、步行的慢行道，承载市民健身、休闲等功能。考虑举办群众性体育赛事需求，安排适宜慢行要求的各类设施，构建城市绿道系统。[134]

（2）上海市绿道网规划建设评析

上海市目前已建成包括黄浦江滨江绿道、外环绿道、环世纪公园绿道等在内的671km绿道，其中社区绿道达387km[135]。上海绿道规划建设充分体现了城市自身特色，为全国层面提供了“上海经验”，主要有以下几点值得借鉴：

第一，优化土地利用，注重规划统筹。上海在基本已成型的城市建设中“挤”

图2-58 上海市级绿道规划选线图（左）

资料来源：https://baijiahao.baidu.com/s?id=1629130448964078092&wfr=spider&for=pc

图2-59 上海市域蓝网绿道建设规划图（右）

资料来源：https://sh.focus.cn/zixun/6ee51178743cd786.html

出绿道的位置，就像在"螺蛳壳里做道场"一样，强化国土资源高效利用是一项重要原则。将绿道专项规划作为生态空间专项规划的子专项之一，有助于绿道网络与生态网络、城乡公园体系等的统筹协调，发挥复合功能，促进城市生活与生态空间的互联互通。

第二，"蓝绿交织"特征鲜明，强化开放与连通。绿道选线布局紧密结合城市滨水岸线及带状绿地，将被占用的沿河空间让出来，将原本封闭的防护林带打开，实现还景于民、还绿于民。绿道建设与城市更新紧密结合，采用多种手段保证断点连通。例如黄浦江绿道贯通沿江两岸45km公共空间，串联城市中心的杨浦、虹口、黄浦、徐汇、浦东5区；依托外环林带建设总长120km的绿道，串联市属7区。

第三，拓展社区绿道，服务百姓民生。上海在推进市、区级绿道建设的同时，也积极推进社区级绿道建设，目前已建成绿道中社区绿道占比达58%。绿道网络深入社区，不仅成为市民走出家门就可以享受的生态休闲空间，也成为打通上海这座特大型城市高质量发展的绿色动脉。

2.5.2.5　西安市绿道网

西安地处关中平原中部，北濒渭河，南依秦岭，八水润长安。西安历史悠久，是中华文明和中华民族重要发祥地之一，是我国历史上建都朝代最多、时间最长、影响力最大的都城之一，有两项六处遗产被列入《世界遗产名录》。西安曾是古丝绸之路的起点，是"一带一路"核心区，也是我国西部地区重要的中心城市。

西安是我国西北地区较早开展绿道建设的城市。2014年的《西安市综合交通体系规划》中提出沿水系、公园、环山路等建设绿道网络，串联重要景区和城市开放空间。西安市园林绿化"十三五"建设规划将城市绿道建设作为重点任务启动实施。2014年开始建设秦岭北麓绿道，规划绿道总长166km，布设于自然山水之间，同时配套服务驿站等设施，打造东西向贯穿西安的休闲旅游大动脉。

西安市绿道网规划评析

（1）西安市综合交通体系规划中的城市绿道网

该规划提出都市区规划"一心三环十射九带"城市绿道网，满足市民休闲和交通需求（图2-60）。"一心"为明城墙内休闲廊道，串接文化街区和旅游景点；"三环"中一环为环城公园、二环为唐城墙遗址带、三环为昆明湖东侧路和浐河中段围合圈；"十射"为中心区至外围组团、新城放射绿道；"九带"为沿八条河流及环山路沿线的绿道；最终形成结合城市绿地系统、历史遗迹等布局的集交通与休闲为一体的网络。[136]

（2）大西安绿道体系规划

2019年2月，西安市政府新闻办召开新闻发布会，由西安市自然资源和规划局统筹谋划西安绿道规划建设工作，组织编制《大西安绿道体系规划》和《西安八水绿道》《西安城墙绿道》《西安古都绿道》专项规划。

《大西安绿道体系规划》在统筹大西安山水林田湖草等自然资源和人文资源的基础上，在大西安范围内构建"区域级、城市级、区级及社区级"四级绿道体系，绿道网规划总长15300km，其中区域级绿道1420km，城市级绿道1880km，区级绿道4500km，社区级绿道7500km。大西安绿道网形成"两山、八水、五环、十廊"的空间格局（图2-61）。两山绿道指秦岭、北山绿道，沿登山道或现状道路路侧林

图2-60 西安市慢行交通系统规划（左）
资料来源：百度图片

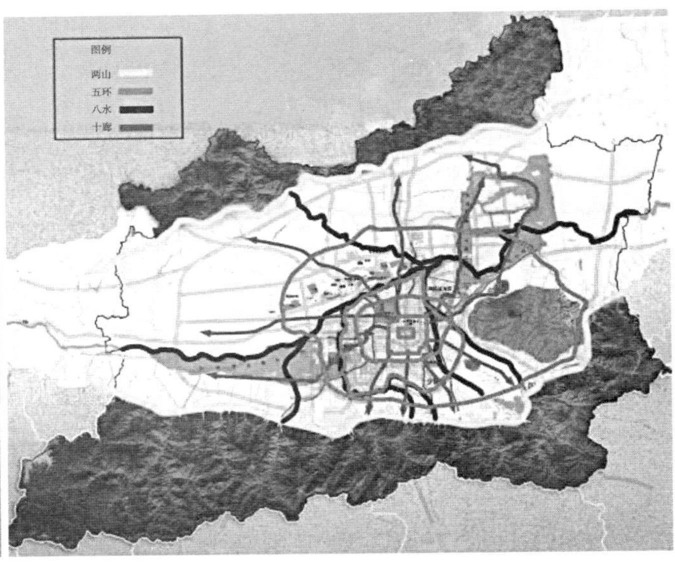

图2-61 大西安绿道网络空间结构图（右）
资料来源：https://baijiahao.baidu.com/s?id=1625330094019850679&wfr=spider&for=pc

带设置，以体验山塬之趣、山塬之美为特色，总长约300km。八水绿道指依托渭河、灞河、浐河、沣河、泾河、潏河、滈河等河流水系，利用河堤路或水系两侧防护绿带设置的滨水游憩绿道，总长约1120km。五环绿道是以明城墙、唐城墙遗址、八水四河段（渭河、沣河、潏河、灞河）、绕城高速、西咸环线生态控制带为依托形成的五条环状绿道，总长约550km。十廊绿道串联各级绿道网络，紧密联系中心城区与外围区县，总长约500km。[137]

按照《大西安绿道体系规划》，绿道功能以休闲健身为主，兼具慢行交通、文化博览、体育赛事、生态保障、海绵城市、应急避难等功能。西安绿道将配套完善的服务设施，拥有独立的路权，优美的绿化环境。此外，还将建成便捷、顺畅的“绿道+交通”衔接系统。通过绿道+地铁、绿道+公交、绿道+慢行交通、绿道+机动车的交通模式，提高大西安绿道体系交通可达性。

此外，《西安城墙绿道》《西安古都绿道》《西安八水绿道》等专项规划，也各具主题特点（图2-62）。城墙绿道以“忆长安·道古今”为主题特色，打造开放式、多功能的环状生态绿道。古都绿道以“和天下·享盛世”为主题特色，结合唐文化以及丝路文化，打造开放式、多功能复合的古都生态公园环。八水绿道以“面向世界展现十三朝古都盛景的生态文旅环”为规划愿景，以“续脉灞河千年风水，再现古都人文盛景”为规划目标。[138]

西安市绿道网规划具有“环线拓展型”城市的鲜明特色——与城市交通路网关系紧密，最初被作为综合交通体系规划的一部分。最新编制的《大西安绿道体系规划》规划范围，拓展了“环线+放射”的绿道网络，加强西安市区与咸阳市区、西咸新区的联系。同时汲取其他城市的规划建设经验，突出自然山水及历史文化资源特色，专门编制了主题绿道专项规划；对社区绿道也提出了量化指标，利于市民就近使用。

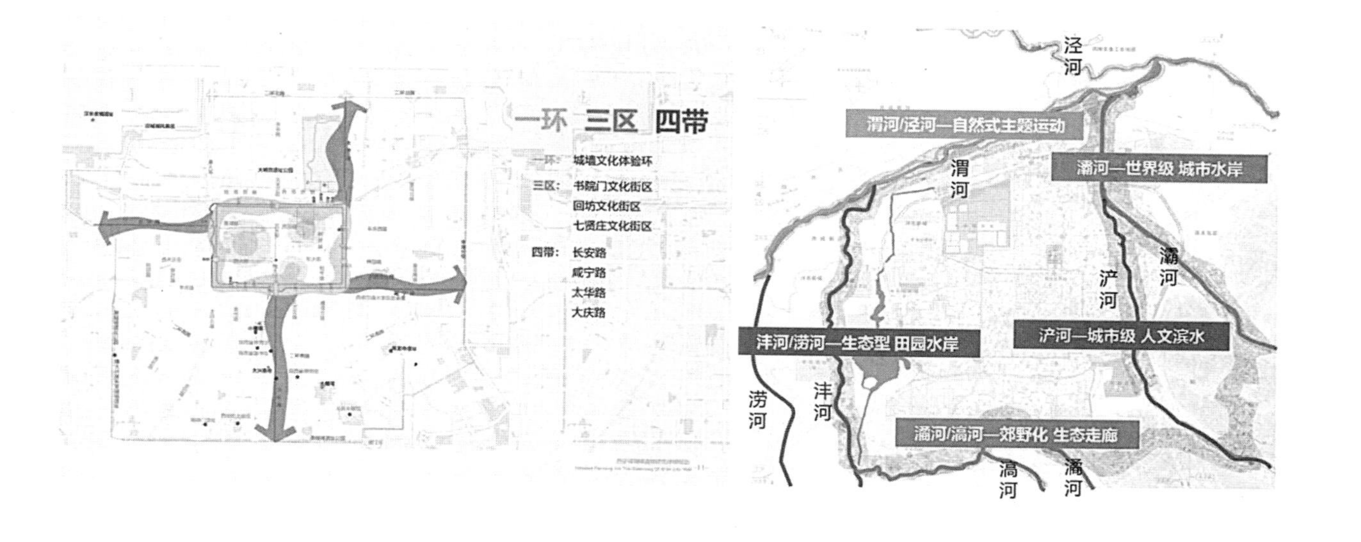

图2-62 西安城墙绿道与八水绿道规划结构图
资料来源：https://baijiahao.baidu.com/s?id=1624454729853991363&wfr=spider&for=pc

2.5.3 小结

本节选取我国华南、华东、华中、华北、西南、西北地区绿道规划建设的代表性城市进行了实例研究。根据各城市绿道网不同的形态特征，将其分为组团轴带型、环线拓展型两种形式。组团轴带型绿道网紧密结合城市自然山水资源，加强城市不同组团之间、城乡之间的联系；环线拓展型绿道网则与城市交通路网、带状绿地、水系等关系更为紧密。上述两种绿道网空间形态并不是完全割裂的，而是彼此兼容。

比如郑州市绿道网布局结构由早期的“两环十七放射”发展为“一轴、三水、三山、三环五廊”，绿道网从老城区中心向外延伸联系新城区组团，从单中心的“环线拓展”变成多中心兼容的“组团轴带”。郑州市绿道网优化了土地资源利用，提升了城市环境，完善了绿地系统结构，推进城市园林与城郊绿化的统筹融合，维护生态安全格局，对于限制城市“摊大饼”式发展，促进城乡一体化发挥了积极作用。

目前我国越来越多的城市将绿道作为一种优化城乡发展格局的策略与框架结构，积极与相关规划进行衔接与协调，将绿道与生态廊道、蓝绿空间、慢行系统、旅游线路等进行统筹布局，一体化建设多功能网络，发挥综合效益。不论呈现何种空间形态，城市绿道网合理布局的关键是紧密结合现状资源条件，契合城乡发展格局，切实服务社会需求，积极吸纳公众参与。

第3章　我国绿道实例研究

上一章回顾了我国绿道的发展历程，分析了各地绿道网规划建设的基本情况，并进行了总结。本章着重于对国内单条绿道实例的研究，首先根据绿道选线依托的不同资源，分类选取典型绿道实例，归纳绿道设计要点；其次针对绿道复合功能开发，选取在优化区域发展格局、展现地域文化特色、促进旅游经济发展三方面具有代表性的绿道进行研究。

3.1　依托资源优势建设的绿道

我国各地绿道选线紧密结合现状条件，主要依托道路、山体（绿地）、水体等资源，协调周边环境进行绿道建设。本节根据依托资源分类选取绿道实例，归纳绿道设计要点。

3.1.1　依托道路建设的绿道

依托道路建设的绿道可细分为三种类型：一是依托废弃道路建设，二是依托道路沿线绿带建设，三是结合现有道路（步行、非机动车道路或交通流量较小的机非混行道路）改造建设，本节对这三种绿道实例分别进行了研究。最后对于国内新兴的自行车专用道实例进行了研究。

3.1.1.1　依托废弃道路建设

（1）深圳特区管理线绿道：依托原“二线”巡逻道建设

1）绿道概况

1982年，深圳建设了特区管理线（俗称“二线”）分隔特区内外，由武警边防部队值守，外地人需“过关”才能进入深圳经济特区。特区管理线由铺设花岗岩石板的巡逻道、高2.8m的铁丝网、163座哨岗亭以及16个关口组成，全长84.6km。伴随深圳的蓬勃发展，“二线”的边防功能不断弱化，由最初的特区“第一印象”逐渐淡出了人们的视野。广东省掀起绿道建设热潮后，特区管理线被选为广东省立绿道2号线在深圳的核心段落，其中跨南山、福田、罗湖三区的路线基本与原“二线”巡逻道重合（图3–1）。

2010年，联系南山区与福田区的省立绿道2号线示范段建成，全长约23km，是深圳建成的首条绿道（图3–2），随后不断推进绿道分期建设与提升工作。2018年

图3-1　广东省立绿道2号线与深圳原特区管理线区位关系图

资料来源：作者自绘

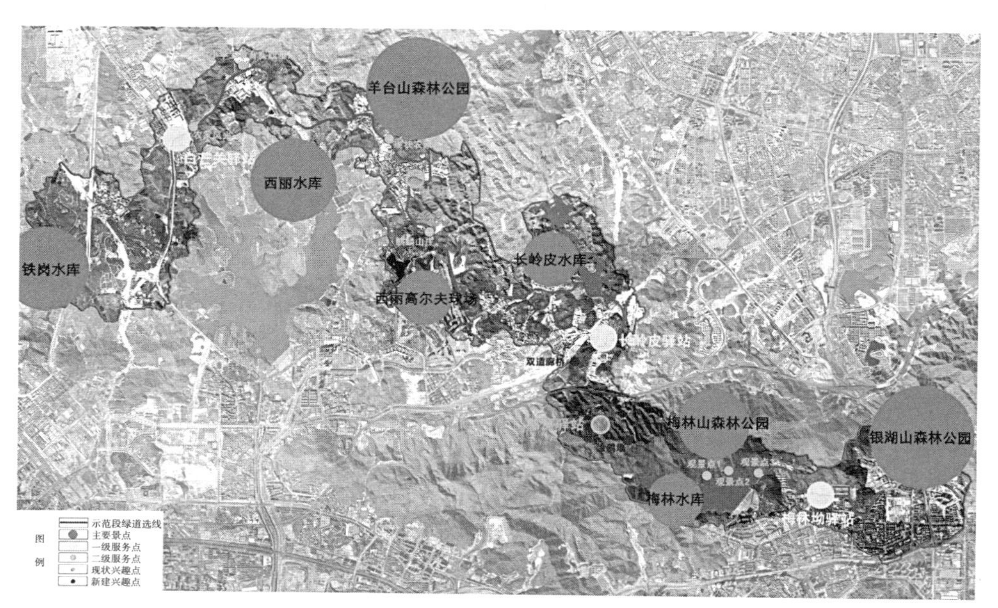

图3-2　广东省立绿道2号线示范段平面图

资料来源：https://wenku.baidu.com/view/ce62ffb77275a417866fb84ae45c3b3567ecddbf.html

初国务院正式批复同意撤销深圳经济特区管理线，承载历史记忆的“二线”巡逻道成为市民休闲游玩的观光线，也是骑行及徒步爱好者的经典线路。2019年9月罗湖区省立绿道2号线（淘金山二线巡逻路段）改建工程正式开放，全长约7km，作为环深圳水库绿道的一部分，实现融运动、生态、休闲、人文等多功能于一体的综合性智慧绿道（图3–3）。

2）绿道特色段落

梅林坳绿道游径主要依托原二线巡逻道石板路建设，对现状铁丝网进行了垂直绿化（图3–4）。该段的双道廊桥节点是平南铁路、城市轻轨、城市绿道互相交错的最佳赏景点，设置绿道观景台，不仅供绿道游客欣赏美景，途经的火车和轻轨乘客也可以欣赏到绿道的风光。此处设置了绿道驿站，利用废旧集装箱改装而成，已成为绿道志愿者服务U站，免费提供咨询、应急等便民服务。该段还结合山体设置了涂鸦墙，展示反映深圳特区发展、环保宣传等题材的作品，为绿道风景增添了不少人文气息（图3–5）。

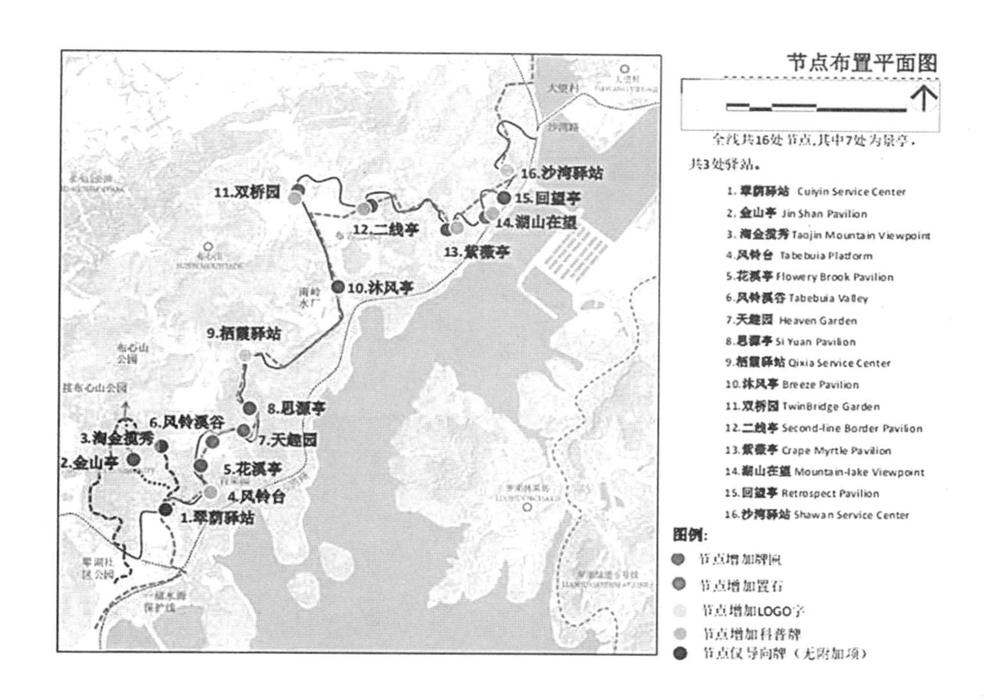

图3–3 淘金山绿道平面图

资料来源：百度图片

图3–4 梅林坳绿道保留的二线巡逻道石板路

资料来源：作者根据网络图片整理

淘金山绿道保留了沿线5处哨岗亭，以及一段192m的二线巡逻道围网作为历史的记忆，称为二线故道（图3–6）。该处休憩亭命名为二线亭，还设计了历史文化雕刻墙（图3–7）。淘金山绿道全线WiFi覆盖，智能监控系统可实现环境、水质、公共卫生、安全等在线监测，通过绿道重要节点设置的AI互动终端，让游客了解环境、人流、运动等数据，实现智能导览（图3–8）。游客通过绿道APP、微信公众号、小程序还能获取更多的个性化服务。

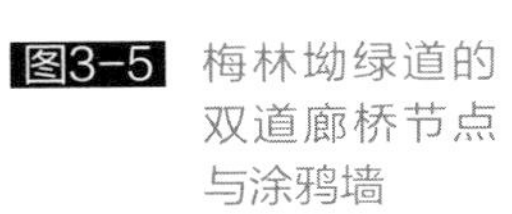

图3-5 梅林坳绿道的双道廊桥节点与涂鸦墙
资料来源：作者根据网络图片整理

图3-6 淘金山绿道保留的二线巡逻道铁丝网与哨岗亭
资料来源：作者根据网络图片整理

图3-7 淘金山绿道二线亭与文化墙
资料来源：作者根据网络图片整理

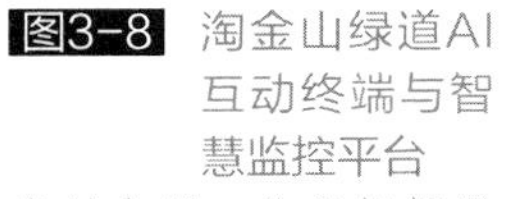

图3-8 淘金山绿道AI互动终端与智慧监控平台
资料来源：作者根据网络图片整理

3）绿道建设特点

特区管理线绿道串联深圳主要山系及饮用水库，紧密结合不同段落的资源条件，同时持续进行提升完善，由被城市发展“遗忘”的分隔界线成功转变为兼具自然与人文魅力的休闲风景线，绿道建设主要具有以下特点：

第一，坚持生态优先，彰显自然与人文魅力。保护完善生物迁徙廊道，对黄土裸露、危险边坡与物种侵害等区域进行修复。绿道融于山水之间，在视野开阔、风景优美处设置景观节点，丰富游赏体验。保留现状铁丝网、石板路、哨所、岗亭等历史遗迹并加以综合利用，赋予边防巡逻道新时期下的新内涵。

第二，协调周边环境，落实环保与节约理念。突出天然野趣，保护现状植被，综合考虑生境营造、绿化遮荫、植物造景等需求，以乡土植物为主设计主题段落。示范段绿道驿站采用移动式旧集装箱改造组合建成，同时结合太阳能光热应用。淘金山绿道结合海绵城市建设，通过渗透性铺装、生态草沟、景观洼地等实现雨洪综合管理。

第三，完善绿道设施，注重人性化与参与性。积极引入智慧设施，加强环境监测，提升游客与绿道的互动性。淘金山绿道还将设立自然教育中心与青少年人工智能教育中心，开展面向社会大众的绿道主题活动，提供普惠性、高质量、可持续的公共文化服务。初期采用风光互补灯具，目前应用集照明、WiFi覆盖、监控等功能于一体的智慧灯具。

（2）厦门铁路文化绿道：依托原鹰厦铁路建设

1）绿道概况

厦门铁路文化绿道是在鹰厦铁路厦门延伸段的基础上改造而成。鹰厦铁路厦门延伸段是运输城市建材和军用设备的专线，于1980年废弃。这条铁路是厦门市区最早的铁路，保留了厦门“海陆空”交通发展的最初记忆。改造前铁路沿线混乱不堪，设施闲置多年，杂草丛生。绿道建设整治了周边环境，构建了集休闲、健身、娱乐于一体的新型步道系统，通过雕塑、小品等展示厦门历史，增加绿道的文化内涵。

厦门铁路文化绿道全长约4.5km，宽约12～18m，沿线串起金榜公园、万石植物园、虎溪岩、鸿山公园等厦门岛主要景区（图3-9）。铁路带状公园从北到南分为铁路文化区、民情生活区、风情体验区和都市休闲区四个区段，各具魅力。绿道服务人群定位包含厦门市民和外来游客，设置了

图3-9 厦门铁路文化绿道平面图
资料来源：作者自绘

较多互动性、参与性强的停留空间。

2）绿道建设特点

厦门铁路文化绿道提炼了铁路文化、厦门海港文化、战地人防文化、廉政文化等元素，通过铺装、景观小品、主题雕塑等多种形式，增加绿道的文化内涵。

铁路元素的保留利用是厦门铁路文化绿道的一大特色。保留铁路代表性元素——铁轨，结合设置防腐木栈道、红砖步道等。将原本破旧的铁路道班房用防腐木与钢材装饰，改造成“铁路之家”小卖部。将废弃已久的鸿山隧道改造为人防科普知识和厦门铁路历史展示馆，设计了大型壁画（图3-10）。此外，车站月台、站牌、信号灯等景观小品和设施，也唤起人们对“古早”火车的记忆（图3-11）。厦门铁路文化绿道还是以“思廉明志·清风鹭岛”为主题的廉政法治文化长廊，寓廉于景、寓思于乐、寓教于游，让市民和游客在品味厦门、体验自然的同时，得到情感的陶冶和心灵的愉悦。

3）绿道使用评析

根据王婷婷（2015）[143]的调查研究，有以下结论：

①使用者的游憩状况

公交和步行是人们到达绿道的主要方式，56%的使用者可在0.5h内到达，43%的使用者停留时间在1～2h之间，59%的使用者来绿道的频率大于每月2～3 次。66%的使用者来散步和欣赏风景，早晨和傍晚时分锻炼身体的人较多，早晨以老年人为主，傍晚以中年人为主。使用者男性较女性多。绿道沿线出入口较多，交通指引较为完善，可达性较好，人流量较大，周末和节假日的时候人流量特别大。

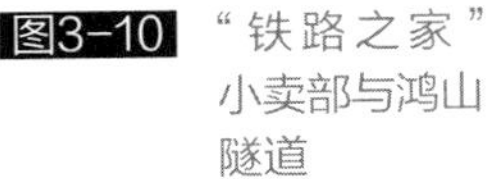

图3-10 “铁路之家”小卖部与鸿山隧道

资料来源：作者根据百度图片整理

图3-11 厦门铁路文化绿道游憩设施与标识牌

资料来源：作者根据百度图片整理

②使用者的特性分析

本地居民与外地游客的分布频率相差不大，本地居民稍多，说明绿道的知名度还是比较高的。人们游玩的方式一般是和家人或者朋友、同事结伴而来，独自而来的占近三分之一。风景优美、空气清新是吸引人们的主要原因，也有不少本地居民表示来铁路绿道是因为方便到达。

③整体评价结论

根据调查结果数据显示，人们对厦门铁路文化绿道的景观、游憩设施、交通等方面评价较高，对服务设施评价较低。从绿道交通、植物景观、铁路文化景观、游憩设施、基础服务设施、管理以及总体印象七个方面进行分析，根据方差贡献率，铁路文化景观（12.37%）、植物景观（11.22%）、管理方式（10.99%）、游憩设施（10.37%）四个方面评价的影响较大。

厦门铁路文化绿道是一个比较成功的废弃铁路改造绿道范例，符合可持续发展的理念要求。改造的游径保留了铁路原有的特征，景观小品等的设置也较好地突出了铁路文化主题。绿道沿线的植物比较茂盛，生物多样性较好，色彩也相对丰富。突出了厦门市花三角梅的应用，反映了闽南特点。绿道的文化娱乐设施、运动设施、餐饮商业设施有待加强。

3.1.1.2　依托道路沿线绿带建设

（1）深圳福荣都市绿道：依托广深高速公路隔音林带建设

1）绿道概况

福荣都市绿道是福田区迎接第26届世界大学生夏季运动会的民生项目，属于社区绿道。绿道全长约3km，宽约30m，面积达10.27hm^2。福荣都市绿道由广深高速公路隔音林带改造而成，这里本是杂草丛生、污水积聚的地方，存在不少卫生死角和治安隐患。经过改建后的绿道成为一个包含生态、休闲、运动、文化等八大功能区的都市绿色休闲大走廊（图3-12）。绿道贯穿翠湾、沙尾、沙嘴、金地、上沙、下沙、金碧7个社区，惠及沿线居民25万多人。沿路慢走大约需要1h，非常适合居民进行休闲运动。

图3-12　深圳福荣都市绿道鸟瞰
资料来源：http://www.sznews.com/photo/content/2017-08/17/content_17043026.htm

2）绿道组成要素

福荣都市绿道的游径系统从总体布局、形式、生态以及人性化设计、交通衔接等方面进行了综合考虑。梳理场地内部现状道路，设置步行道、缓跑径、自行车道和无障碍慢行综合道，满足各种慢行方式的通行要求（表3-1）。各功能道划定了相应的尺寸界线，避免互扰。游径铺装形式较为多样，如透水砖、透水沥青、块石汀步、卵石、防腐木板等，与环境和谐相融。福荣都市绿道是社区居民通往红树林湿地公园及深圳湾滨海公园的绿色通廊，游径出入口处和重要节点处与公交站点紧密衔接，确保与市政交通系统的联动。

福荣都市绿道慢行系统参考表　　表3-1

<table>
<tr><th>类型</th><th>宽度</th><th>布置特征</th></tr>
<tr><td>步行道</td><td>0.8m，1.2m，1.5m</td><td>多种形式并用，木栈道、石汀步、硬质铺装道等</td></tr>
<tr><td>自行车道</td><td>2m，1.5m</td><td>自行车道借用外部原有道路绿化及内部无障碍慢行道设置，与人行分开</td></tr>
<tr><td>缓跑径</td><td>1.2m</td><td>独立设置</td></tr>
<tr><td>无障碍慢行综合体</td><td>3.5m，3.0m</td><td>合理利用空间，结合人行道、自行车道布置</td></tr>
<tr><td>慢行道分流断面一</td><td colspan="2">

</td></tr>
<tr><td>慢行道分流断面二</td><td colspan="2">

</td></tr>
</table>

资料来源：王婕等，广东社区绿道建设启示——以深圳福荣绿道为例，2013

鉴于场地原有树木长势较好。规划设计中尽可能地利用原有绿化基底，局部进行补植和提升，注重本土树种的应用。保证慢行道沿线舒适的林荫环境，不同类型的慢行道之间设置绿化隔离带满足安全通行需求。为适应现有林下郁闭度较高的生境，补植品种以耐阴灌木和地被为主，丰富植物空间层次，增加绿量，形成乔、灌、草复合层次结构。绿地内部塑造微地形，疏浚沟渠，运用植物修复和低碳理念对场地内沟渠进行水体自净，用于场地内部绿化浇灌。

福荣都市绿道节点的选择和设计充分利用现状，降低对场地生态环境的干扰，增设必要的服务设施（图3-13），如公共建筑、自行车停放处、照明系统、安保设施、休闲设施、康体设施和固体废弃物收纳设施等。为减少外部环境对绿道的干扰，在近广深高速一侧设隔音墙，使用沥青软性材料改造邻近的市政道路铺装，有效降低噪声干扰。充分考虑城市防灾避险需求，在相对开阔的大型节点处配备必要的应急水、电、场地等基础设施。福荣都市绿道标识系统主要设置在社区绿道出入口、交通接驳点、重要节点、服务设施点、绿道交叉路口，包含信息、指示、命名、解说、禁止和警示5类标识。

3）绿道使用评析

福荣都市绿道的建设改变了高速公路隔音林带的混乱状态，为周边居民提供了绿色公共空间，绿道的使用率很高。根据王婕等（2013）[144]对该绿道使用评价的调查分析，总结出以下特征：①使用人群以老年人和孩子为主，活动时段主要集中于早晚；②超过63%的人群居住于周边社区，可在15min内到达，27%的人群居住在相对较远社区，可在15～30min内到达，11%的人群与该绿道的区位关系较远，在超过30min的时间到达；③每周使用频率大于等于6次的使用人群超过65%，多以周边居民为主，使用频率大于等于2次的使用人群占20%，以处于服务半径边缘的社区居民为主，一周使用频率小于等于1次的使用人群占15%，主要是服务半径外的人群；④超过75%的人群对其基本服务设施、空间环境、管理等方面较为满意。

图3-13　深圳福荣都市绿道游径与设施
资料来源：http://blog.sina.com.cn/s/blog_4153a95f0102wyed.html

根据曾玛丽（2017）[145]的调查研究，福荣都市绿道受访者中50%的人每周都会去，26.8%的人每天都会去。停留时间0.5～1h和1～2h的人占比67.7%，独行人群占比35.9%。绿道使用方式慢走占比44.1%，其次是骑行、跑步、快走。绿道使用目的排在前三位的是运动健身、享受清新空气和减压放松，还有部分人群因社交而使用绿道。超过90%的受访者对绿道非常满意或基本满意，对满意度的影响程度较高的因素依次为安全性、景观品质、绿道宽度、离家距离、铺地材料、洗手间和绿道维护，标识系统及周边停车设施影响最小。人车冲突是受访者认为绿道最突出的问题，其次是洗手间和路面铺装有待提升。

由以上调查数据可以看出，福荣都市绿道作为一条社区绿道，是周边居民日常休闲健身的重要场所。绿道使用效益和满意度受安全性、景观品质、交通便捷性、基础服务设施配置与管理等因素影响。应妥善组织车行与人行交通，完善绿道设施，选择耐久性较好的铺装材料，加强绿道维护管理。此外，福荣都市绿道的建设依托原高速公路隔音林带，绿道宽度对使用者也具有较大影响。

深圳福荣都市绿道实践案例对于利用现有绿地，构建高质量社区绿道具有借鉴意义。社区级绿道是城市级绿道网络的延伸和社区组团绿地的补充，是城市绿道网络进一步发展完善的重要组成部分。社区绿道具有形式灵活、分布广泛、贴近市民日常生活的特点，其规划设计宜以社区组团为基本单位进行组织，科学合理确定绿道网密度，绿道选线应使居民能够充分而便捷地使用绿道，最大限度地体现社区绿道安全、便利、生态、高效等特征。

（2）成都熊猫绿道：依托城市环路绿带建设主题绿道

1）绿道概况

熊猫绿道是成都市天府绿道"一轴、两山、三环、七带"中的重要一环，依托成都市三环路建设，提升道路沿线绿地品质，实现了文化展示、科普教育、慢行交通、生态景观、休闲游憩、体育健身等六大功能。整个环线按东南西北4大主题分段建设：东段为优雅时尚、友善公益，南段为创新创造、对外交往，西段为古蜀文化、历史传承，北段为生态文化、科普展示。

熊猫绿道将102km的区域级绿道及5.1km^{2}的环状城市公园完美结合，以熊猫文化为特色，打造中国最大的露天熊猫文化博物馆。[146]按照"景观化、景区化、可进入、可参与"以及"绿满蓉城"的规划建设理念，建成后的熊猫绿道犹如移步换景的绿色长廊，串联起望山、见水、观田、游林、赏花的诗意图景。

2）绿道组成要素

绿道游径新建自行车道面层采用工厂预制构件现场装配施工，降低对环境的影响。人行步道设置于路侧绿化带中，与周边景观环境和谐相融。熊猫绿道与其他区域级绿道、社区绿道无缝衔接，连接了25片社区，实现与45个（规划）地铁站的快速转换。完善"天网"系统，58处人行过街通道，达到机非、人非彻底分离，让市民出行更安全、便捷。[146]

熊猫绿道建设沿线高品质绿地，打造环状城市公园。全环植物景观分为八段，按春夏、夏秋、秋冬、冬春四类季节交替呈现，突出相邻两季花树效果，以达到全环各路段可持续不断欣赏植物季相变化带来的景观效果。落实海绵城市理念，践行资源节约与绿色发展，绿道沿线设置33个雨水花园，规划利用中水回灌。

熊猫绿道全线配置三级服务体系：其中一级服务站20个，具有休憩、熊猫主题商业、公厕、机动车及非机动车停放等功能，根据人流量、居住量以及地段实际情况，还将建电影院、民宿等。二级服务站57个，具有休憩、公厕、自动售卖等功能。三级服务站180个，包括三环路沿线的公交站点，具有休憩、自动售卖、非机动车停放等功能。全线还将设置200余处小型运动场地以及运动设施，免费为市民开放。[147]

3）绿道建设特点

熊猫绿道是全国首条主题绿道，以“熊猫+”的方式，结合古蜀文化、民俗文化、运动、音乐等主题，以20个一级服务站和19个景观节点小游园为依托，采用景观雕塑、景墙彩绘、绿化造型等多种形式突出熊猫主题，充分体现成都特色，打造新兴地域文化品牌（图3-14 ~ 图3-16）。

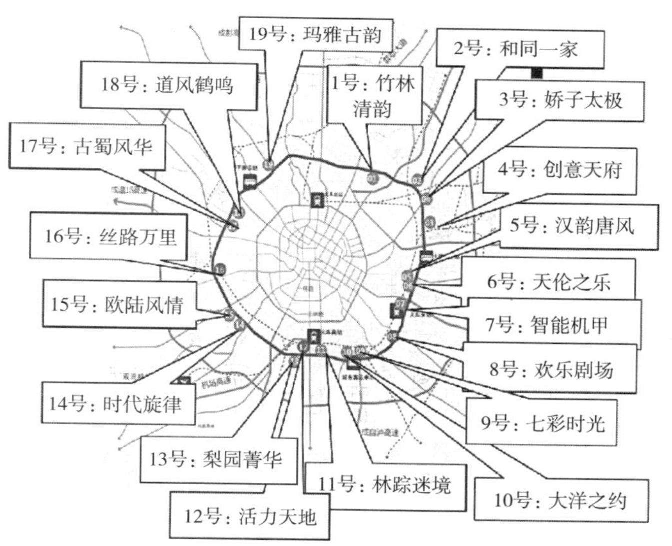

图3-14 成都熊猫绿道景观节点示意图
资料来源：http://cd.bendibao.com/news/201872/99477.shtm

图3-15 成都熊猫绿道鸟瞰
资料来源：http://www.sohu.com/a/239628014_748186

图3-16 成都熊猫绿道实景照片

资料来源：作者根据百度图片整理

熊猫绿道于2018年7月分段开放，成都市建委会同市委社治委、市体育局、市文广新局和成都交投集团组织开展了系列文体宣传活动，包括熊猫绿道启动仪式、艺术墙绘活动、“熊猫杯”绿道摄影大赛、熊猫绿道社区主题活动以及趣味健身活动等。系列活动受到了良好的社会反响，加大了市民对熊猫绿道、熊猫文化及生态文明的关注，进一步丰富熊猫绿道文化内涵。主题绿道与主题文化活动的完美结合，成功经验值得学习借鉴。

（3）郑州中原西路绿道：依托路侧绿带建设

1）绿道概况

郑州市2012年开始生态廊道建设，在总结国内外建设经验的基础上，提出了基本思路：在城市“组团发展、廊道相连、生态隔离、宜居田园”的布局下，中心城区与下属县市、新市镇、乡村用交通道路相连，两侧建设20～50m的绿化廊道。

中原西路全长约11km，北侧绿线宽度50m，南侧绿线宽度80～120m，是郑州市第一条生态廊道（绿道）。[149] 中原西路呈东西走向，不仅联系了郑州市重要组团，同时更好地为组团发展提供服务。中原西路在建设中落实生态环保出行理念，构建绿廊加慢行道体系，还融入了加油站、公交港湾和自行车驿站、公厕等公建设施综合体，实现了“公交进港湾、行走在中间、辅道在两边、休闲在林间”，达到了复合功能的和谐统一。

2）绿道建设特点

中原西路改变传统的道路断面设计，在绿线范围内布局慢行步道和自行车道，依托绿化分隔慢行步道和自行车道，真正达到人车分离，快慢分离；同时也将行车道与公交港湾隔离，避免了公交车路边停车所导致的拥堵（图3-17）。

中原西路绿道围绕“大绿量、适密度、四季青、三季花”的指导思想，形成了乔灌草藤多种类、多层次的植被结构。整体绿化带形成“前景、中景、背景”3个层次，选用成本低、适应性强、本地特色鲜明的乡土树种，营造具有浓郁地方特色的自然景观。同时，减少地形塑造，扩大绿地复层结构比例，充分发挥绿地的生态效益（图3-18）。

中原西路绿道建设积极应用生态环保技术措施，如采用透水的铺装材料，采用循环低碳的建筑材料，采用太阳能灯、风能灯等。还采用水循环系统，建设了收水池和绿化洼地，可截留35%的雨水，对水资源进行二次利用。

3）绿道建设评析

中原西路绿道建设的顺利推进得益于组织机构保障，郑州市组建了中原西路景观绿化工程建设指挥部，抽调市园林局、市规划局、中原区政府、街道办事处等主要负责人参加，制定了《中原西路景观绿化工程建设推进方案》，明确了建设任务分工、工作标准、完成时限和有关要求，保证绿道建设稳步推进。

中原西路总拆迁建筑面积 88万m^2，按照新的城市布局提升交通设施和生态环境，使沿线群众享受到更高品位的宜居环境、更加完善的服务功能。

中原西路绿道更新了人们的出行理念，引导人们选择低碳环保出行方式，让行人和骑行者在组团花灌木与林荫树间穿行，既健康又安全。

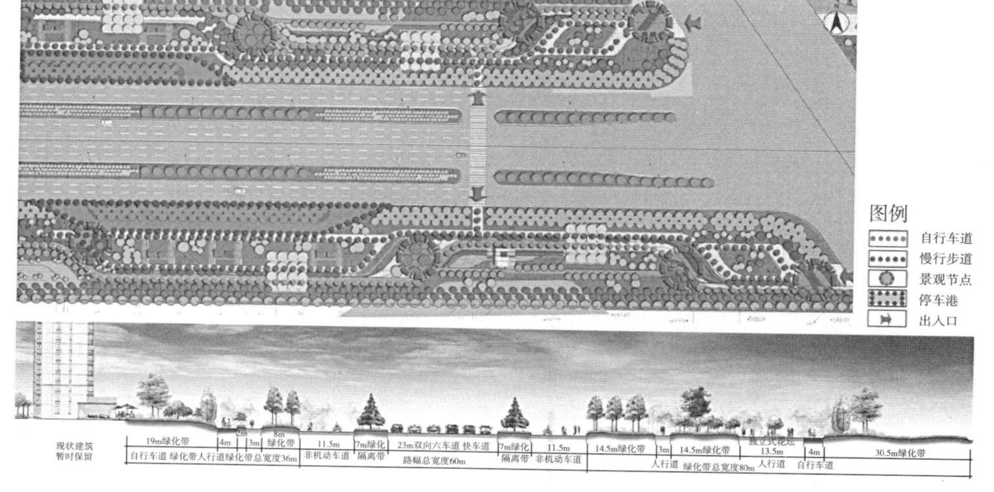

图3-17 郑州中原西路绿道平面、剖面图

资料来源：薛永卿等．城市绿道建设的新探索及思考——以郑州市两环十七放射绿道建设为例．中国园林，2013

图3-18 郑州中原西路绿道实景照片

资料来源：http://blog.sina.com.cn/s/blog_4e2482490102wj8f.html

3.1.1.3 结合现有道路改造建设

淳安环千岛湖绿道：依托环湖公路建设

（1）绿道概况

2012年，杭州市淳安县基于自身良好的生态本底，编制了千岛湖绿道规划，目标在于利用绿道网建设整合生态、人文和旅游资源，提升淳安国际旅游休闲度假地的服务水平和品质内涵。环千岛湖绿道（图3-19）主要是由南线（淳杨绿道）、北线（千汾绿道）及千岛湖镇城区环湖绿道组成，全长140余公里，是杭州市“三江两岸”绿道的重要组成部分。

环千岛湖绿道主要依托环千岛湖公路建设。千汾绿道全长70.8km，依托淳开公路进行改造提升。淳杨绿道全长52.3km，和淳杨公路临湖一侧同步建设。环千岛湖绿道贴合湖面，串联自然风光，整合景观节点，并与特色农业、特色乡镇相结合，融运动、观光、度假、采摘、民俗体验等于一体，有效促进了沿线旅游发展。

（2）排岭半岛绿道调研情况

排岭半岛绿道是淳杨绿道的一期工程，长约7.3km，是环千岛湖绿道的黄金骑行路段，也是我们实地调研的主要段落。绿道游径（图3-20）主要依托公路建设，将骑行道设置于临湖一侧，宽3～5m。骑行道采用耐磨彩色路面，选取红、蓝、绿、紫分别作为春夏秋冬四季代表色，形成主题鲜明的段落。设计了起伏骑行道、卵石骑行道、测速骑行道等增加骑行乐趣。在骑行道和机动车道之间设置绿化隔离带，保证骑行安全。

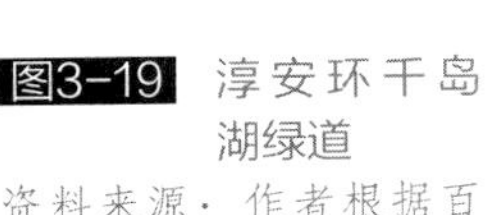

图3-19 淳安环千岛湖绿道

资料来源：作者根据百度图片整理

绿道绿化与环湖景观带及公路绿化相结合，局部遮荫率有待提高。半岛绿道共设有三处驿站，其中一级驿站可接纳住宿，提供餐饮、自行车租赁、停车、管理、信息等服务。二级驿站可为提供餐饮、自行车租赁、停车、管理、信息等服务，间距约6km。

绿道标识系统（图3-21）包括方向导引标识、景点解说标识、绿道平面图等。其中方向导引标识的间距为100m，其他种类的标识结合驿站、沿线景点进行布局，沿路还有介绍自行车知识的科普标识。绿道沿线采用庭院灯、草坪灯进行照明，满足夜间使用需求。

（3）绿道建设特点

以旅游业为主导产业的淳安县虽享有得天独厚的千岛湖秀美自然风光，但在绿道建成之前，整个千岛湖的旅游主要集中在城区，周围乡镇经济发展比较滞后。环千岛湖绿道以“环线+放射”的网络状结构串联淳安县域各乡镇，将千岛湖的美从湖中带到了岸上，形成了“下湖游”+“上岸游”的旅游新格局，由传统观光向休闲度假转型。2017年环千岛湖绿道获评浙江省十大经典绿道、第一届浙江最美绿道，2018年千岛湖荣登浙江省十大运动休闲湖泊榜首，环湖绿道也功不可没。环千岛湖绿道建设主要具有以下特点：

图3-20　半岛绿道游径
资料来源：作者自摄

图3-21　半岛绿道标识系统
资料来源：作者自摄

第一，绿道结合公路建设，顺应自然改善沿线环境。摒弃原有公路高效便捷的建设理念，尊重自然环境优化线路规划设计，基于千岛湖滨水岸线蜿蜒逶迤的特色，环湖绿道主线临湖率达55%，同时有机串联周边现有景点、村镇、特色农业等。绿道建设过程中坚持因地制宜，注重原始生态的保护，同步进行沿线边坡治理、绿化修复等，以自然式配置为主，选择适应性强、观赏性佳乡土植物，突出山林野趣。

第二，以人为本完善绿道细节设计及配套设施。机动车道与绿道之间设置绿化隔离，绿道铺装采用彩色沥青，不同区段选用不同颜色，提高空间识别性，设置完善的绿道交通衔接与标识系统。同时配套救援保障系统，建立旅游、公安、卫生三位一体的联网综合应急救援系统，实现绿道急救网络全覆盖，建立了骑行游客保险制度，保障游客生命财产安全。

第三，以绿道为载体，推进全域旅游发展。在绿道沿线重点布局服务驿站、综合营地、休闲园区、精品酒店及乡村民宿等产业项目，形成形态各异、优势互补的绿道服务体验节点，丰富旅游产品体系。构建旅游咨询服务系统，推进智慧旅游体系建设，组织丰富多彩的体育赛事、休闲度假活动，提升绿道吸引力。

3.1.1.4　自行车专用道

（1）厦门空中自行车道

1）基本情况

厦门于2017年建成全球最长、我国首条“空中自行车道”，该路线全长约7.6km，共设置出入口11处，衔接3个园区、5个大型居住区、3个大型商业中心，并与沿线的BRT站点、公交站和地面自行车站点接驳（图3-22）。

空中自行车道架设在BRT高架桥下，一方面可以利用BRT原有的结构架设新高

图3-22 厦门空中自行车道
资料来源：作者根据百度图片整理

架，节约空间；另一方面BRT桥面可以成为自行车道的天然遮阳、遮雨棚。空中自行车道是一个独立的骑行系统，断面主要沿BRT两侧布置，单侧单向两车道，净宽2.5m，总宽2.8m；合并段净宽4.5m，总宽4.8m，采用钢箱梁结构。[152]

空中自行车道地面被划分为三种颜色：铬绿色为骑行区，金橙色为缓冲区，钛蓝色为休息区。此外，空中自行车道沿线护栏安装了3万多盏照明灯，充分保证了夜间照明。

2）管理运营

为保证车辆通行安全，空中自行车道采用封闭式管理，运营时间为每日6：30～22：30，通过应急调度中心对客流进行动态监控。空中自行车道设计峰值流量为单向2023辆/h，设计时速为25 km/h。采用智能化闸机"鉴别"进入车道的车辆，并采用多重传感监测技术、可见光及红外图像采集处理等技术实现对自行车、电动车和摩托车的快速通过式检测识别，禁止机动车、电动车和行人通行。车道每隔50m便有一处监控摄像头，应急中心调度员可通过监控发现违规者，并通过广播予以警告。此外，摄像头还可智能分析骑行流量，及时启动应急预案。[153]

厦门空中自行车道作为国内首例，且道路通行形态特殊，现行的道路交通安全法律法规中关于非机动车道管理和非机动车通行的规定，不能满足自行车专用道的日常管理维护和交通安全管理工作。为此，厦门市公安局发布了《关于自行车专用道交通安全管理的通告》，自2017年1月25日起施行，有效期2年。

3）使用评析

厦门空中自行车道在建成初期获得广泛关注和赞誉，一时间成为市民和游客的"打卡地"，然而在建成一年之后，却有一些不一样的声音发出。有市民吐槽空中自行车道是"面子工程"，整个自行车道处于露天状态，夏天太热，冬天太冷，在经历新鲜期后就少有人去体验了。还有市民反映上下班高峰时段拥堵，骑行速度有限；有骑行者乱停车、追逐打闹、甚至局部有占道摆摊等现象。

针对存在的问题，厦门空中自行车道进行了分段封闭调试，采取了一系列改进措施。增加排水孔，解决部分桥面易积水的问题；在一些下桥处增加减速带，提高骑行的安全性；完善桥面的标志标线，在蓝色区域的地面写上"等候区"等标志，增加文明骑行和空中自行车道管理规定的提示牌等，让空中自行车道变得更舒适、更安全、更人性化。

自行车与其他出行方式在路权的争夺中一直处在下风，厦门空中自行车道能够保障自行车的专用路权，打造集约式交通空间布局，推动绿色低碳出行，在促进城市精明增长和紧凑发展方面具有积极意义。

（2）北京自行车专用道

1）基本情况

继厦门之后，北京也开始了自行车专用道的实践。2019年5月31日，北京首条自行车专用道正式开通，东起昌平回龙观，西至海淀后厂村路，全长6.5km。自行车专用道位于京藏高速西侧，紧贴北京地铁13号线，采用高架设计，高出地面5～6m，桥身和横梁采用钢结构，沿线无红绿灯，不受交叉口干扰，保证高效通行。

自行车专用道的服务对象主要是居住在昌平回龙观，在上地软件园上班的群体。回龙观是北京市最大的居住区之一，上地是高新技术的产业集聚地，两地之间早晚通勤人口为1.16万人，通勤距离约6km，但因交通拥堵单程驾车出行时间在1h以上，地铁出行时间为40min。自行车专用道实施路权专用，禁止行人、电动自行车进入，按照设计时速进行测算，单程大约只需要26min。[155]

2）设计特色

北京自行车专用道设计注重安全实用和以人为本。考虑早晚高峰两地之间的出行特征，在专用路中间设置了潮汐车道。净宽6m的路面共分3个车道，其中两侧绿色的是正常行驶车道，中间红色的是潮汐车道，地面进行了标识喷涂，并依靠沿途15处龙门架上的导流信号灯进行指引。0～12时，东向西使用潮汐车道；12～24时，西向东使用潮汐车道。

自行车专用道铺装采用环保树脂底胶粘结彩色陶瓷颗粒，防滑性、舒适性和耐久性较好，雨雪天气不会对骑行产生太大影响。因高架路段无法进行透水设计，自行车专用道被打造成一侧高、一侧低的倾斜式路面，较低侧每隔一段距离建造一处排水孔，保证雨水自然流淌排出，不影响正常骑行。

因北京冬季主导风向为西北风，且京藏高速公路为通风廊道，自行车专用道设置了挡风装置。挡风装置还可减弱地铁13号线产生的噪声，增加骑行舒适度。专用路灯光照明系统嵌于桥梁栏杆扶手中，在满足照明功能的同时形成线性标识引导系统，保障夜间出行安全。

自行车专用道全程设置8个出入口，与既有道路相连接，相邻出入口的平均间距约为700m，每个出入口处都设有自行车停放设施，还设置了阻车桩避免电动车违规驶入。为方便骑行者使用，其中6个桥梁出入口坡道首次设置了自行车助力装置（图3-23）。为了实现对其他交通方式的有效分流，鼓励市民错峰出行，助力装置在地铁13号线首班车发车前0.5h提前开启，在地铁13号线末班车结束运营的0.5h后再关闭。

3）管理及使用评析

北京市交管部门公布了自行车专用道的“交规”，明确禁止行人、电动自行车及其他车辆进入，限速15km/h，任何单位和个人不得擅自设置、移动、占用、损毁自行车专用道道路设施。“转弯前减速慢行，伸手示意”“右侧通行，不得逆向行驶”“禁止停车”等也被纳入“交规”。自行车专用道还安排巡视人员24h值守，维护交通秩序，引导市民使用，恶劣天气时还将进行铲冰除雪等应急作业。

高德地图联合国家信息中心大数据发展部、中国社会科学院社会学研究所等机构共同发布了《2019年Q2中国主要城市交通分析报告》。数据显示，北京首条自行

图3-23 北京自行车专用道高架车道、停车设施及坡道助力装置

资料来源：作者根据百度图片整理

车专用道开通后，每日骑行量约在7000～8000辆，回龙观的骑行用户数量上涨近两成，使用自行车专用路要比使用原骑行道路路线节约18.5%的时间，市民骑车通勤的用时也要低于驾车或公交出行。[152]

据统计，1986年北京自行车出行比例一度曾达到60%，高于目前自行车标杆城市哥本哈根的45%，而2000年北京市该比例为40%，至2010年下滑到不足20%。《北京城市总体规划（2016～2035年）》提出要建立步行自行车友好城市，目前北京的各级道路基本都有专门划定的自行车道，自行车专用道的建设将进一步促进自行车出行的复兴。

3.1.2　依托山体建设的绿道

依托山体建设的绿道可分为两种类型，本节对这两种绿道实例分别进行了研究。一种是布局于山腰、山脊的绿道，多顺应现状地形，坡度较陡，以步行为主。在串联利用山中现状道路的基础上适当新建游径，为保护山体现状植被，新建游径多采用架空栈道的形式。另一种是布局于山麓的绿道，坡度相对较缓，可供自行车骑行。

3.1.2.1　布局于山腰、山脊的绿道

（1）龙岩莲花山绿道：环山等高无障碍栈道

1）绿道概况

龙岩地处闽西山区，城区群山环绕，莲花山是中心城区最大的山体，主峰海拔400m。莲花山森林覆盖率高达90%，有杉、松、柏、栎、樟、枫、柯、楠、檫、榕和珍稀植物桫椤等近百种树木，被誉为“城区绿肺”，是龙岩市民日常休闲健身的优良场所。

莲花山栈道建于莲花山山腰，全长约3.8km，宽3.5m，距离山脚处约100m高程，采用环山闭合等高式架空设计和栈桥结构形式建设木栈道，2011年莲花山栈道建成后，通过天桥与北侧的登高山公园及中山公园连成一线，为市民打造了一条高品质的山地公园休闲健身绿道，实现在城市中心森林漫步，人与自然零距离接触，被誉为“城市阳台”。2013年莲花山栈道获得了住建部颁发的中国人居环境范例奖，成为龙岩市首个获得国家级荣誉的项目（图3-24、图3-25）。

2）绿道建设特点

根据陈鸿欣（2015）[158]的研究，莲花山绿道建设主要具有以下特点：

第一，突出生态优先，强调最小干扰。保护现状山形地貌及原生植被，维持原生态自然环境。以最少的土地占用、最小的环境代价，获得最大的利用空间。沿栈

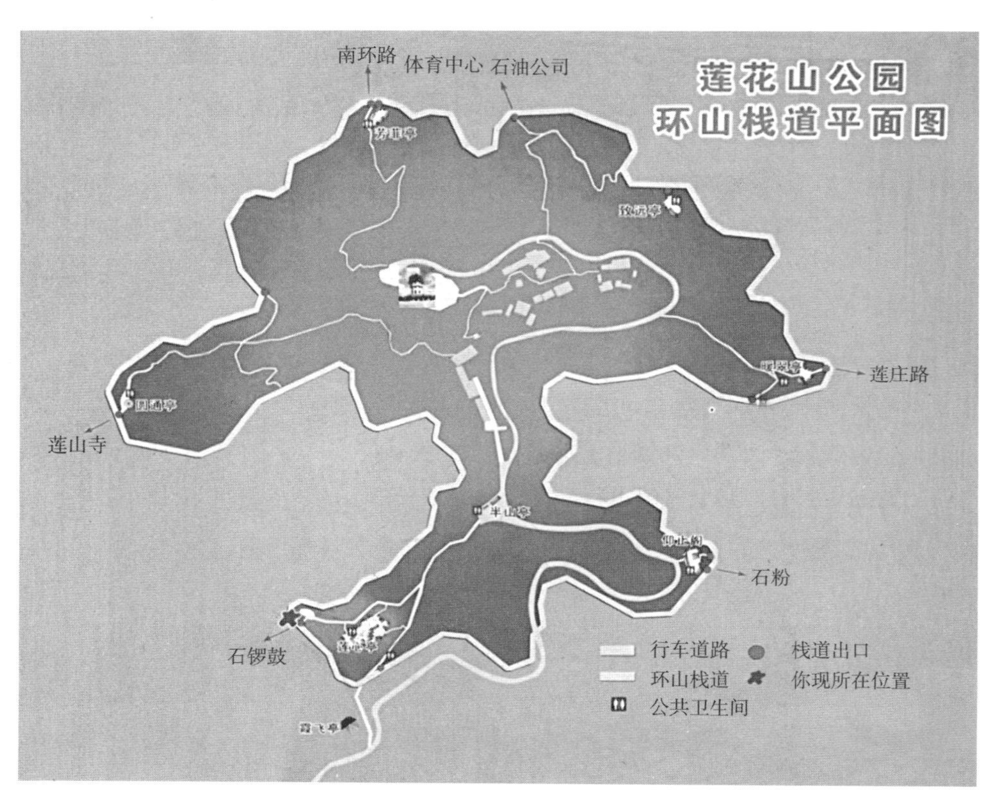

图3-24 龙岩莲花山公园环山栈道平面图
资料来源：作者自摄

图3-25 龙岩莲花山公园环山栈道实景照片
资料来源：作者自摄

道预留孔洞等保护现状大树。架空栈道为动物预留了迁徙空间，游人不时可以见到松鼠、野兔等的身影，还可以听到悦耳的蝉鸣鸟叫，真切感受到人与自然和谐相处的美妙情景。

第二，营造节约型园林，进行自然化恢复。莲花山栈道工程建设没有动用任何机械设备，全部采用人工完成，最大限度地减小对自然环境的破坏。栈道土建工程完工后，见空插绿地运用适应性强的乡土树种修复建设创面，模拟原生态植物群落，实施自然化景观恢复。由于鸟类和天敌动物的保护，植物病虫害极少发生，降低了养护管理成本。

第三，注重人性化设计，便捷化施工。莲花山栈道为游人提供了一个无障碍的休闲健身环线。栈道设置13个出入口与公园步道衔接，每隔200m设置休息平台，以600 m半径配套观景平台、亭廊建筑、卫生间等，方便市民使用。栈道上部采用施工简便的现浇梁板式结构，在桥梁跨径转换时可通过调整肋梁高度提高模板利用率，达到省时省工省料的目的。

第四，彰显地域特色，发挥教育功能。莲花山栈道亭廊建筑形式富有地域风情，其中“半山亭”富有闽西民居特色，“圆通亭”则以客家土楼为设计借鉴，亭内还有龙岩当地书法家题刻联匾。莲花山栈道还是一条文化科普长廊，通过游览图、标识等对游人进行潜移默化的生态保护、园林科普教育。

（2）福州“福道”：沿山脊布局的钢架栈道

1）绿道概况

“福道”即福州城市森林步道，主轴线长6.3km，环线总长约19km，东北连接左海环湖栈道，西南连闽江，横贯象山、后县山、梅峰山、金牛山等自然山脊，串联福州五大公园，是一条依山傍水、与生态景观融为一体的城市休闲健身走廊（图3–26）。

金牛山是福州市内最大的“绿肺”之一，因为被军事重地以及葬礼场地包围，大部分区域未经开发，也不向市民开放。福道全部采用钢架悬空结构，宽2.4m，由6种不同的基础模块组成，通过多变的排列方式形成一个具有适应不同地形能力的模块系统。灵活设计实现了长达14.4m的柱距，最大限度减少对现状地形和植被的破坏，体现了对自然崇高的敬意。福道主体采用空心钢管桁架组成，桥面采用格栅板，缝隙控制在1.5cm以内。这样的尺寸设计，不仅满足了轮椅的通行，也可以让步道下方的植物沐浴阳光。

福道设置10个入口，悬空栈道坡度为16：1，适合轻松漫步，增设景观电梯接驳登山步道与车行道，形成环形交通系统。福道沿线设置了休息亭、观景平台、瞭望塔和配有卫生间的茶室等便利设施。福道还是一条智能步道，全线实现了WiFi连接，配置了触屏信息板和游客交通监察器。

福道蜿蜒穿越于山林之间，艺术化的造型与周边的自然景观形成强烈对比，成为了新的城市标志。同时拉近了市民与山林的距离，提供俯瞰城市景观的优良场所。福道2017年获得世界建筑界潮流指标之一的“国际建筑大奖”，2018年获得新加坡“总统设计奖”。

2）绿道特色节点

金牛山体育公园是福道串联的重要节点之一，入口处螺旋上升的环形坡道巧妙地化解了高差，衔接悬空步道，实现了城市平地与山地丘陵的空间转换，并形成了标志性景观。环形坡道直径24m，全长约210m（图3-27）。入口处还设置了可供查询PM2.5、实时温度湿度等信息的智能触屏系统。

梅峰山地公园是福道的重要节点之一，也是福州首个山地海绵公园，顺应地形设计雨水花园、湿地、旱溪等，收集雨水并层环形坡道过滤汇入蓄水湖。三面环绕青翠的山林，中间涵养着一泓清澈的湖水。“嵌入”湖中的栈道让游人体验“水中漫步”，湖畔钢架悬空栈道蜿蜒盘旋而上，衔接福道主轴线（图3-28）。

3）绿道使用评析

许晓玲等（2018）[160]使用模糊综合评价法（即FSEM法）对福道进行了游客满意度分析。参与调查的游客男性占48.86%，女性占51.14%。14～24岁群体所占比例最大，为32.4%，其次为46～60岁群体，占比20.09%。职业上，学生和其他职业所占比例最大，二者共占比52.96%，其次为退休人员，占比17.35%。从客源上，受访者有91.32%均为本市游客，说明福道的绝大多数游客处于中近程旅游市场辐射范围。从游玩的目的来看，主要是到此进行运动锻炼，占比42.27%，其次是休

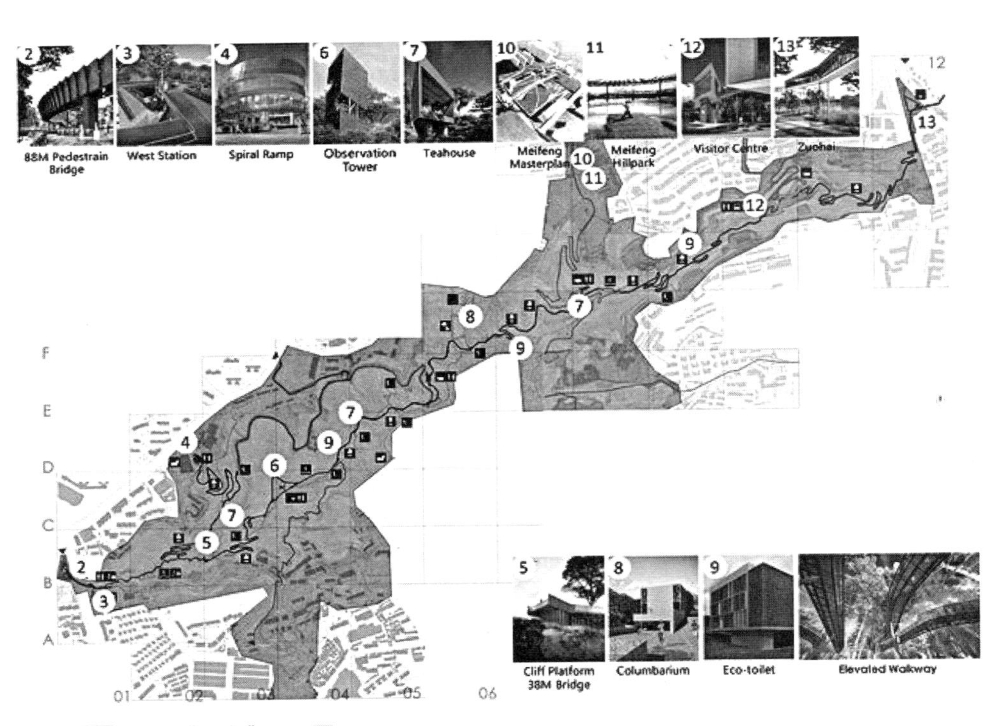

图3-26 福州“福道”平面图

资料来源：https://www.archdaily.cn/cn/875247/zhong-guo-fu-zhou-jin-niu-shan-sen-lin-bu-dao-fu-dao-rui-ke-she-ji/595dd9e6b22e38d88b00013c-zhong-guo-fu-zhou-jin-niu-shan-sen-lin-bu-dao-fu-dao-rui-ke-she-ji-di-tu?next_project=no

图3-27 福州“福道”一期实景照片
资料来源：作者根据百度图片整理

图3-28 福州“福道”二期实景照片
资料来源：作者根据百度图片整理

闲娱乐，占比28.77%。

通过对游客问卷评分情况的汇总，总体的游客满意度评价分值为4.1126，该得分属于优秀水平，表明游客对于福道的总体满意度较高。游客满意度评价分值按大小顺序排列依次为步道环境>步道体验>步道设施>步道特色，步道环境和步道体验的游客满意度评价分值属于优秀水平，步道设施和步道特色的游客满意度评价分值属于良好水平。说明福道的空气、环境质量的条件良好，但在步道设施和特色展示的建设上还有待完善提高。

根据调查结果，建筑小品、人体舒适度、卫生设施3个指标具有高重要性和高评价，不仅得到游客的重视，也得到游客的肯定。空气质量、绿视率、森林景观、声环境、卫生环境和标识牌示6个指标虽然游客评价较高，但却受到游客的忽视。外部交通和出入口设置2个指标表现为低重要性和低评价，有待后续改进。水体环境、风俗特色、步道文化、管理水平、环境体验多样性、健身设施、服务站、娱乐设施和休憩设施这9个指标表现为高重要性和低评价，也有待进一步提升完善。

3.1.2.2　布局于山麓的绿道

（1）南京环紫金山绿道：风景名胜区山麓绿道

1）绿道概况

紫金山又称钟山，位于南京市域中东部，是江南四大名山之一，有“金陵毓秀”的美誉，是南京名胜古迹荟萃之地，国家5A级景区钟山风景名胜区位于紫金山南麓。

环紫金山绿道主线规划总长度约25km，一期工程沿山体南麓和东麓建设，二期工程沿山体北麓建设。除主环线之外，还设置了联系地铁、公交站点等的连接支线，实现与城市交通的无缝衔接，满足广大市民休闲健身的需要。绿道建设采用改建和借道两种方式，充分利用景区内现有道路（图3-29）。绿道沿线植被条件较好，绿道游径两侧2m范围内进行绿化补植及景观提升，沿线设置绿道标志标牌。

环紫金山绿道沿线自然人文景点众多，有琵琶湖、明城墙、下马坊、美龄宫、梅花谷、博爱园、体育运动公园等，还有明孝陵博物馆、南京十朝历史文化展览馆、民国邮政博物馆、南京地震科学馆等展馆。绿道驿站结合公园及公共建筑设置，提供休憩、饮用水、卫生间等便民服务。

2）绿道建设特点

第一，利用老旧和现有道路改建。环紫金山绿道多利用市民爬山踩出的小路、废弃不用的老旧道路以及现有景区道路改建。绿道所有主次入口与周边交通系统互相连接，以便游客能方便快捷地到达绿道。环紫金山绿道采用红色透水混凝土铺装，不仅透水、防滑、耐磨，为使用者提供安全舒适的骑行空间，而且通过铺装材质区分绿道与景区其他道路系统，形成绿色的自然景观中一道靓丽的风景线。

第二，配置乡土植物群落。注重保留山体的原生环境，最大限度地恢复乡土植被。在现状乔木与灌木资源丰富的地区，补植地被植物。而在现状植物较为稀疏的地区，广泛地种植香樟、银杏、榉树等，形成丰富的植物群落。

第三，设置人性化的标识与服务设施。环紫金山绿道坡道较多，最大的坡度达到8%，最小的也有5%。为了防止危险的发生，在坡度较大的地方设置警示标识牌，对前方的路况和注意事项进行告知。此外，绿道出入口及沿线还有许多标识牌，提供周边景点、服务设施、出入口位置与距离等信息，方便市民游客更好地规划行程（图3-30）。

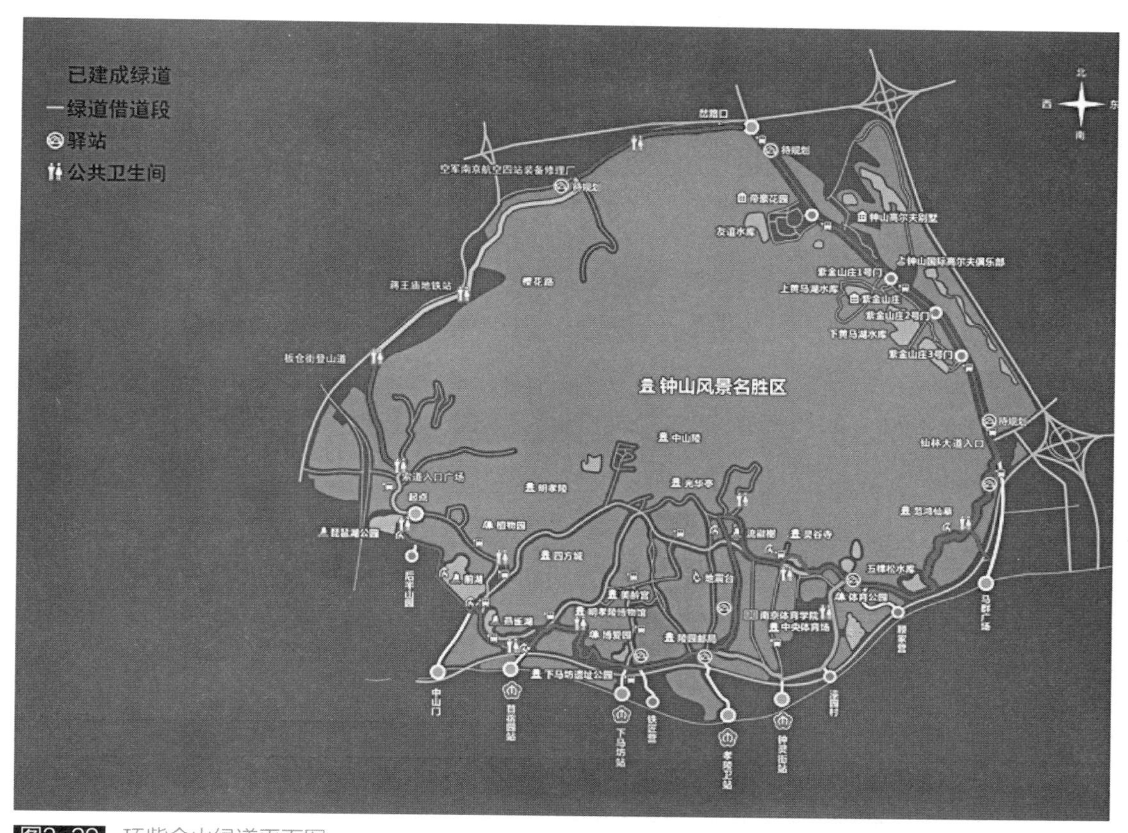

图3-29　环紫金山绿道平面图

资料来源：钟山风景名胜区网站http://www.zschina.org.cn/jqfw/yzzs/lyxx/xiuxian/201810/t20181018_5816398.html

图3-30　环紫金山绿道标识牌

资料来源：http://www.mafengwo.cn/i/10712434.html

3）绿道使用评析

根据卢飞红（2015）[164]等人的调查研究，绿道使用者男性（占59.8%）略多于女性；年龄结构上以中青年（18～59岁）为主（占86.3%）；使用者的受教育程度较高，大中专及以上人群占74.7%；使用者以中高收入人群为主（占63.3%），低收入人群占24.1%（除去学生），高收入人群占12.6%。

绿道使用目的多为运动健身和休闲娱乐（占84.4%），旅游观光的占12.5%，通勤的仅占1.4%。到达绿道的方式主要为非机动方式，步行与自行车占65.4%，公共交通占21.2%，个体机动交通仅占13.4%；到绿道花费的时间多在30min以内（占82.4%）。

绿道使用季节分布不均衡，春季最多（占41.9%），秋季次之（占21%），而夏季（占9.7%）和冬季（占0.3%）较少，这与南京的气候特征基本吻合。还有27%的被访者选择不受季节影响，该类人群多以运动健身为目的，季节变化对其影响并不大。一天中使用绿道的时段分布也不均衡，9：00～12：00的使用者最多（占43%），12：00～14：00次之（占22%），9：00之前与14：00之后使用者较少。绿道使用者在绿道停留的时间均较长，30min以上者高达95%。绿道使用频率总体上较高，有固定规律的使用者占68%。

对绿道总体满意度贡献率较大的6个因子依次是交通便捷程度、机非混行绿道的设置、周边停车设施、环境质量、照明设施和标识系统。

（2）西安秦岭北麓绿道：生态旅游线路

1）绿道概况

秦岭是中国南北分水岭，秦岭北麓西安段因其独特的自然风光和丰富的人文历史资源，成为西安乃至陕西的游憩热点地带。秦岭北麓环山公路是连通该地区主要游憩资源的重要廊道，也是旅游开发的核心主轴。

秦岭北麓西安段浅山区绿道依托S107关中环线、S108老环山线公路选线，与老环山路提升改造及新环山路建设相结合（图3-31）。绿道连接诸多峪口、景区与村落，以休闲游憩为主要功能，兼具经济发展、生态恢复、社会文化和美学意义。绿道规划范围东至蓝田县与渭南交界处，西至周至县与宝鸡市交界处，全长约166km，距离西安市中心约2.6km。

秦岭北麓绿道着力打造特色"生态慢行体验区"，是对秦岭生态保护与开发的一种新尝试。绿道建设使环山公路焕发新的活力，新环山路、老环山路、自行车道三线功能独立，共同为秦岭的旅游、经济、生态建设保驾护航。

2）绿道规划设计特色

秦岭北麓绿道总体规划层面提出"3-4-4-5"的规划理念，即自行车环线网络—自行车游憩体系—复合廊道体系三大发展阶段，最小干预、最大展示、线路多样、主题丰富四大选线原则，临景、临径、临界、临下四大选线策略，景观资源提取—现状道路提取—图面路径比较—现场调研调整—最佳路径布设五步骤选线法。

图3-31　秦岭北麓绿道区位图
资料来源：王强，游憩导向的秦岭北麓区西安段山麓型绿道规划设计方法研究，2014

绿道选线尽量紧邻重要的自然及人文资源点，尽量利用现状道路进行改建，充分利用多种景观资源叠加交错的地带，选择视野开阔可俯瞰大地景观的大地景观。在绿道选线的基础上，划定绿道建设区与缓冲区作为山岳自然保护区与城乡活动区之间的过渡区域。

鉴于山麓区单面开敞的空间特性，结合现状道路、沿线资源及地形特色，采用"卷轴式游憩模式"进行主题段落划分，考虑绿道游憩者与山体的相对运动，协调林山视线关系，注重空间开合变化，随坡就势设计起伏变化的游径。基于现状生境特点，采用"团块式种植模式"进行近自然乡土植被群落设计，丰富林冠线及林缘线变化。结合现状景区、村落分布，采用"串珠式设施构建模式"进行驿站分级规划。采用"分流式交通构建模式"处理横向绿道与纵向道路的接驳关系（图3-32）。

3）绿道使用评析

西安建筑科技大学陈磊等（2015）[167]基于五大类使用主体对秦岭北麓太平峪片区7km绿道示范段进行了使用后评价，结论如下：

对骑行者的调查显示他们的年龄集中在10～24岁与40～60岁。对于普通骑行者而言，绿道示范段骑行时间为0.5～1h，最大纵坡为7%，符合人体生理标准，能够满足使用需求；而对于专业骑行者而言则过于平淡。70%的骑行者认为绿道所处的秦岭北麓环境气氛良好，适合骑游等休闲活动的展开。

对村民的调查显示他们总体而言对绿道建设比较满意，绿道提供了安全且环境优美的通道，吸引了游人，增加了农产品销售收入，还带来了就业机会。但是他们对征地赔偿、摆摊销售等问题不太满意。

对设计者的调查显示他们较为关注人车分行、颠簸段设计、观山视点、野趣等方面，希望在趣味性、安全措施、设施配置方面增加建设投入量，并加强绿道与环山公路的交通衔接。

图3-32 秦岭北麓绿道实景照片
资料来源：作者根据百度图片整理

对管理者的调查显示，44%管理者认为绿道的建设可以加强秦岭山麓区生态保护，39%管理者认为绿道在维护、征地方面难度较大，33%管理者认为后期应在配套设施上进行提高。

对绿道权属单位的调查结果显示，他们希望通过绿道更好地展示自身所在单位的外部形象，注重绿道与自身所在单位的链接度。

3.1.3 依托水系建设的绿道

依托水系建设的绿道主要包含两种类型：一种是依托河道、溪流等线性水系建设，另一种是依托湖泊、海岸线等水体边缘建设。本节对这两种情况的绿道实例分别进行了研究。

3.1.3.1 依托线性水系建设

（1）广州东濠涌绿道：结合河涌环境综合整治

1）绿道概况

古时广州是一座“河道如巷、水系成网”的水城，“河、涌、濠、渠”纵横交错，广州古城的商业街道多沿江岸、濠渠发展，城市居民生活与水息息相关，形成独具特色的城市水文化。在众多的河涌当中，东濠涌是珠江的一条天然支流，也是广州仅存的古城护城河，至今已有六百多年历史。旧时的东濠涌，曾经涌宽水深，担负着保卫城池、提供生活用水和水运主干道等功能。随着城市建设的发展，东濠涌旧日风光不再，水体污染严重，局部还成为地下暗河。

东濠涌绿道建设与河涌环境综合整治紧密结合，在完成截污治污、补水净水工程的基础上，进行了生态河岸及景观改造、沿线建筑立面整治、配套停车场、亮化及监控等工程。东濠涌沿线建设绿道5.1km，改造生态堤岸3.8km，建筑景观节点10处，修复原有桥梁10座，改造绿地总面积为7.6hm^2，形成广州市旧城中心的绿色生态廊道。[168] 东濠涌综合整治极大地改善了周边的环境，也唤起人们对老广州的“水城记忆”。

2）绿道组成要素

绿道自行车道主要沿市政路布局，步行道主要沿水岸布局，供人们进行亲水活动。绿道步行道宽3～4m，局部开阔地段可达6m以上，铺装材料包含石材、透水砖及透水地坪，局部采用旧城改造中拆卸的麻石板，重塑岭南街巷空间感。

东濠涌原有的河道护坡采用的是U形渠化护岸形式，两岸及河床没有水生植物，景观效果差，缺乏亲水功能。河岸景观改造遵循生态建设原则，在满足防洪排涝的基础上采用宾格石笼、生态砌块、自然驳岸等形式，重新恢复河道的植被、河漫滩（平台或水漫滩）等，加强了水体的自净能力，结合绿化达到景观优美、生态平衡的效果，并在一定程度上提高河涌的亲水性。

绿道沿线种植乔、灌、草相结合的多层次植物群落系统。使用岭南乡土开花树种红花羊蹄甲、木棉等作为两岸主景观树，使用秋枫作为主要的遮荫行道树，配合乡土灌木地被植物组成高低错落、层次丰富的绿植景观。保留绿道沿线现状古树，形成植物主题景观节点。

东濠涌绿道的设施较为完善，设置了1个绿道驿站、3处全民健身设施、2个篮球场、2个羽毛球场，方便周边社区居民使用。将绿道沿线两栋民国时期的旧别墅改造成“东濠涌博物馆”，传承广州“水城”记忆，记录并展示河涌历史文化和整治成果（图3-33、图3-34）。

图3-33　高架桥下恢复的河涌及沿河绿道
资料来源：作者根据百度图片整理

图3-34　绿道沿线运动场及东濠涌博物馆
资料来源：作者自摄

3）绿道特色节点

东濠涌绿道串联多个休闲广场，打造特色节点。其中自然生态综合广场以及粤韵风华广场最具特色，两个广场分为上下两层，高差2.7m。此处位于高架桥出入口，设计将河涌堤岸整体下沉，大大降低高架桥的交通噪声对市民活动的影响，同时使人的活动空间更为开阔。下沉空间仿佛是一处与世隔绝的桃花源，为市民提供了一个亲水乐水的游憩空间。利用两个广场之间的高差设计台地花园，让阳光照进东濠涌，减轻高架桥下空间的压抑感。另外，在越秀桥下净水厂的水闸处形成叠水瀑布，也成为亲水广场的景观视点（图3-35）。

4）绿道使用及效益

东濠涌绿道使用方式较多，主要包括老人休息、儿童游玩、体育活动等，也有部分步行交通出行的人群，早晨和傍晚游人最多。现场调研发现部分连接道不够通畅，绿道与机动车道相交的地段未设立专门通道，需绕行较远。

东濠涌环境综合整治清理了沿线约700hm^{2}的土地，超过1千户家庭被重新安置，新开发了32.9万m^{2}的商业地产。2010年绿道建成开放后，东濠涌成为具有人气的城市公共绿色空间，该地区的地产价值提升了近30%。

绿道与水巷商业街建设相结合，展现河涌两岸的商贸文化，实现了项目的经济可持续性，激发了空间活力。绿道与社区公园建设相结合，构成统一的城市绿地系统，扩展绿道网的覆盖范围，营造周边市民一出家门就在公园之中的环境氛围，促进宜居环境及和谐社区建设。

（2）上海黄浦江绿道：城市滨水“公共客厅”

1）绿道概况

黄浦江是上海的“母亲河”，两岸荟萃城市景观精华，同时也是近代工业发展的集中地带。2002年上海市启动黄浦江两岸综合开发，逐步将生产岸线向生活、生态岸线转化。2013年之后，黄浦江两岸开发的工作重心逐渐聚焦到公共空间建设。2015年发起的《黄浦江两岸地区公共空间建设三年行动计划（2015～2017年）》，按照打造世界级滨水公共开放空间的目标，提出创造良好的生态效应、独特的文化魅力和丰富多样的空间环境。

2017年底，黄浦江两岸公共空间正式全线贯通，北起杨浦大桥，穿过南浦大

图3-35 东濠涌绿道特色节点
资料来源：作者根据百度图片整理

桥、卢浦大桥，南至徐浦大桥，全长45km。随着滨江岸线的贯通开放，上海市级一号绿道也沿着黄浦江两岸实现连通，途经上海市辖杨浦、虹口、黄浦、徐汇、浦东五区（图3-36）。绿道系统串联起黄浦江沿岸的自然景观、历史建筑、工业遗存、文化场馆等，实现了“望得见江景，触得到绿色，品得到历史，享得到文化”，发挥了巨大的综合效益。

在黄浦江核心段滨江公共空间贯通的基础上，《黄浦江两岸地区公共空间建设三年行动计划（2018～2020年）》提出继续提升核心段45km滨江公共空间品质，并向南北两端延伸，预期新增贯通滨江岸线5.5km，新增绿地和公共空间约160 hm^2，城市滨水“公共客厅”将不断生长。

2）绿道组成要素

黄浦江绿道游径由“三道”系统构成，包含漫步道、跑步道、骑行道，跑步道和骑行道采用专用颜色喷涂。漫步道和跑步道宽度不小于3m，骑行道宽度不小于4m，以保证双向通行。立足不同段落的现状条件，巧妙协调防汛墙、码头、亲水平台、滨江建筑等，将漫步道、跑步道、骑行道灵活布局于不同高程，互不干扰。“三道”全程采用了无障碍坡道设计，与滨江绿地、广场等融合，空间变化丰富（图3-37）；通过高架桥将断点连接起来，实现了连续的动线（图3-38）；并延伸联系周边商务区与居住社区，接驳公交站点、地铁站及轮渡口，形成了便捷的慢行网络。“三道”重新定义了滨江公共空间，倡导了健康的生活方式，吸引了各种年龄段的使用者。

黄浦江绿道的绿化种植根据不同现状条件采取不同策略，注重乡土植物、开花

图3-36 黄浦江绿道分段图
资料来源：作者自绘

植物、色叶树种、观赏草等的应用，通过合理搭配，让游人不同季节都可以欣赏到特色植物景观。在现有滨江公园等绿化基础较好的段落以提升为主，保留上层乔木，增设专类植物主题园（图3-39），进行精细化管理。滨江新增绿地在保留现状乔灌的基础上侧重于上下两个层次，以疏林草地为主，保证通往江面的视觉通廊。结合海绵城市建设，局部还设计了下凹绿地与雨水花园（图3-40）。

目前黄浦江两岸共有52处滨江驿站，东岸设置了22处风格统一的“望江驿”，间

图3-37 黄埔江绿道“三道”实景照片
资料来源：作者根据网络图片整理

图3-38 洋汀港步行桥
资料来源：谷德设计网 https://www.gooood.cn/yangjing-canal-pedestrian-bridge-china-by-atelier-liu-yuyang-architects.htm

图3-39 黄浦江绿道专类植物主题园
资料来源：作者根据网络图片整理

隔约1km，包含公共卫生间与休息室，设有自动售卖机、储物柜、冷热直饮水、共享雨伞机等便民设施，可提供休息、补给、图书借阅与简单医疗服务。“望江驿”通过积极运营不断进行功能拓展，成为“全媒体文化会客厅”，白天是兼容展览展示功能的城市书房，晚上是全媒体网络直播间，已有12家视频直播平台进驻（图3-41）。西岸驿站形式多样，既有改造利用的旧建筑，也有新建的小型建筑，还有为跑步者专门设置的跑步驿站，提供淋浴、更衣、寄存、直饮水等全方位服务。绿道驿站还

图3-40 黄浦江绿道种植
资料来源：作者根据网络图片整理

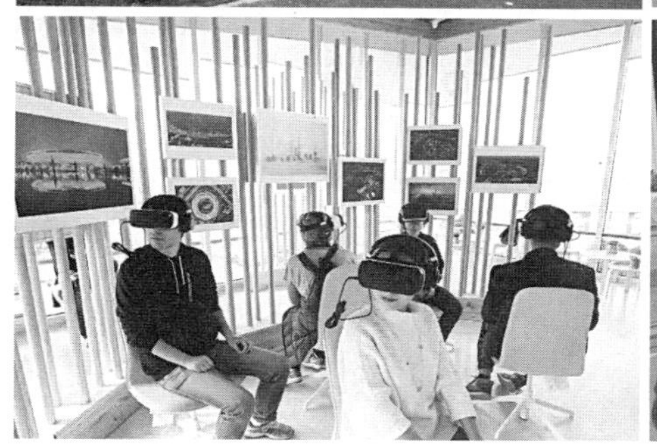

图3-41 黄浦江东岸“望江驿”
资料来源：作者根据网络图片整理

与党群服务站相结合，听取群众意见，更好地为人民服务。

黄浦江绿道充分改造利用沿线公共空间的现有服务设施，并积极应用智能化设施，不断完善综合服务功能。比如虹口滨江设置了全天24h服务的欧尚无人超市，依靠大数据后台的购物记录统计和分析，精准定位目标用户，“善解人意”地向消费者推荐意向选购商品；还有备受游客欢迎，具有高速WiFi接入、公共信息服务、充电和拍摄功能的“超·爱上海”信息亭等（图3–42）。

黄浦江绿道重视夜景照明设计，除基本照明外还有形式多样的艺术照明，既为市民提供优良的夜跑休闲路线，也为城市增添绚丽的夜景风光带（图3–43）。杨浦滨江结合塔式起重机等工业遗存设置投影灯，虹口滨江设置了彩虹步道、彩虹桥等，黄埔滨江重新点亮56盏世博“火焰灯”，徐汇滨江突出沿线建构筑物和景观桥梁照明，浦东滨江计划新建24座灯塔。

3）绿道建设特点

第一，多方支持，全力保证绿道贯通。黄浦江两岸土地权属复杂，据调查至“十二五”末，两岸45km实际贯通率不足50%。在创新、协调、绿色、开放和共享

图3–42 欧尚无人超市和“超·爱上海”信息亭
资料来源：作者根据网络图片整理

图3–43 黄浦江绿道艺术照明
资料来源：作者根据网络图片整理

五大发展理念的引领下，一批央企、国企、驻沪部队、公共管理部门对两岸贯通给予全力支持，进行大规模的建筑腾退与拆迁工作，让出宝贵的江畔空间，为绿道建设奠定了基础。除滨江建筑之外，两岸45km还涉及上海市轮渡有限公司的10条航线、17个渡口，以及市政环卫码头、淤泥转运码头等，也都配合贯通工程进行了改造或搬迁。既传承了上海轮渡历史文脉，同时融入两岸滨江公共空间的整体风格，展现大都市的时尚魅力。

第二，协调统一，打造城市开放客厅。上海市发布多项关于设计、建设、管理的指导性文件，有效协调沿江各区，保证了全线的整体性。《黄浦江两岸地区公共空间建设设计导则》提出“贯通、可达、安全、生态”的基础目标与“宜人、活力、文化、智慧”的品质目标，对三道的宽度、坡度、流线组织、交通衔接等提出了基本要求，对跑步道与骑行道的透水沥青颜色、地面标线与Logo、里程桩、导视指引类标识做了统一要求，对绿化、公共设施、活动场地的功能及布局也做了统筹。《关于加强黄浦江两岸滨江公共空间综合管理工作的指导意见》界定了滨江公共空间的管理范围，明确了以属地化管理为主的职责分工原则。

第三，因地制宜，着力展现各区特色。各区段立足各自的现状条件，绿道与滨江公共空间、公共建筑有机衔接，成功重振滨水岸线活力。杨浦滨江段使世界仅存最大滨江工业带重焕光彩，紧邻全国重点文物保护单位杨树浦水厂修建的水厂栈道、保留的塔式起重机与吊轨，让游人感受历史与现代的共生（图3-44）。虹口滨江段拥有欣赏浦江两岸风景的最佳视角，突出智慧设施应用。黄埔滨江段串联外滩、十六铺、世博浦西园区，沿线增设体育运动场地与场馆，从世界级滨江空间走向慢生活港湾。徐汇滨江段结合工业遗存改造多个文化艺术展馆，如由运煤码头改造的龙美术馆、由废弃储油罐改造的油罐艺术中心等（图3-45），打造独具魅力的

图3-44 杨浦滨江公共空间一、二期保留的码头、吊车及吊轨
资料来源：谷德设计网

“西岸文化走廊”。浦东滨江段将民生码头八万吨筒仓（亚洲最大散装粮仓）改造为2017上海城市空间艺术季的主展场，15座“云桥”串联陆家嘴、世博园、前滩公园、后滩公园等，兼容文化创意、艺术生活、商务博览、生态休闲等多元功能。

4）绿道建设使用评析

为了方便市民及游客更好地利用滨江公共空间的众多设施，2017年由上海市测绘院研制的《黄浦江两岸公共空间贯通专题地图》成功上线。该地图覆盖了亲水步道、健身跑道、自行车道、工业遗存、文化长廊、特色建筑、公共交通、基础设施等专题信息，以文字、图片、地图、历史影像等形式，全面展示了上海核心滨水区域的自然生态、文化传承和历史风貌（图3-46）。

数据显示，自滨江公共空间贯通以来，到访游客数量同比增长近50%。上海在

图3-45 龙美术馆（西岸馆）和油罐艺术中心

资料来源：作者根据网络图片整理

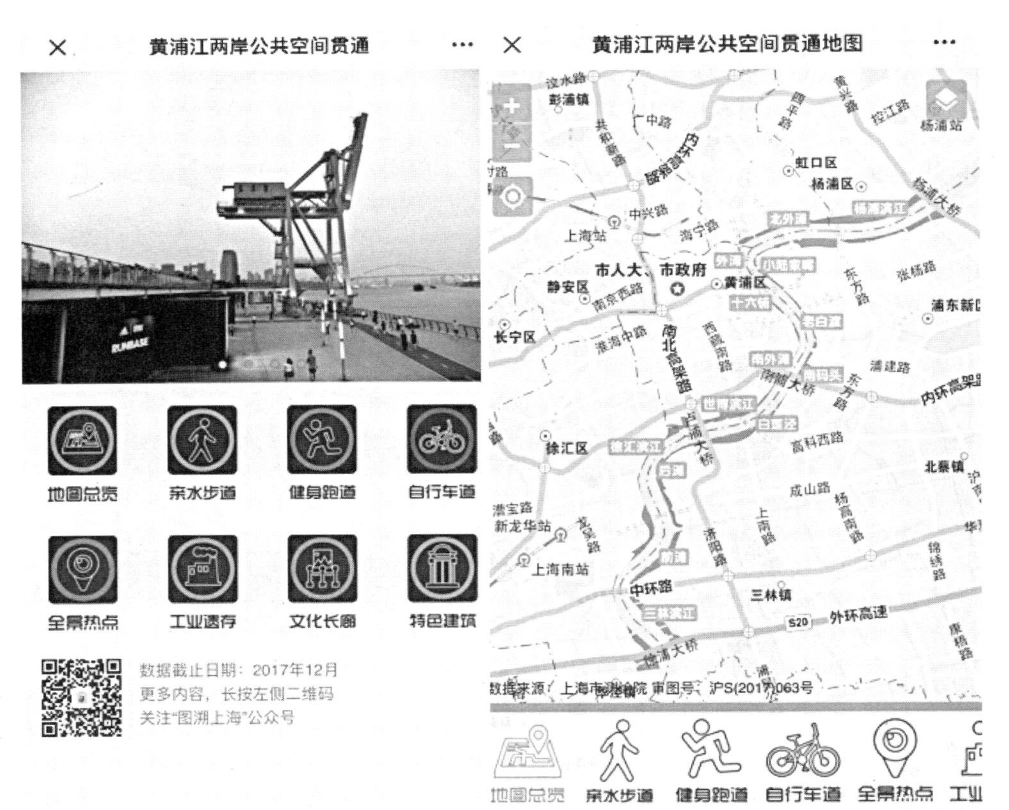

图3-46 黄浦江两岸公共空间贯通地图

资料来源：作者根据网络图片整理

贯通区域合理布局配置公共服务设施，精细精致建设环境景观设施，全面推进体育、文化、休闲等功能设施的布局和建设。吸纳公众参与，听取市民意见进行不断完善，体现深度人性化关怀，满足不同人群的差异化需求。建立健全与两岸公共空间设施规模、管理标准等相适应的维护投入，管建并举，确保公共空间安全有序。

黄浦江绿道建设对标国际一流水平，推动形成绿色的发展方式和生活方式。目前已经成功举办世界人工智能大会、城市空间艺术季等活动，虹口北外滩市民滨江步道、黄浦滨江健身步道、浦东滨江步道获评2019年度“魔都最美健身步道”，滨江健身跑、公益跑等基本实现了每周一赛。未来将继续推进体育文化旅游功能的产业化，打造以“水上”运动为特色的黄浦江体育产业发展轴，并进一步加强历史建筑和工业遗产的保护开发利用。根据上海市新一轮城市总体规划，公共空间建设还将向黄浦江上下游和腹地延伸，沿江各区将依托黄浦江支流、街道、绿廊等纵深拓展，逐步形成系统性、网络化的滨水绿地和公共空间。

（3）漳州九龙江西溪北江滨绿道：结合滨江郊野公园建设

1）绿道概况

漳州位于福建省南部，是著名的“鱼米花果之乡”，素有“海滨邹鲁”的美誉。漳州系历史文化名城，是闽南文化的发祥地之一。厦漳泉三地地缘相近，文化也相近，在厦漳泉同城化的背景下，漳州市势必要走出一条具有自身特色的城市发展道路。漳州市于2011年底规划覆盖漳州中心城区的郊野公园体系，提出“田园都市、生态之城”的发展定位，形成“园在城中，城在园中，城园一体，园城共荣”的独特风貌。

九龙江是漳州的母亲河，城市依江而建，农田沿岸而作，千百年来江、城、人、景和谐发展。九龙江西溪北滨江绿道是漳州市首个绿道示范项目，由中国城市建设研究院无界景观工作室设计，将绿道作为建设“田园都市、生态之城”的重要载体，立足漳州资源特色，有机串联城乡，突出田园生态，延续历史脉络，切实服务民生，培育地域归属感。

绿道一期工程位于漳州中心城区，全长约9km。绿道设计紧密结合现状条件，开创“城市郊野”先河，摒弃大改大建、人工痕迹过多的河道改造方式，打造大绿野趣的沿河空间。并在建设过程中不断进行优化调整，实现了对原有地形、水系、植被、村落、道路等最大限度的保护与合理利用。绿道建设增加人均公共绿地2.8m^2，工程造价100元/m^2。滨江绿道构建了与城市水脉合一的生态、休闲、文化综合性廊道，保存了沿岸农民原有的生产、生活方式，促进了和谐的城乡一体化。该项目获得2013年度福建省优秀城市规划设计奖（风景园林类）一等奖（图3–47）。

在绿道一期工程成功的基础上，继续进行了二期工程设计。绿道二期工程位于中心城区西北郊的天宝镇，全长约5km。滨江绿道成为连接天宝镇与漳州中心城区的绿色廊道，发挥现状竹林资源优势，打造别具特色的滨江户外健身基地，使风景融入日常生活。天宝镇是文学大师林语堂先生的祖籍地，场地周边有畲族特色村寨，绿道串联天宝镇特色人文资源，为文创活动搭建发展平台，展示地域文化特色（图3–48）。

图3-47 九龙江西溪北滨江绿道一期工程建设前后对比照片

资料来源：中国城市建设研究院有限公司无界景观工作室拍摄

图3-48 九龙江西溪北滨江绿道二期工程建成照片

资料来源：中国城市建设研究院有限公司无界景观工作室拍摄

2）绿道组成要素

绿道游径依托场地现状土路、土堤、田埂、石板桥等修建，完善网络布局。路基利用现场拆除违章建筑材料砌筑，面层采用透水砖、碎石等透水性铺装材料。设计自然观察径，串联不同植物和鸟类的观察点，打造自然教育基地。

在保证河道行洪断面的基础上，降低河滩高程，最大坡度控制在1：8以内；将河滩区域挖方用于堤防改造，将现状堤防陡坡局部改造为缓坡；同时进行微地形塑造，丰富空间变化，保证土方就地平衡。将现状洼地、池塘改造为景观水系与河道连通，降低场地内涝风险。

保留现状竹林、龙眼林、苗圃植物等，凸显地方植被特色。在绿道沿线重要节点适当补植，丰富林缘线、水岸线植物景观，营造舒适的林荫环境，提升场地的景观识别性。应用管理粗放的开花地被，营造富于自然野趣的植物景观。

绿道沿线场地及设施设置充分结合周边环境及当地居民使用需求，设计多样化的休闲、运动场所，鼓励全民健身。保留现状庙宇、戏台、碑刻等进行公共空间的提升改造，为民俗文化活动提供场所。结合漳州传统民俗，为九龙江龙舟赛设置龙舟下水点及观赛场地，传承龙舟文化。

3）绿道使用及效益

九龙江西溪北滨江绿道拉近了市民与自然之间的距离，提供步行、慢跑、自行车骑行、游船等多种游览方式，已成为全民健身、传统民俗、科普宣教的优良场所，影响并改变着市民的生活方式，推动旧有城市记忆与新兴生活场景的交融、共生。

绿道主要使用时段工作日集中在下午下班后；周末及节假日集中在上午、傍晚及晚上。篮球场、足球场最受欢迎，门球场、儿童沙坑、轮滑池等使用率略低，露天烧烤区使用率较低。绿道建成后已成功举办自行车赛、健步走、趣味主题跑、轮滑赛、门球赛等全民健身活动；龙舟赛、大鼓凉伞舞、社戏等传统民俗活动；摄影、写生、自然观察等科普宣教活动。

（4）仙居永安溪绿道：沿自然溪流设置

1）绿道概况

浙江省台州市仙居县于2011年编制了《仙居县绿道网总体规划》，是国内第一个县域绿道规划，结合绿道的服务范围、使用频率等特点，将绿道划分为主绿道和辅绿道。仙居绿道网由一条主绿道、多条辅绿道构成，呈现“叶脉形”结构（图3-49）。主绿道（主脉）沿仙居母亲河永安溪布局，辅绿道（支脉）沿支溪流、景区道路或城市景观道路等汇入永安溪绿道。主绿道总长112km，辅绿道总长321km[173]。除绿道网规划之外，仙居县还同时编制了《仙居县旅游目的地规划》《仙居绿道生态经济带规划》《仙居永安溪沿线生产力布局规划》《仙居县永安溪湿地公园总体规划》。

永安溪绿道是仙居县建成最早、最为闻名的绿道，起于永安公园，止于神仙居景区，全长约76km。绿道将永安溪沿岸的田园风光、山林风光、农家风光和人文

图3-49 仙居县绿道网总体规划（2011~2020年）
资料来源：中共仙居县委，仙居县人民政府. 仙居永安绿道，2014

景观融入其中，突出“神仙情缘”主题。绿道为城区居民提供了进行中等距离户外散步、自行车运动的休闲线路，同时也是游客观光的旅游线路，获得了2015年度中国人居环境范例奖、2017年度世界休闲组织国际创新奖（图3-50、图3-51）。

绿道建设以生态环境保护为重点，实施“三控一护”。“三控”即一控减少永安溪上游污染和周边农业污染，实施了上游截污工程，全面禁止永安溪水域网箱养鱼养殖。二控绿道范围开发项目，严把审批关，对落户绿道项目实行多部门联合审批，对污染项目实行一票否决。三控绿道旅游配套设施的选址、建设体量和建筑材质。“一护”是维护绿道原始地貌、培育恢复原生物种，主要是实施河道清淤，建设生态护岸。

2）绿道组成要素

绿道游径依托溪边现有道路改造，极力避免对耕地、林地和原生态环境的破

图3-50　仙居永安溪绿道鸟瞰
资料来源：百度图片

图3-51　仙居永安溪绿道实景照片
资料来源：作者根据百度图片整理

坏。就地取材与采用高新技术材料相结合。根据实际情况灵活采用青石、红石、砂石、溪石、透水砖、沥青、彩色水泥等铺装材料；栈道、栏杆则采用石英塑等节能环保耐用的新材料。县城内的绿道与市政道路设有多个出入口，居民可以便捷到达绿道；近郊区的绿道尚无公共交通接驳，大部分游客骑行或自驾前往绿道。

绿道建设保留现状溪边优良植被基础，适地适树适当补植，营造生态自然的植物景观。建设绿道驿站10个，为游人提供休息、自行车租赁、快捷餐饮服务。驿站建筑设计中力求通过建筑材料、建筑形式突出仙居自然山水与历史文化特色（图3-52）。优先选用地方木材、石材等，注重与周边自然环境的融合；融入地方历史文化元素，赋予文化内涵。

绿道标识系统沿绿道游径设置，木制样式颇有野趣。县城内的绿道营造绚丽夜景，路灯造型设计参考仙居国家级非物质文化遗产针刺无骨花灯，美观大方，彰显地方特色。

3）绿道提升开发

2013年永安溪绿道主体建设完成，初步具备城乡统筹和生态保护的功能，但仍存在水系交通联系不足、管理不完善、沿线地区发展不均衡、旅游开发有待加强等问题。在这种情况下，中国科学院地理科学与资源研究所旅游研究与规划设计中心编制了《永安溪绿道休闲系统规划》，包含景观、休闲、度假、交通、服务五大组织系统，构建以永安溪绿道为主要载体的绿道休闲产业廊道。规划重点考虑了四大参与主体——政府部门、绿道公司、参营企业和集体、环保组织等团体，并分析了它们在绿道管理运营中扮演的角色。该规划考虑了绿道的复合功能延伸，力求“一举多利”，实现“旅游+农、林、渔”融合发展（图3-53、图3-54）。

3.1.3.2 依托水体边缘建设

（1）肇庆星湖绿道：融合城区与景区

1）绿道概况

肇庆星湖绿道是广东省立绿道1号线的一部分，位于肇庆“山、湖、城、江”主要轴线上，联系肇庆城区与星湖国家级风景名胜区，是连接城市与自然山水的一道靓丽风景线，也是体现城市优良的旅游、生态资源和地方人文特色的重要线路。

图3-52 仙居永安溪绿道驿站及标识
资料来源：作者根据百度图片整理

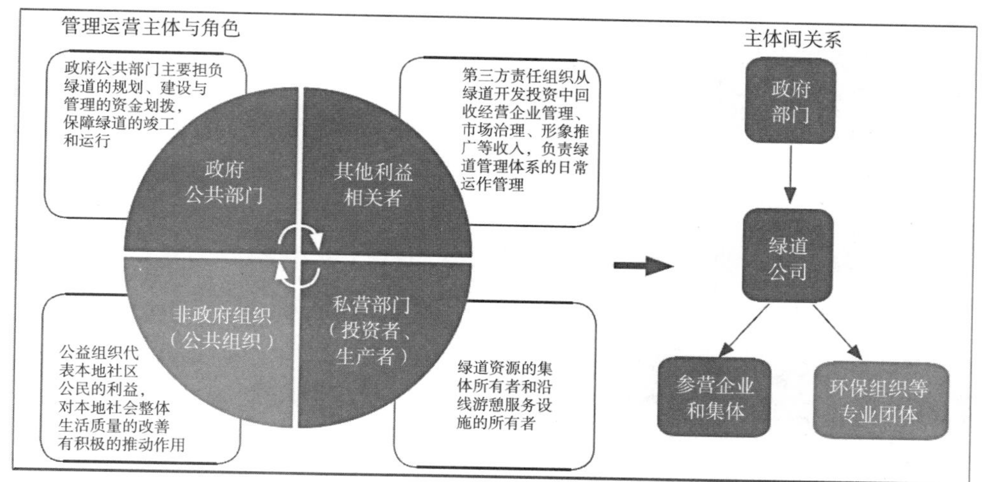

图3-53 绿道管理运营主体及其关系示意

资料来源：宁志中等，乡村绿道休闲产业系统规划实践——以浙江仙居永安溪绿道为例，2017

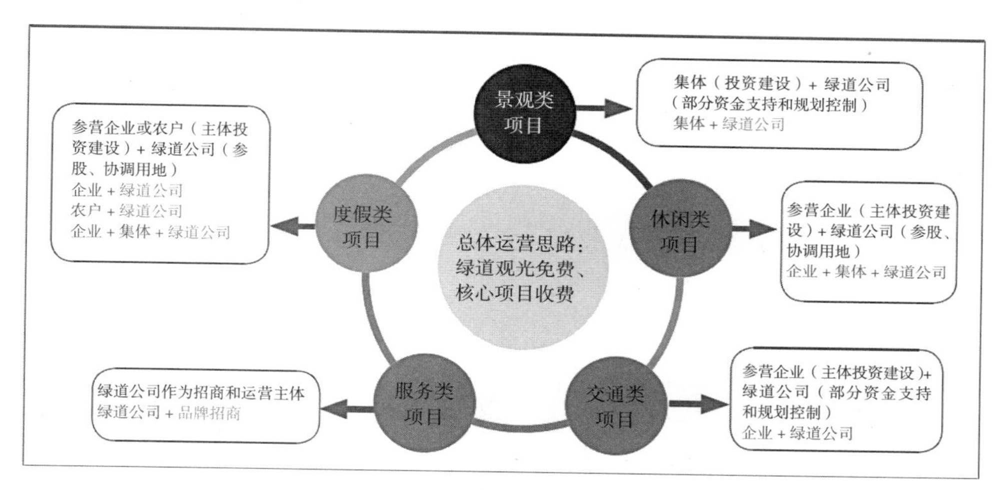

图3-54 绿道各系统管理运营主体

资料来源：宁志中等，乡村绿道休闲产业系统规划实践——以浙江仙居永安溪绿道为例，2017

肇庆星湖绿道环绕风光秀丽的星湖风景区（七星岩和鼎湖山）而建，全长19.1km，沿线串连波海公园、伴月湖公园、星湖湾公园、牌坊公园和七星岩牌坊广场、东门广场、北门广场，分为四个生态休闲环，形成独有的环湖、观景、休闲特色。2011年，肇庆星湖绿道被中国城市竞争力研究会授予“中国最美的绿道”称号（图3-55、图3-56）。

2）绿道建设特点

星湖是肇庆市得天独厚的风景资源，既是市民重要的公共空间，也是肇庆最重要的旅游名片。星湖绿道紧密结合景区与城区的不同环境，形成了“城在景中、景在城中”的休闲旅游观光带，主要具有以下建设特色：

①注重亲水亲绿，强化可达性与可参与性

尊重现状地形地貌、山水格局，绿道与星湖风景区相互融合，相得益彰，成为深受市民和游客欢迎的休闲空间。

环湖绿道临水布局，以架空栈道的形式为主，不填湖修路，不影响星湖的水环境。同时通过封闭部分湖堤机动车道、把堤面升级改造成专用自行车道等方式，优

图3-55 肇庆星湖绿道导览图
资料来源：广东绿道网

图3-56 肇庆七星岩鸟瞰照片
资料来源：星湖风景区网站

图3-57 肇庆星湖绿道及湖滨栈道
资料来源：张润朋，肇庆环星湖绿道：自然与生活相融的慢生活之路，2018

化交通条件，改变原来星湖周边机动车和非机动车混行的交通状况。

政府提出“返绿于民”，将沿湖绿地空间全部预留出来，植入休闲活动场所，提升绿道的参与性，也保证了滨湖空间绿地环境的品质。

②带动沿线环境提升，引领健康生活方式

不同于在新城建设绿道，环星湖绿道建设主要在旧城中心区，建设过程中十分注重沿线城市公园及公共空间的建设与改造提升。新建了波海公园、牌坊公园、起点广场及东门广场，重点改造提升了牌坊广场，打造了蕉园岗驿站、东门广场驿站等配套设施（图3-57、图3-58）。

绿道建设还有效带动沿线出头村、岩前村、蕉园村等一批城中村加快改善交通出行、绿化休闲和卫生环境条件，从城市的角落变成城市的新景。

近水之美、骑行之趣、竞跑之乐、合家之欢，贯穿在星湖绿道中，引领了低碳环保的健康生活方式。

3）绿道使用评析

张西林（2012）[178]对肇庆星湖绿道使用状况进行了调查，得出以下结论：

①绿道休闲总体使用时间周末节假日多于工作日，夜间多于白天。清晨和上午使用绿道多为60岁以上老年人群体，下午多为儿童群体及其陪伴者；晚上是其他各种年龄段群体使用绿道休闲最多的时段，同时也是职业群体休闲时间首选。

图3-58　肇庆星湖绿道串联的波海公园及东门广场
资料来源：张润朋，肇庆环星湖绿道：自然与生活相融的慢生活之路，2018

②总体上绿道休闲利用率不高，市民规律性进行绿道休闲的比例不大，将绿道休闲作为生活惯常行为的市民并不多。中老年群体、闲暇时间较多的退休人员等使用频率较高。

③绿道休闲行为在空间分布上呈现不均衡性，不同地段区位、环境氛围的绿道吸引着不同年龄段的休闲者。市民更多地选择公共交通便捷或日常居所附近绿道就近开展休闲；城市公共交通可达性差或远离城市主要居住区的绿道地段往往成为休闲使用中的冷点。

④市民绿道休闲目的主要归纳为欣赏风景、身心放松和锻炼身体三大类。基于绿道自身沿途美丽风光，欣赏风景几乎为所有休闲者的基础要求之一。青年群体更多地表现为舒缓日常生活和工作的紧张压力，中老年群体更多地为了锻炼身体和康体保健需要。

⑤现有主要绿道休闲活动中，可带来轻松愉悦体验的散步、闲逛和观光三类活动成为主流。运动类的骑自行车和健身活动受到年轻人和老年人的青睐。由于公务员、专业技术人员和学生群体日常连续工作（学习）时间长，更喜欢选择绿道进行健身。

⑥在休闲时间、休闲频率、休闲地点、休闲目的和休闲活动类型等绿道休闲行为层面，不同年龄的群体休闲行为差异明显，不同职业的群体也表现出较大的行为差别。而性别差异、受教育程度差异和个人收入差异并未相应表现在绿道休闲行为的差异上。

余勇等（2013）[179]以肇庆星湖绿道为例进行了自行车骑乘者休闲涉入、休闲效益与幸福感的结构关系研究，调查发现自行车骑乘者具有以中青年为主、职业广泛、收入中等的类群特征，具备中等偏上的文化教育背景，男性居多。其中，一部分人选择在城郊结伴骑行，大部分人利用周末参与自行车协会组织的活动，城郊至100km以内是最佳的骑乘范围，多数人的骑乘时间不长，骑乘目的以康体为主，兼具游览性质。

上述使用情况的调研比较符合星湖绿道的区位条件及风景资源特色，鉴于数据集中于绿道建成初期，笔者通过网络搜索了近年来的星湖绿道相关活动。不仅有环星湖半程马拉松比赛、国际自行车比赛、“骑行肇庆、文明旅游”发现城市之美骑行活动等体育活动，还有种类丰富的文艺演出、书画摄影展等活动，星湖绿道正以它独特的魅力不断丰富着肇庆市民的日常生活。

（2）宁波东钱湖绿道：环湖自行车专用道

1）绿道概况

东钱湖由谷子湖、梅湖和外湖三部分组成，面积22km^2，是杭州西湖的3倍，是浙江省最大的（天然）淡水湖，也是著名的风景名胜区。美丽的陶公堤似长虹卧波，把东钱湖分为南北两湖。景区有陶公钓矶、余相书楼、百步耸翠、霞屿锁岚、双虹落彩、二灵夕照、上林晓钟、芦汀宿雁、殷湾渔火、白石仙坪等十景。

东钱湖环湖绿道系统主要由环湖自行车道和游步道、栈道系统组成，是东钱湖旅游度假区“骑行、步行、车行、舟行”四行旅游交通体系的重要载体。2010年结合环湖东路非机动车道改造工程建设我国内地首条环湖生态休闲自行车专用道。至2018年8月，基本完成东南线“动物天堂、生态绿洲、茶香山地、追风大道”四大主题路段，贯穿湖、山、野、城、镇、村，串联东钱湖的自然禀赋和历史人文景观。2018年浙江省绿道网建设工作现场会在东钱湖举行，东钱湖环湖绿道入选第二届“浙江最美十佳绿道”。

2）绿道建设特点

东钱湖绿道建设体现安全、连续、便捷、舒适、易维护五大原则。环湖自行车道宽3m，与机动车道之间建立物理阻隔，两侧边缘采用热熔反光漆标线。路基临湖、临坡（沟）侧设置铁艺栏杆，栈桥、亲水平台和景观平台外侧设置钢丝绳索护栏，保证使用安全。绿道与水系、山体自然过渡，保障通达、无间断。建立多层级的服务设施，保障换乘、停车、休息及餐饮的便捷性。处理好自然环境保护与路面、标识、景观绿化等的关系，保障通行舒适感。强化用电、照明、通讯、消防等的集约化设计和专业化管理，保障后期养护管理。[180]

东钱湖绿道游径形式丰富，设置了彩色透水路面、栈桥、镶嵌梵高名画“星月夜”的荧光石路面等特色段落，游客在此可以享受“慢生活”“夜骑”等多种休闲娱乐方式（图3-59）。依托此条绿道，东钱湖先后举办了国际单车嘉年华、骑行东钱湖、国际自行车挑战赛等活动。

东钱湖绿道的后期管理采取产权属公、政府监管、企业运营、游客参与的模式。日常管养专业服务引入市场竞争机制，建立了绿道及周边重要地区监管网络，由智慧东钱湖系统实行全天候监控，执法部门驻点管理，确保秩序井然。将环湖绿道纳入全区旅游产品整体运行管理，引导社会力量逐步建立环湖单车驿站、自行车租赁、经营场地租赁3个运营体系，打响“骑行钱湖”运动休闲品牌。[181]

3）智慧东钱湖系统

宁波市于2010年在全国率先系统部署智慧城市建设，陆续出台《宁波智慧城市发展“十三五”规划》《宁波创建新型智慧城市三年行动计划》，提出了“数据驱动、

图3-59 宁波东钱湖绿道实景照片
资料来源：作者根据百度图片整理

业务协同、产业融合、应用升级、信息安全”的国家新型智慧城市的发展目标，荣获了中国智慧城市建设“领军城市”、中欧绿色和智慧城市“卓越奖”等荣誉。

为配合宁波智慧城市的整体建设，宁波东钱湖旅游度假区管委会拟定了创建“智慧东钱湖”五年计划，并于2018年印发了《智慧东钱湖建设三年行动计划（2018～2020）》，主要任务包括四个方面。第一，增强助手作用，建设智慧管理决策体系：包括智慧政务、智慧生态、智慧交通、智慧城管、智慧治安、智慧市监。第二，增强区域优势，建设智慧文旅体验体系：线上以“掌心里的东钱湖”为主打，集成各类营销和交互功能，实现服务“一掌通”；线下将新型技术融入各类文化旅游产品，打造全方位的智慧文旅体验体系。第三，增强服务功能，建设智慧便民服务体系：线上以浙江政务服务网为基础，推出“掌上办事大厅”；线下建设以行政服务中心为主体的区镇村三级智慧便民服务体系。第四，增强发展后劲，培育智慧产业经济：与区域产业经济发展战略相结合，积极培育智慧产业，打造相关产业链。[182]

东钱湖智慧地理信息系统项目是创建“智慧东钱湖”的重要项目之一，其核心是建立一个覆盖东钱湖旅游度假区全区，集地理空间信息数据的采集、更新、处理、分析和业务办公于一体的基础平台（图3-60）。它主要以测绘与规划专业领域为重点突破口，切入各部门共享数据，不仅能够为专业信息系统建设和各种地图产品的综合开发利用提供各种专业地理空间数据，而且能够更加高效地为政府相关部门、企事业单位及社会公众提供统一标准的、精确的、权威的基础地理空间信息资源服务。[183]

除了东钱湖智慧地理信息系统外，东钱湖智慧应用还包括旅游大数据管理中心、智行东钱湖APP、乐活粉丝卡等项目，构建政府、旅游企业、游客全方位信息融合的综合服务平台，抓住智慧管理和智慧服务两大重点，在打通、夯实数据基础面的同时，培育延展性、推广性强的智慧城市特色项目，打造国内一流、国际知名的智慧旅游度假区。

（3）深圳盐田滨海栈道：黄金海岸游线

1）绿道概况

盐田滨海栈道位于深圳东北部的盐田区，临大鹏湾，是盐田区“黄金海岸”旅游体系的重要组成部分，连接盐田各个重要景点。盐田滨海栈道西起中英街古塔公园，东至背仔角，全长19.5km，贯穿沙头角、盐田港、大小梅沙海滩、东部华侨城，被誉为世界第一长“海滨玉带”（图3-61）。

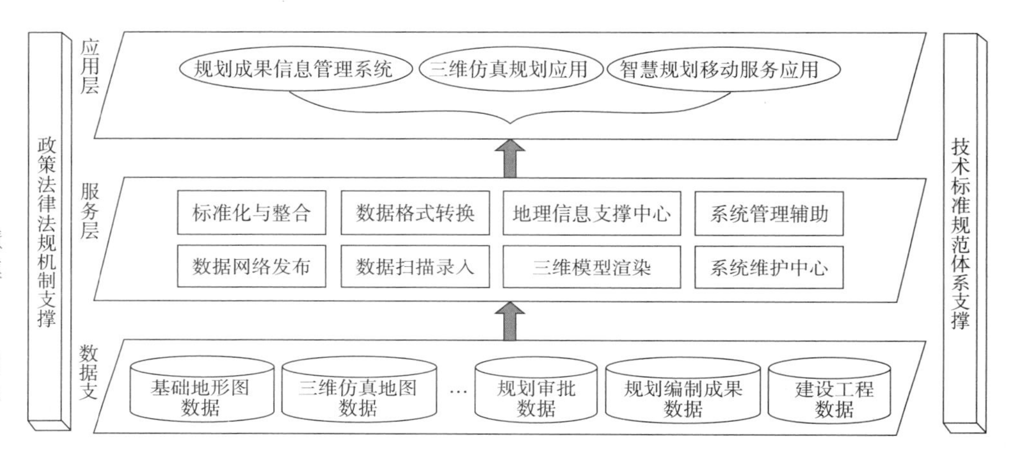

图3-60 东钱湖智慧地理信息系统框架
资料来源：杨军生等.面向服务架构的东钱湖智慧地理信息系统建设研究，2013

图3-61 深圳盐田滨海栈道线路图
资料来源：百度图片

栈道共分三个主题段落：城市生活岸线段、工业港区岸线段、自然生态岸线段。城市生活岸线段包括“中英街”海岸线栈道及海景路亲水性景观环境步行系统；工业港区岸线段分为“绿树林阴”“海港印象”“渔舟唱晚”“山海奇观”四个主题，开创港区旅游的新线路；自然生态岸线段包括“大梅沙西栈道”“大梅沙海滨公园”“大梅沙东栈道”“小梅沙海滨公园”及“背仔角栈道”五个部分。[184]

2）绿道建设特点

绿道游径主要为崖壁和礁石之上架设的栈道，少部分在滨海填海处铺设绿道游径路面，与滨海公路相隔离，在盐田港区、小梅沙收费海滩、游艇俱乐部等段落栈道无法串联，则采用借道滨海公路的方式进行联系。

绿道游径为步行骑行综合道，全程坡度较为平坦，仅在少数下到海边或是上到滨海公路的地方设有台阶。滨海栈道适合家庭亲子出游，采用较为轻松的步行方式，约6～7h可以走完全程。栈道全程有多个衔接点可以进行交通接驳，公交、自驾均可便捷到达。栈道沿线设有指示标识，还设置了监控和路灯，保证夜间使用安全。

滨海栈道沿线均可欣赏到气势磅礴的海景，沿线布局观景平台及景观廊架等，为游人提供休息、观景的场所。栈道局部进行亲水设计，游人可走到海边赏景戏水，在礁石上拍照留念（图3–62）。

图3–62　深圳盐田滨海栈道实景照片

资料来源：作者根据百度图片整理

3.1.4 小结

本节根据依托的不同资源，选取沿路、依山、傍水的代表性绿道实例进行了分类研究。需要说明的是，由于资源条件本身具有复合性，本节提出的三类绿道并不是机械割裂的，而是相互兼容的，应遵循因地制宜原则进行建设，注重绿道与周边环境的协调融合及景观视线的引导。

（1）依托道路建设的绿道设计要点

结合本节分析的绿道实例，依托道路建设的绿道应遵循以下设计要点：将废弃道路改造为绿道，应合理利用原有铺装、附属设施等，挖掘展示道路自身的历史文化。依托道路沿线绿带建设绿道，应高效利用土地资源，打破道路附属绿地与路侧公园、广场、防护绿地等的分割，进行一体化设计。依托现有步行、非机动车行道路或交通流量较小的机非混行道路建设绿道，应不影响道路原有功能的发挥，采取必要的绿化隔离措施，保障绿道使用安全。

目前不少地方存在仅对现状非机动车道、人行道简单更换铺装，增设若干标识，就作为绿道的现象。针对这种情况，应强调绿道的环境品质与服务功能，进一步对沿线绿化、休闲健身设施等加以提升完善。笔者认为自行车专用道是解决城市快速通勤，倡导绿色出行的一种尝试，但其不具备休闲健身、生态环保等功能，仅能称为绿道的一种特殊形式。

（2）依托山体（绿地）建设的绿道设计要点

依托山体与绿地建设的绿道具有较强的共性，故而一并总结，主要包含以下两种情况。第一，联系依托城镇内的公园绿地、防护绿地、广场等建设，应注重绿道系统的联通性，充分利用现有的服务设施，且不得影响现有绿地、广场的正常使用。第二，依托自然山体、林地等建设，应合理利用山麓道、登山道、森林防火道等现有道路，新建游径顺应自然地势，采用适宜形式，避免对环境的破坏。依托山林资源优势，可设置自然观察、科考探索、户外越野、登高游览等特色游径，布置野营地等。

（3）依托水系建设的绿道设计要点

依托水系建设的绿道设计应注重保护水体资源，保障水利与绿道使用安全，结合水环境综合整治、海绵城市建设、水上旅游线路开发等相关工程，协调周边环境优化水景风貌，合理布局绿道游径，设置滨水休闲场所，满足亲水需求。

城镇区域的水系绿道应完善绿道服务设施，打造充满活力的滨水公共空间。在有条件的情况下，宜改造利用现状堤坝，丰富景观层次，软化硬质驳岸，恢复被人工改造或填埋的水系，推进截污纳管与水质改善。郊野区域的水系绿道布局宜顺应水系走向，保护水体的天然形态，与周边自然环境衔接融合。

3.2 注重复合功能开发的绿道

上一节对依托不同资源建设的绿道进行了分类研究，本节针对绿道的复合功能开发，选取在优化区域发展格局、展现地域文化特色、促进旅游经济发展三方面具有代表性的绿道进行研究。

3.2.1 优化区域发展格局的绿道

绿道作为城镇绿地系统的重要组成部分，串联不同类型的绿色空间，有利于优化绿地空间结构，完善城镇生态并提升宜居环境。绿道提供开放共享的休闲健身设施，引领绿色健康的生活方式，是落实“以人民为中心”的重要民生工程。本小节选取在优化区域发展格局方面发挥突出作用的绿道实例进行了研究。

（1）武汉东湖绿道：还绿于城、还湖于民、公众参与

1）绿道概况

武汉市东湖位于长江南岸，水域面积达 33km^2，是我国水域面积最广阔的城中湖之一。由于围湖造田、填湖造城，导致东湖环境恶化，城湖关系一度非常紧张。2012年，根据《东湖风景名胜区总体规划》，武汉市开始对东湖实施大规模改造。绿道建设是东湖改造的重要工程，统筹协调交通联系、休闲旅游、生态保护、村落改造等问题，着力于还绿于城、还湖于民，打造市民亲近自然的城市“绿心”。

东湖绿道全长102km，串联磨山、听涛、落雁、渔光、喻家湖五大景区，解决了城市绿地因交通阻隔破碎化的问题，大大提高了各景区之间的可达性。绿道一期工程于2016年底建成，包含湖中道、湖山道、磨山道和郊野道四条主题绿道。二期工程于2017年底基本建成，包含湖城道、湖泽道、湖町道、湖林道、森林道五条主题绿道，与一期绿道扣环成网。三期工程于2018年8月开工建设，不再增加绿道里程，重在提升内涵，增强“颜值”，整体打造国际知名的生态旅游风景名胜区。同时结合景中村改造，进一步加强景区与周边城市功能区的融合发展，实现山水相依、城湖融合的新景象，让居民因景区发展而受益，让生活因景区改造而更美好（图3–63）。

东湖绿道已正式获准加入联合国人居署“改善中国城市公共空间示范项目”，作为范例在全球推广。《武汉东湖绿道实施规划》获得国际城市与区域规划师学会颁发的“规划卓越奖”，这一奖项也是国际规划界的最高奖项。

2）绿道建设特点

东湖绿道有许多具有特色的段落，成为市民徒步、跑步、骑行的好去处。有按照国际自行车赛道标准设计建设的自行车赛道，有用夜光材料铺成的荧光跑道，还有一条“高铁竞跑”赛道。这条赛道与旁边的高铁线平行，建有6条100m标准跑道，安装了感应器和计时器，电子屏可以显示参赛选手的成绩。

东湖绿道建设积极融合公共艺术，提升绿道文化内涵，打造生态艺术公园、国

际公共艺术园等特色节点，成功举办国际雕塑艺术双年展、中国东湖青年雕塑家邀请展等活动，持续扩大影响。通过这样的形式，使游人可以同绿道沿线的公共艺术作品很好地互动，把市民变成艺术的参与者，体验艺术为生活带来的乐趣和思考（图3-64）。

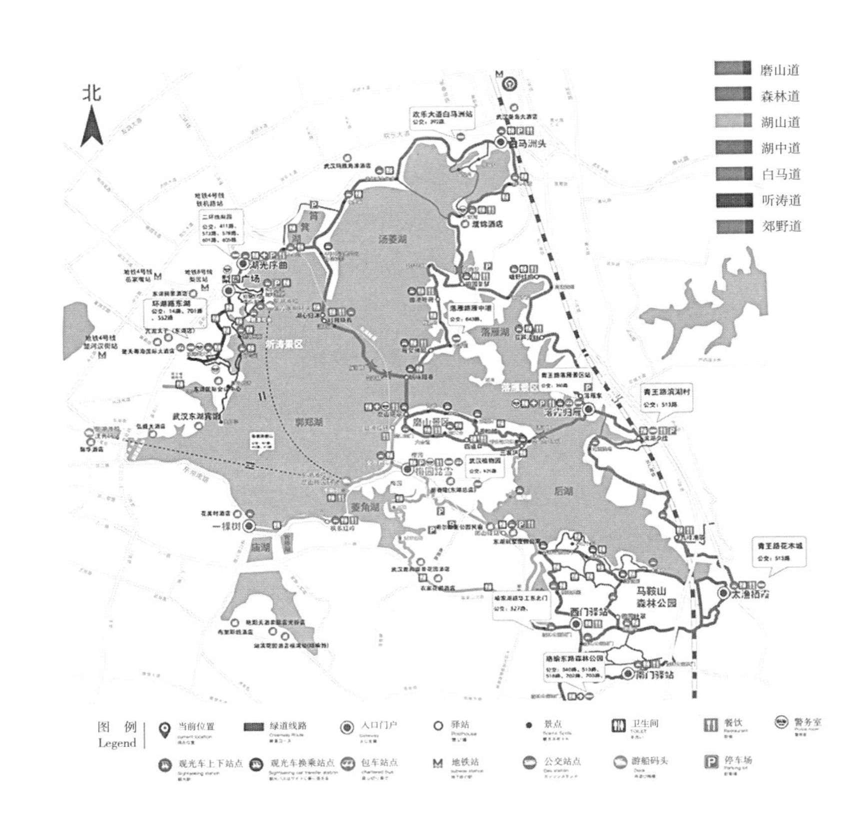

图3-63 东湖绿道全景导览图

资料来源：中国东湖绿道官方网站http://www.donghulvdao.com/

图3-64 武汉东湖绿道鸟瞰、夜光跑道与公共艺术作品

资料来源：作者根据百度图片整理

东湖绿道突出智慧服务，绿道全程WiFi覆盖，游客下载移动客户端或关注相应的微信平台，就能查看绿道周边的交通情况、查找停车位、租用自行车、进行移动支付等，遇到突发状况还能一键报警。捷安特湖北公司承担了绿道驿站部分服务功能，包含自行车销售、维修保养、主题活动策划、救援服务等。

东湖绿道力求保留原状呈野趣之美，修复生态还一方净水。建设过程中不断结合现场实际情况优化调整自行车道线形，严格保护东湖沿岸原有林木。落实海绵城市理念，采用透水人行道、下沉式绿地分隔带、生态缓坡等措施减缓地表径流，将雨水净化后入湖；结合植被规划、人工湿地等方式，有针对性地净化水体，促进东湖生态系统的修复。

东湖范围内生存着包括鱼类、两栖类、爬行类、鸟类的上百种野生脊椎动物，是重要的生态栖息地。东湖绿道规划设计遵循生态原则，不仅让市民实现“世界级慢生活”，同时保护野生动物栖息地，预留了13条生物通道，采用管状涵洞和箱形涵洞，管涵设低水路和步道，可以供野兔、松鼠等小型动物穿行。

3）绿道规划设计中的公众参与

绿道作为贴近居民生活绿色空间，需要兼顾社会公平和空间公平，规划和建设使用度更广、满意度更高的城市绿道系统。依托“众规武汉”线上平台，《武汉东湖绿道系统规划暨环东湖路绿道实施规划》成为全国首例在线征集公众意见的绿道项目（图3-65），结合不同的规划设计阶段，开辟了全过程持续性的公众参与渠道。栾敏敏等（2016）[187]总结了武汉市环东湖绿道系统规划过程以及公众参与在不同阶段的体现：

前期调研阶段：主要采用问卷调查和座谈会两种形式。问卷调查主要面向环东湖周边居民、高校师生和企业，座谈会主要面向相关部门和领导。问题主要包括目前绿道存在的问题、慢行交通需求等。

图3-65　众规平台的公众参与网络入口
资料来源：http://zg1.wpdi.cn/Default.aspx

基础资料收集阶段：主要进行了咨询与问卷调查，包括资料收集和要素评价。除了收集意见以外，也起到了宣传作用，向公众普及绿道知识。市民意见主要集中于：哪些地方满足绿道建设条件、哪些节点需要绿道连接等。规划师按照区域内正态分布抽取一定的公众资料进行要素评价，并采用FCE和AHP法对得到的公众数据进行详细分析。

规划方案阶段：主要集中在绿道系统的选线布局。市民可在众规平台上在线完成线路方案和驿站、商店和自行车租赁点等设施布点，实现“一张底图，众人规划”，最终通过系统大数据反映民意。同时非政府组织如自行车协会等也通过众规平台对绿道布局方案提出意见并与规划师交流。规划公示期间，众规平台上还设立了市民建议专属发表渠道，充分吸收公众意见。

绿道分段分类设计阶段：公众参与度达到最高。众规平台可以实现市民手绘上传绿道节点设计方案，内容包括景观、驿站以及相关附属设施的设计方案等。设计师与市民同步进行设计，综合后进行公示，供市民进行投票选择与意见征集，形成最后的节点方案。

武汉东湖绿道规划的公众参与，通过网络平台进行规划设计前期的意见收集，通过后台分析纳入规划设计阶段的意见，真正让市民参与到规划方案设计中。曹玉洁等（2016）[188]从三个方面总结了公众意见先导的应用：

第一，公众关注重点在规划策略中的应用，主要是将在线收集的问卷调查和规划建言信息进行识别和分析，形成公众对疏导交通、增加完善配套设施等方面的重点关注，形成了“独特共识的规划定位、连续贯通的绿道线网、开放便利的服务功能、丰富多样的景观环境、舒适安全的配套交通”的初步规划策略。

第二，公众规划意向在规划方案的应用，主要是在线收集公众视角下绿道选线、功能、景观、交通的理想蓝图信息，通过后台数据处理，将公众意见落位于目标空间上，形成公众在线规划的绿道主线、绿道支线、停车场、绿道入口、休息驿站等五个体系，并作为后期规划意向的重要参考。

第三，公众建言在管理决策中的应用，主要体现在政府部门慎重考虑公众建议，形成了开放两个收费景区作为绿道主要入口或换乘休闲空间的决策，并制定了景区开放后的管理制度。同时，政府部门也采纳了公众对绿道安全的要求和关于局部道路机动车禁行的建议，确定绿道建成后禁行局部道路机动车，并形成了禁行后交通支撑政策。

曹玉洁等还提出了公众参与的反思与完善建议。由于是国内首次众规，公众知晓度和推广度尚存在不足，且网络问卷调查、在线规划和规划建言等对公众素质水平有较高的要求，难以完全代表相关利益者的想法（从调查数据来看，本科以上学历的网络参与者占全部人员的70%，且18～35岁的中青年占65%）。因此未来应加强多渠道的公众参与平台建设，传统媒介与新型媒介的均衡覆盖，提高规划参与程度。此外，公众参与在规划实施监督阶段的存在缺失，应加以完善，实现全过程规划公众参与。

（2）厦门海沧绿道："城市双修"的辅助框架

1）绿道概况

厦门市海沧区位于海沧半岛，与厦门本岛隔海相望，是厦门岛外发展的城市副中心、国家级台商投资区。产业的蓬勃发展吸引了大量外来人口，城镇化发展迅猛，是厦门岛外城镇化率最高的市辖区。另据《厦门市城市总体规划（2010～2020）》草案，海沧将成为厦门岛外人口密度最高的区，现有城市绿地难以满足市民日益增长的户外休闲需求。

中国城市建设研究院无界景观工作室自2012年以来陆续承接了东南航运中心、蔡尖尾山系等海沧区重要绿色公共空间的景观策划、规划及景观设计工作，立足于海沧区的实际情况，将绿道作为统筹建设的重要载体，作为"城市双修"的辅助框架，建设功能复合的绿色基础设施。绿道有机连接分散的生态斑块，强化生态连通和"海绵"功能，参与构建区域性生态网络；为市民提供开放共享的绿色休闲健身场所，丰富城市绿色出行方式，有利于民生健康，提高城市活力，促进厦门岛内外协调发展（图3-66）。

2）绿道特色

海沧区绿道体系主要具有以下特色：

第一，构建山、海、湖、城交融的城市格局。蔡尖尾山系包含蔡尖尾山、大屏山、三魁岭、龟山等山体，是海沧区中部重要的生态绿核与山海通廊。设计立足自然地理特征，通过绿道系统将海沧两大山系、海沧湾、海沧湖、海沧CBD完美联系起来，优化绿地系统结构，为海沧未来发展前瞻性地构建绿色框架，强化山、海、湖、城交融的地域特色，避免千城一面。

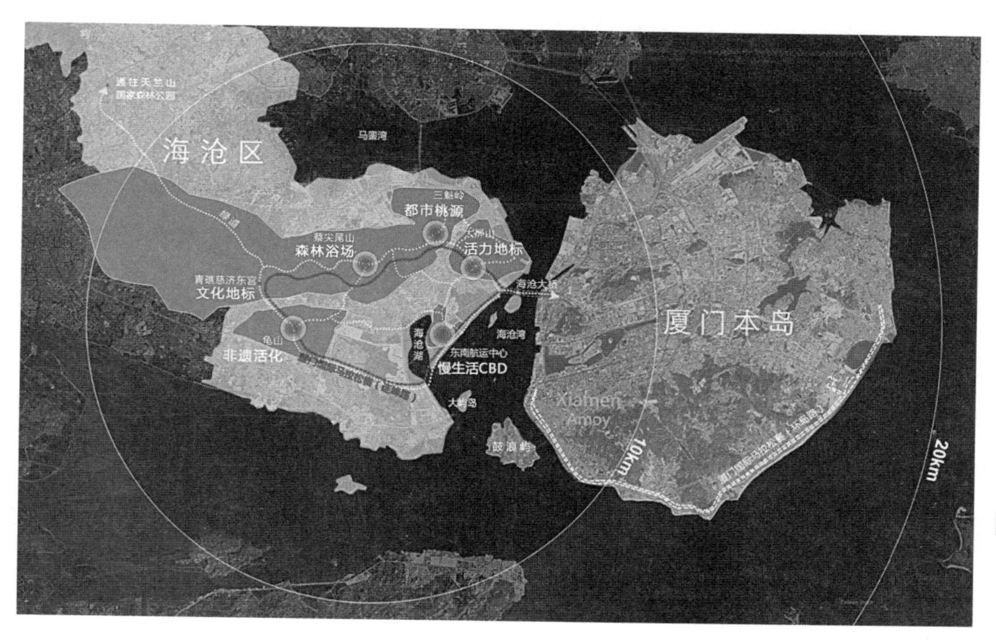

图3-66 厦门海沧绿道系统平面图

资料来源：中国城市建设研究院无界景观工作室

第二，因地制宜创造丰富体验。蔡尖尾山系大部分被划入生态红线范围，绿道布局充分利用现状森林防火道及登山路，结合周边环境创造丰富的游赏体验。结合科学的健身流程，绿道沿线还提供多样化的森林健身场地。大屏山位于蔡尖尾山系最东端，是海沧区的东部门户，充分利用其地理位置优势，营造以山林公园为形象的门户地标。山顶观景台同时也是城市演播厅，可一览厦门岛全貌，上演新鲜变幻的生活场景，形成厦门岛外新兴旅游目的地（图3–67 ~ 图3–69）。

第三，物质环境与文化环境同步“双修”。绿道建设与山体修复、林相改造等工程结合，消除安全隐患，保护修复山地海绵体。依托绿道形成串联海沧半岛诸山的“连峰路”，与环绕厦门本岛的“环岛路”遥相呼应。“环岛路”突出滨海风光，“连峰路”则尽显山林之美（图3–70）。传承厦门岛内基因，建立海沧独具特色的绿道活动品牌，进一步形成绿道健康与文化创意产业集群，带动海沧相关产业及区域经济发展。

（3）北京城市副中心行政办公区绿道：多网合一、多道合一

1）绿道概况

700年前，京杭大运河贯穿南北。通州位于大运河的北端，作为京畿之门、水陆要汇，成就了繁荣辉煌的历史，孕育了开放包容的气质。岁月流转，通州在新的时代迎来了新的历史使命，建设北京城市副中心，不仅是调整北京空间格局、治理大城市病、拓展发展新空间的需要，也是推动京津冀协同发展、探索人口经济密集

图3–67 大屏山观景台效果图
资料来源：中国城市建设研究院无界景观工作室

图3–68 蔡尖尾山绿道建成照片
资料来源：中国城市建设研究院无界景观工作室

图3-69 大屏山绿道建成照片
资料来源：中国城市建设研究院无界景观工作室

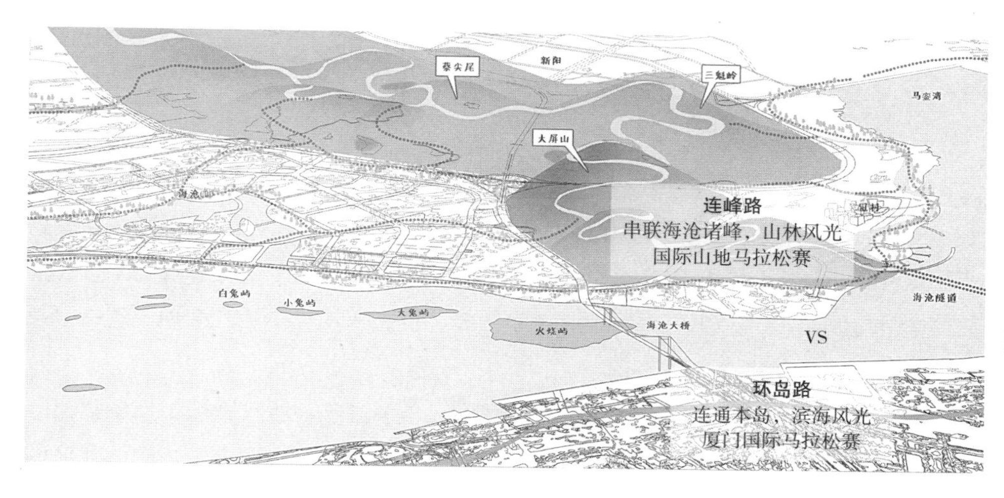

图3-70 海沧“连峰路”策划概念图
资料来源：中国城市建设研究院无界景观工作室

地区优化开发模式的需要。

北京城市副中心行政办公区位于通州潞城区，长安街的东延长线上，总面积约6km²，包含北京市委市政府办公建筑群及会议中心、图书馆、博物馆等公共服务设施，将打造“无愧于时代的千年之城”。

北京城市副中心行政办公区绿道网建设促进了风景园林与交通、市政、水利、能源、环保等多专业合作，将绿道网与绿地系统、交通网络、市政管网、户外休闲健身场所等进行统筹协调，发挥休闲游憩、科普教育、生态环保等多重功能，达到综合效益最大化。绿道网将节约型生态园林与行政办公建筑联系起来，自然与人工无缝衔接，助力建设历史文化与现代文明交汇的新型城区样本。

2）绿道特色

北京城市副中心行政办公区绿道成功实践了多专业一体化设计、统筹建设，强调多功能复合与土地资源的高效利用，主要体现在以下几个方面：

第一，绿道布局“多网合一”，绿道网、慢行网、林荫网、健身网、海绵网同步构建（图3-71）。根据市政道路等级，对非机动车道及人行道进行断面优化调整，在机非分隔带预留较宽绿地，在人行道留双排树，同时合理布局交通接驳设

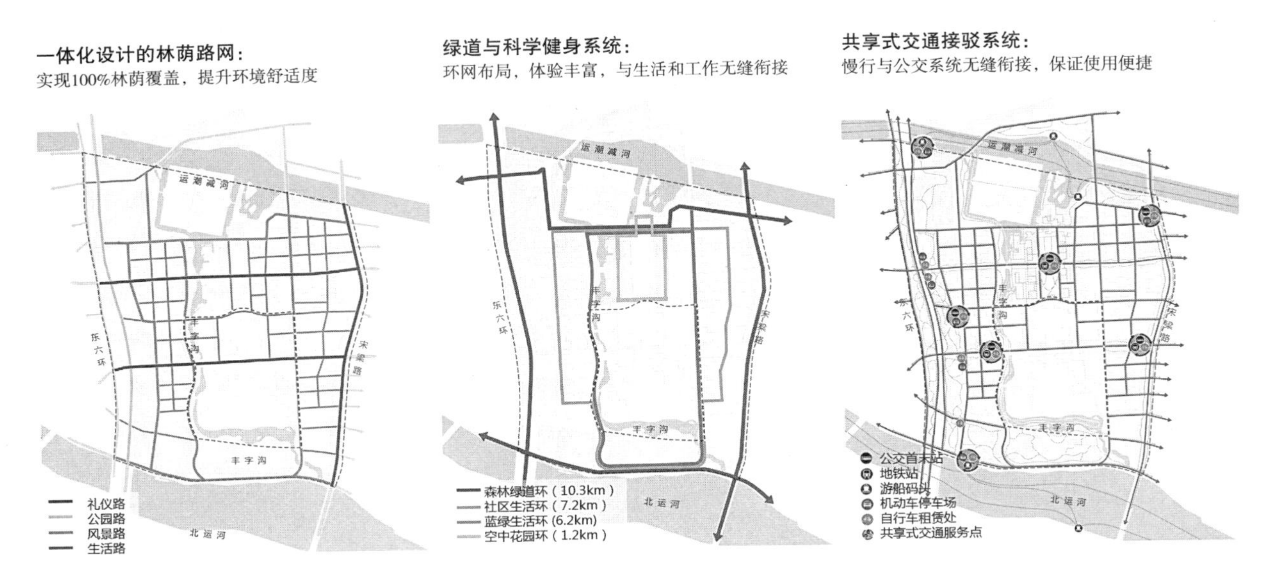

图3-71 北京城市副中心行政办公区绿道布局“多网合一”
资料来源：中国城市建设研究院无界景观工作室

施，营造安全、舒适、便捷的100%林荫绿色出行环境。考虑办公室人群的健康需求，在林荫中植入健身慢跑径，将运动场健身、器械健身与无器械健身相结合，形成科学健身网络。通过集雨型绿地、透水铺装、生态草沟等措施，实现三年一遇雨水零外排。

第二，绿道设计“多道合一”，风景河道、亲水绿道、通风廊道、地源热泵管道高效集约（图3–72）。镜河（原名丰字沟）是穿过北京城市副中心行政办公区的主要水系，原为排水渠道，西移改造后成为兼具排水调蓄功能的风景河道。镜河滨水绿道全长约3.6km，从生态水岸、集雨型绿地、低能耗绿地、可再生能源应用、生物多样性提升等方面着手进行一体化营建，既为市民提供了开放共享、亲近自然、健身休闲的场所，又打造了多功能的生态景观。

第三，营造宜人环境，引领智慧生活。绿道沿线通过微地形设计，合理配置植物群落，结合智能设施主动式调节温湿度，局部改善小气候，提升环境舒适度。景观构筑物和活动场地结合太阳能光伏发电装置，应用可再生能源实现景观零能耗。结合智能化的网络科技系统，将科学健身、自然科普、文化艺术等信息与手机终端相关联，实现“边走边玩、边玩边学”，引领绿色低碳、文明健康的生活方式。以共享模式整合多种公共空间，节约运营成本。

第四，遵循地域文脉，传承北京气质。选用乡土植物作为骨干树种，突出北京四季分明的季相特征，春季以春花植物为特色，夏季乔木浓荫如盖，秋季彩叶林色彩绚丽，冬季常绿植物比例超过40%。镜河水系承接北京古城水韵，成为新城“润城之水”和副中心“北京气质”的重要载体。延续古典园林理水思想，丰富水体形态变化，植入尺度宜人的休闲场所，营造开合有致、灵动大气、蓝绿交织、水城共融的滨水空间。传承中华传统的自然观与价值观，让风景融入日常生活（图3–73）。

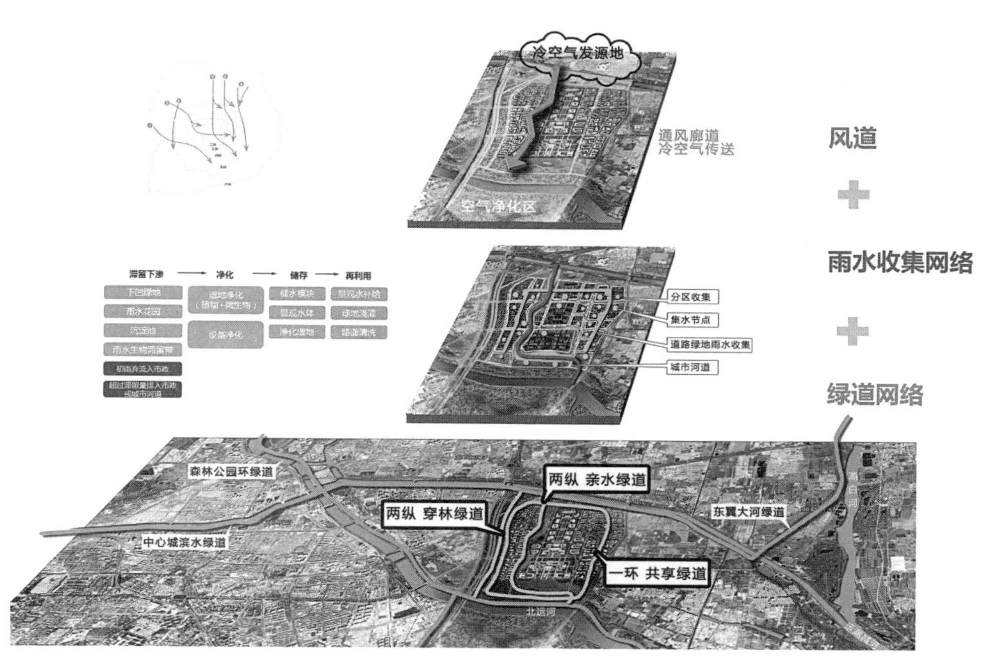

图3-72 镜河绿道设计“多道合一”
资料来源：中国城市建设研究院无界景观工作室

图3-73 镜河绿道建成照片
资料来源：中国城市建设研究院无界景观工作室

3.2.2 展现地域文化特色的绿道

绿道展现地域文化特色主要包含两种类型：一种是绿道依托线性历史文化元素建设，对沿线环境进行综合整治提升；另一种是绿道串联散布历史文化资源点，形成区域性的特色文化线路。本节对这两种绿道实例分别进行了研究。

3.2.2.1 绿道依托线性历史文化元素

（1）北京环二环绿道：依托旧城护城河及城墙遗址建设

1）北京二环路概况

北京二环路全长37.2km，1992年建成，是中国第一条全封闭、全立交的城市快速环路。二环路是北京旧城城墙演替的产物，几乎完整地保留了“凸”字形的旧城郭形态。二环路是形成北京独特城市意向的重要文化景观线路，具备凯文林奇提出的城市意向5要素的全部特征：既是城市快速路网络中的重要“道路”，又是划分新旧城市“区域”的“边界”，沿线分布着大量的城市空间“节点”与“标志物”。李杨等（2016）[189]对二环路沿线城市公园、文物保护单位、紧急避难场所做了梳理（图3-74）。

北京旧城城墙体系已基本破坏，仅剩原内城北侧护城河、原外城护城河、部分原内城南侧城墙及个别箭楼、角楼遗址。1993年北京市城市总体规划首次提出沿旧城城墙遗址保留相当宽度的绿化带，之后逐渐推进二环路沿线绿化与文化景观遗产项目。最初以“绿色项链”为主题，单纯注重绿化美化；2008年以后主题转变为“绿色城墙”，将沿线历史文化遗迹、河流、绿地景观逐渐融为一体，为环二环绿道建设奠定了基础。

2）绿道概况

环二环绿道是北京市级绿道“三环”格局中的重要一环，2012年开始部分段落建设，2015年全部建成，贯穿东城、西城、朝阳、丰台四区，双侧全长87km（图3-75）。绿道串联、整合了二环路及南北护城河沿线的公园绿地、滨河绿地及道路绿地，最大限度地开放城市绿地，为周边百姓创造更多的绿色活动空间，提升宜居水平。绿道参与构建环二环慢行系统，倡导绿色出行。绿道结合二环路沿线历史遗

图3-74 北京环二环绿道1km范围内城市公园、文物保护单位、紧急避难场所空间分布图

图片来源：李扬等，北京市环二环城市型绿道功能的研究，2016

迹，打造不同主题的文化景点。环二环绿道最终形成了集城市景观、休闲游憩、慢行交通、生态及文化遗产保护等功能于一体的绿色廊道，依托不同现状条件，衔接不同周边环境，分为四个段落，详见表3-2。

北京环二环绿道段落 表3-2

段落	绿道依托资源	绿道基本情况	沿线新建景点、改造公园
北护城河段 西直—东直门	内环结合公园绿地建设，外环结合护城河滨水绿地建设	将原巡河道改建为步行游径，设置了亲水步道及平台，是绿道体验最佳的段落	潭西胜境、德胜祈雪、钟鼓余音、晨歌暮影、古河花雨、梵宫映月、春场新颜
东二环段 东直门—东便门	串联整合两侧道路绿地及写字楼绿地	因空间有限，局部只有单侧绿道，部分借道现有人行道	水厂拾趣、春门祈福、谷仓新貌
南护城河段 东便门—西便门	依托护城河两侧滨水绿地建设	分高中低三层，上层衔接周边道路，中层结合护坡绿化设计坡道，下层为滨水步道。	古垣春秋、金台秋韵、龙潭鱼跃、左安品梅、临波问天、永定祥和、临河知耕、陶然春雨、右安闻莺、大观平度、应天怀古、太液金波、铜阙微澜、蓟碑霞蔚、天宁塔影
西二环段 西便门—西直门	外环不具备建设条件，内环依托公园绿地建设绿道	绿道紧邻城市道路，广场与绿地相结合，全程仅有单侧绿道	顺城公园、金融街绿地

资料来源：作者整理

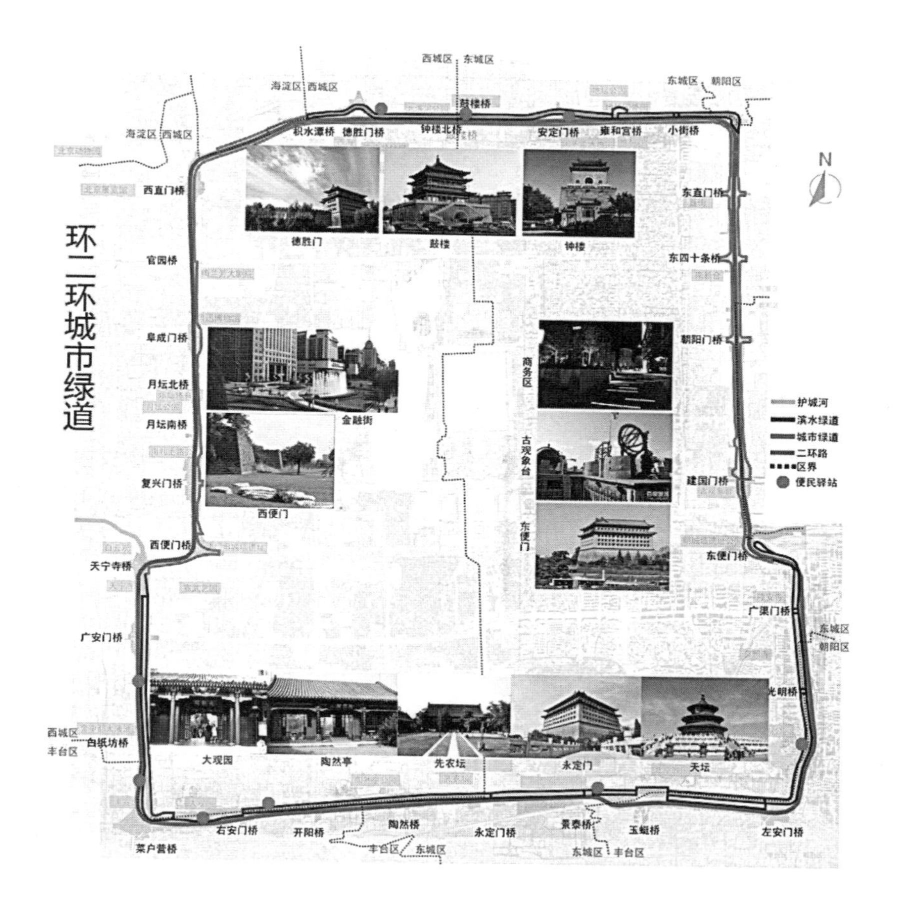

图3-75 北京环二环绿道平面图

资料来源：首都园林绿化政务网

3）绿道建设特点

第一，开放绿地空间，提升环境品质。环二环绿道位于北京城市中心，是对旧城绿地空间的有效补充，整合沿线道路绿地和滨河绿地，尽量增加向市民开放的绿色活动空间，设置了形式多样的休闲游憩场地与设施。绿道建设进行了两方面的绿化提升，一是增加绿量，二是增加植物品种。完善乔灌木复层种植以及垂直绿化，着重增加花灌木和彩色树种，丰富植物景观季相变化。

第二，丰富景观层次，减弱市政道路对环境的影响。为避免线性空间的单调，环二环绿道在有限空间的空间内尽量丰富景观层次。特别是在滨水段落巧妙利用河道与市政道路之间的现状高差，优化护坡绿化、景墙、廊架等细节设计，弱化道路交通影响的同时使上下层景观自然过渡，营造亲水空间并提供具有人文气息的小品设施（图3–76）。

第三，衔接周边环境，打造人文景观节点。绿道新增20余处景观节点，结合邻近不同时期的历史遗迹，既富有传统园林韵味，也融合了时代特色。如“潭西胜境”景点以清乾隆二十六年积水潭即景诗为蓝本，布局古典亭廊轩榭，营造四季景致；“水厂拾趣”景点结合中国第一座自来水博物馆，用金属管道、阀门等水厂部件拼接成亭廊座椅，地面铺装纹路也与自来水管线有关，具有工业设计风格（图3–77）。

4）绿道完善建议

环二环绿道在交通繁忙的二环路边营造绿色廊道，不仅为周边生活工作的市民提供了亲近自然的绿色空间，并且最大限度地发挥了绿地的生态效益。该工程串联改造了沿线4.6km^2的城市绿地，新植乔木2万株，花灌木9万株，地被植物16万m^2。按一辆1.6排放量的汽车每年排放出5.6t二氧化碳计算，新植植物每年将吸收约2200

图3–76 北京环二环绿道弱化道路影响的设计

资料来源：作者根据网络图片整理

辆普通汽车排放的二氧化碳。同时这些植被每天释放约65t的氧气，能满足约8.6万名成年人全天呼吸耗氧。[189]虽然环二环绿道产生了巨大的效益，但是经过调研发现绿道实际使用中还存在一些问题，有待进一步提升完善：

第一，绿道环境体验与服务功能有待提升。因用地限制、竖向高差等原因，环二环绿道部分段落宽度及空间层次有限，步道最小宽度为1.2m，仅能保证基本的连通，东二环段还有不少借道段落，体验性较差（图3-78）。北护城河段局部采用了生态驳岸，亲水性较好，南护城河段以硬质垂直驳岸和护坡为主，亲水性不足

图3-77 北京环二环绿道"潭西胜境"、"水厂拾趣"景点

资料来源：作者根据网络图片整理

图3-78 北京环二环绿道

资料来源：作者自摄

图3-79 北京环二环绿道南北护城河段
资料来源：作者自摄

（图3-79）。滨水步道以直线型为主，亲水平台数量有限，尺度和功能上都缺乏弹性。建议结合二环沿线城市更新持续拓展绿道空间，更好地融合周边居住、商业、办公、公园等不同环境，增设服务市民的休闲健身设施，进一步完善夜景照明等。

第二，绿道可达性与连续性有待加强。由于二环封闭快速路与护城河的分隔，内外环绿道横向联系性较差，在两侧绿地空间分布不均的情况下，不便于市民跨路（河）使用，一些跨路（河）的公园绿地也缺乏连接与指引。众多道路交叉口的分隔使得环二环绿道纵向连续性不足。建议通过立交等方式优化过街设计，同时完善指引标识，加强两侧绿道的联系及与周边绿地的衔接。目前绿地内以步行道为主，骑行道多借用市政道路，建议进一步完善骑行道与车行道之间的隔离设施，保证使用安全。

（2）南京明城墙绿道：依托世界最长的古代城垣建设

1）南京明城墙概况

公元1366年，明朝定都南京，利用南唐都城的南面和西面城墙扩建成明都城城墙，由宫城、皇城、京城、外郭四重组成。宫城与皇城采用传统的中轴对称方形布局，京城和外郭则顺应自然山水走势，呈现不规则形态，成为中国古代都市建设史上的一个特例（图3-80）。如今通常所称的“南京明城墙”为京城墙，全长35.267km，其中地面遗存25.091km，遗址部分10.176km。南京明城墙是世界最长、规模最大、保存原真性最好的古代城垣，高14～26m，宽7～19.75m（最宽处达30 m）。城墙外环绕着护城河，现存31.2km，城墙与护城河间距最宽处为334m，最

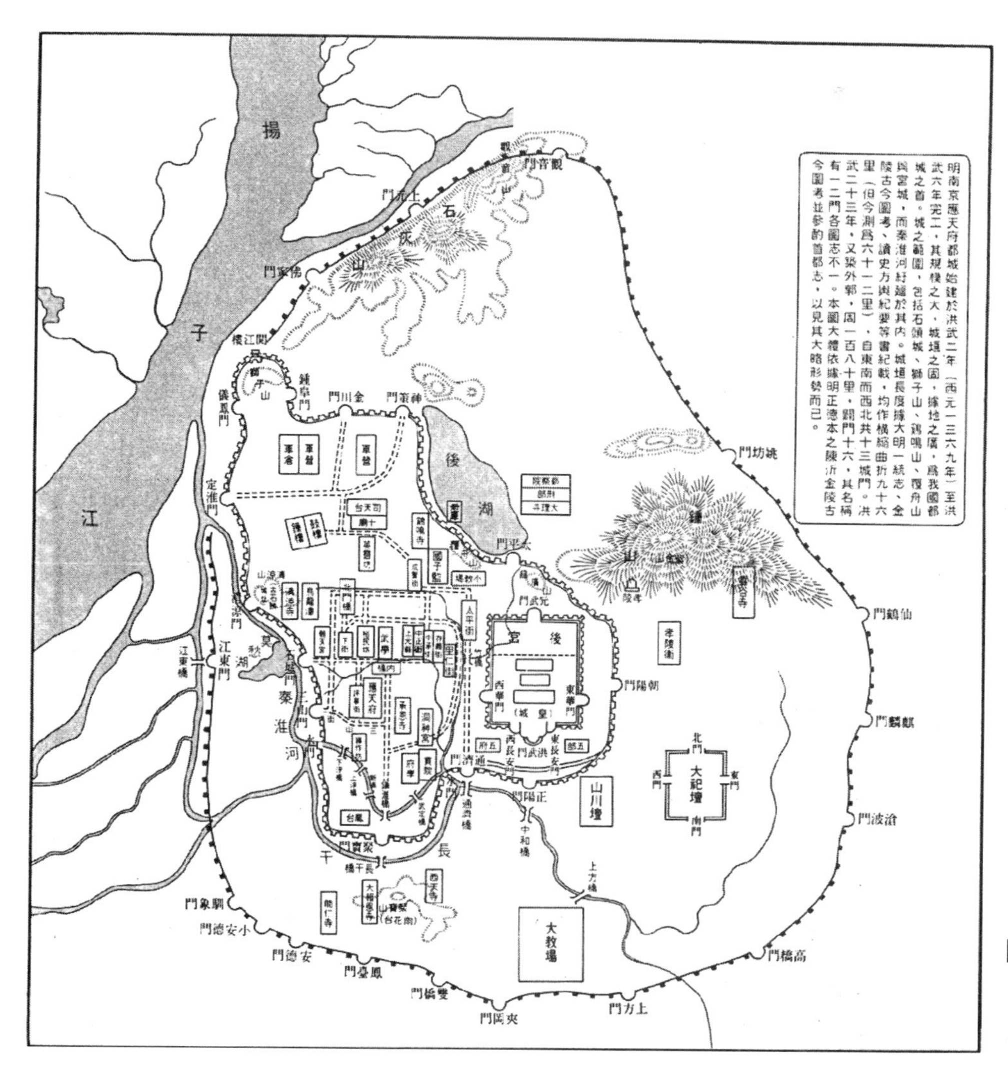

图3-80 明太祖所建南京皇都城垣与外郭形势略图

资料来源：百度图片

窄处为9m。南京明城墙是中国古代军事防御设施、城垣建造技术集大成之作，是中国礼教制度与自然相结合的典范。

1988年，南京明城墙全段被国务院公布为第三批全国重点文物保护单位，之后持续推进明城墙本体的保护与修缮，加强周边环境整治，进行了明城墙风光带、明城墙绿道及明城墙沿线城市设计等工作。2014年明城墙实现全面开放，融入城市生活，成为百姓看得见、到得了、摸得着的“民城墙”。2016年明城墙被列入国家级申遗备选项目，环城七十里的“古城项链”将城市地标、风景名胜等串联成线，以多元、开放、亲民的崭新面貌向世界展示山水城林、古今辉映的大美金陵。

2）绿道概况

明城墙绿道包含城墙内外两条路线，全长约25km的外侧绿道于2014年贯通，全长约18km的内侧绿道于2018年底贯通。绿道大部分段落依墙而建，城墙缺失的部分主要结合城市道路建设，便于市民及游客感受明城墙的全貌。内外绿道互为呼

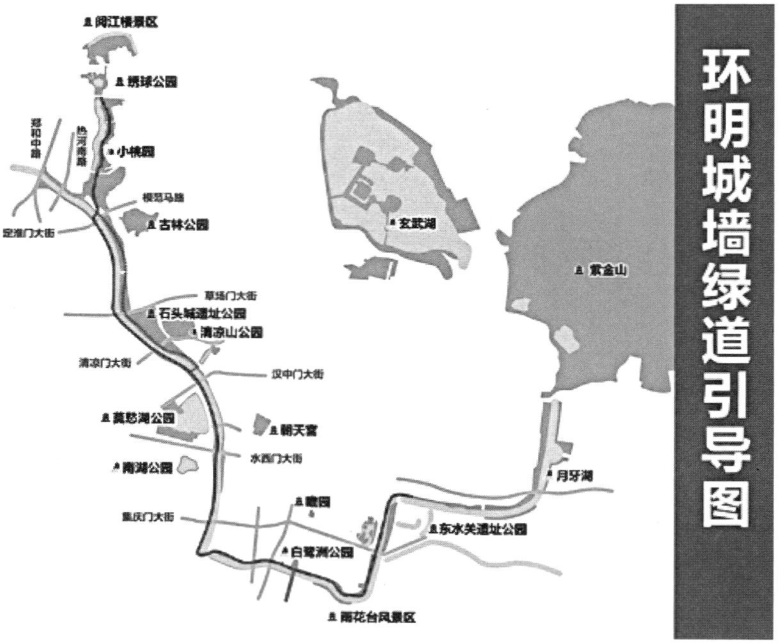

图3-81 南京环明城墙绿道引导图
资料来源：南京市绿化园林局网站http://ylj.nanjing.gov.cn/ylfc_69364/ghjs_69365/201606/t20160622_3995523.html

应，在城市道路以及城墙拐弯、城门处互相串联，构成了完整的明城墙慢行绿道系统（图3-81）。

明城墙绿道结合依山而建的城墙和作为护城河的内外秦淮河，蜿蜒起伏，与南京的山、水、城、林融为一体，连接沿线各类绿色开敞空间，形成了一个连续的生态历史景观带，具有生态、游憩、交通、历史遗产保护以及美学等功能。明城墙绿道强调对土地资源的优化利用，是老城区绿色休闲空间的有效补充，提供了近距离感受城墙的新途径。明城墙绿道可根据城墙的基本走向大致分为东北线、东南线和西北线，其基本路线及相应景观见表3-3、图3-82。

南京明城墙绿道的主要特色景观　　表3-3

线路	途经城门	各类主要景观及景观特色
东北线	神策门—玄武门—台城—太平门—中山门—光华门—通济门	集中体现南京“山水城林寺”的特色，有神策门城楼、北极阁古观象台、明城垣史博物馆、台城、鸡鸣寺、琵琶湖、月牙湖等
东南线	东水关—武定门—中华门—集庆门	展现秦淮风貌和老城南独特的风韵，有东水关遗址公园、白鹭洲公园、武定门公园、中华门城堡、明大报恩寺、东干长巷公园、西干长巷公园等，城墙内有水街、门东、门西、夫子庙、传统民居保护区、中华门城堡等
西北线	汉中门的石头城翁城遗址—石头城公园—定淮门—小桃园—挹江门—仪凤门（阅江楼）	有“石头城下，秦淮河上”的美誉，江河相汇，气势恢宏，包含石头城遗址公园、小桃园、绣球公园、狮子山公园、阅江楼等

资料来源：赵晨洋等．南京明城墙绿道概况及存在的问题．2015．

图3-82 南京明城墙绿道实景照片
资料来源：作者根据网络图片整理

3）绿道建设特点

明城墙绿道建设与城墙沿线城市更新及环境整治工作结合，加强了对明城墙的保护与合理利用，提升了开放度与参与度，体现了生态便民的文化内涵。主要具有以下特点：

第一，构建沿城墙的立体休闲游览体系，兼顾城墙上下的不同体验。以城门为节点，加强城墙内外侧绿道、绿道与城市慢行系统之间的衔接，同时通过登城口加强城墙上下的垂直交通联系。一方面考虑游人在城墙下的感受，另一方面考虑游人在城墙上的鸟瞰效果，合理布局绿道游径，在空间允许的前提下丰富线形变化，避免单调。

第二，绿道建设伴随城墙沿线用地的梳理与公共空间的提升，立足周边环境采取不同的方式。在护城河绿带、玄武湖公园、钟山风景区等条件较好的段落，主要对现状步道加以串联，提升绿地环境。在老门东历史文化街区，城墙内侧绿道建设与旅游景区及城墙下的山体绿化深度融合。一些临近居住社区的段落，结合绿道建设对沿线建筑围墙等进行外立面改造，重新梳理车行、人行路线及停车区域，解决老城区居民停车难的问题，贯通行车路线。

4）绿道使用评析

王琳婷（2017）[191]等人将明城墙绿道分为景区段、公园段、普通段分别进行了调研，得出了以下结论。绿道使用者以中青年为主，景区段及公园段犹为突出，普通段老中青比例较为均衡。景区段主要服务中远距离的外地游客与本地居民，公园段各距离层级的人数占比均衡，普通段主要服务附近居民，使用者与绿道的距离多小于2km，小于500m人数占比明显上升。景区段与公园段使用目的主要是运动或娱乐，普通段有相当比例作为交通通道使用。景区段上午、中午、下午使用人数大体相当；公园段与普通段上午及下午使用频率较高。景区段和公园段停留时间大于1h的使用者最多，普通段停留时间0.5～1h的使用者最多。绿道整体重游率较高，各段一周使用1～3次及以上的人数占比均大于50%，总体使用频率普通段大于公园段大于景区段。

关于选择绿道的理由调查显示，45%的使用者选择理由为景色优美，25%的使用者选择理由为方便到达，另有23%的使用者因为绿道相较于市区景观来说较为清静，7%的使用者选择其他理由。调查显示明城墙对于绿道使用者具有较大吸引力，关于护城河对游人游览绿道影响，61%的游人为水景而来，36%的游人认为有无水景无影响，只有3%的游人不喜欢水景。

明城墙绿道各要素总体评分调查结果显示，评分最高的为园林景观要素和管理要素，其次是自然要素与人文要素，说明绿道使用者对绿道的景观建设和景观管理以及自然条件和文化氛围较满意；评分最低的为游憩要素，说明绿道内的休息、服务、运动设施以及标识系统的建设还有待加强。

5）绿道完善建议

明城墙是南京独特的城市景观，绿道建设有效提升了明城墙的整体认知度，但仍存在一些问题。明城墙600多年来损毁近30%，城墙的独特形态受到一定破坏；由于城市交通建设，约有40处被道路穿越；还有一些段落由于周围建筑的距离、高度、密度等原因绿地空间有限，没有很好的景观视线和视角。

针对上述问题，建议完善城墙缺失段落的绿道，积极探索遗址遗迹保护、恢复、展示的新途径，将历史与当下紧密结合起来；同时进一步提升绿道的可达性及连续性、完善交通衔接及绿道服务设施，让市民及游客更加安全便捷地使用。持续结合城市更新梳理城墙沿线用地，优化调整绿道宽度；同时丰富植物景观层次，通过绿化协调空间尺度，减弱高耸的城墙造成的压抑感。

3.2.2.2　绿道串联点状地域文化元素

（1）北京三山五园绿道：串联京西古典园林

1）绿道概况

“三山五园”是北京西郊皇家行宫苑囿的总称，三山是指万寿山、香山和玉泉山。三座山上分别建有颐和园、静宜园、静明园，此外还有附近的畅春园和圆明园，统称五园。近现代学界常用“三山五园”统称位于北京西北郊的清代皇家园林。

2012年7月北京市第十一次党代会报告提出推动三山五园历史文化景区建设，并将其列为北京历史文化名城保护的重要组成部分。2013年海淀区启动调研，历时两年完成总体发展规划、6个专题规划以及10个重要节点部位城市设计的研究工作。三山五园历史文化景区总面积68.5km^2，规划建设成为具有世界影响力的文化遗产科学保护示范景区和文化旅游创新发展示范景区。

三山五园绿道是三山五园历史文化景区的串联者，全长38.86km，于2014年国庆期间全线贯通，正式向市民开放。绿道北起玉泉山，南至闵庄路，东起海淀公园，西至香山路，串联各类公园绿地13处：北京植物园、香山公园、颐和园、圆明园、团城湖公园、西山森林公园、玉泉山、北坞公园、玉东公园、丹青圃公园、玉泉公园、海淀公园、长春健身园（图3-83）。

三山五园绿道布局结构为“一线、四环、四延伸”，“一线”指西北部分四环辅路和闵庄路一线，“四环”由东向西分别指新建宫门路和昆明湖东路、玉泉山路和北坞村路、万安东路和旱河路、部分五环路和香山南路，“四延伸”分别指清华大学、昆玉河、香山、西山森林公园四个方向。[192]绿道满足骑行、健走、游赏、休憩等多种功能，是集休闲、生态、文化、健康于一体的绿色网络。

2）绿道特色

“三山五园”地处西山环抱，水系纵横，山水格局得天独厚，有世界文化遗产1处，全国重点文物保护单位9处，市级文物保护单位9处。全盛时期“三山五园”的整体格局以“三山”“五园”皇家园林为核心，赐园与官绅宅园林立、京西稻田成片、村镇寺庙棋布、水系御道串联、八旗驻防环列护卫，美景怡人，生态优良。同时三山五园地区也是我国近现代科技、教育、文化的发源地之一，汇聚了北京市乃至全国的著名高等学府及高科技产业。

三山五园绿道用地以规划和现有绿地为主，串联整合了三山五园历史文化景区内的历史名园、综合性公园、湿地公园、滨水绿带等，优化了区域绿地格局，减少了土地征用。三山五园绿道促进了自然、历史与文化的交融，形成了深厚皇家园林历史底蕴、高校文化氛围、科技创新产业与真山真水自然生态景观和谐相融的格局，构成了京西重要的文化廊道（图3-84）。

图3-83 北京三山五园绿道平面图

资料来源：首都园林绿化政务网

3）绿道建设情况

三山五园绿道游径宽度约2.5～3m，采用故宫红彩色沥青路面，大部分路段为综合道，满足人行和骑行的需求。基于不同的现状条件，可以将绿道游径情况大致分为以下三种：

第一，依托路侧绿地建设（图3-85）。利用道路两侧较为宽敞的道路附属绿地或公园绿地建设绿道，采用在绿地中增设综合道的方式，与市政人行路分开设置，提供更加舒适景观体验。

第二，依托市政道路建设（图3-86）。即绿道连接线，当无路侧绿带可用时，借用市政自行车道、人行道作为绿道。改造机非绿化隔离带，连通树池，提升非机动车道的围合感和安全性。通过地面标注、改变铺装等方式提示绿道游径。

图3-84 北京三山五园绿道
资料来源：百度图片

图3-85 利用路侧绿地建设的绿道
资料来源：左图引自潘关淳淳等. 北京三山五园绿道系统规划设计. 2016，右图为作者自摄

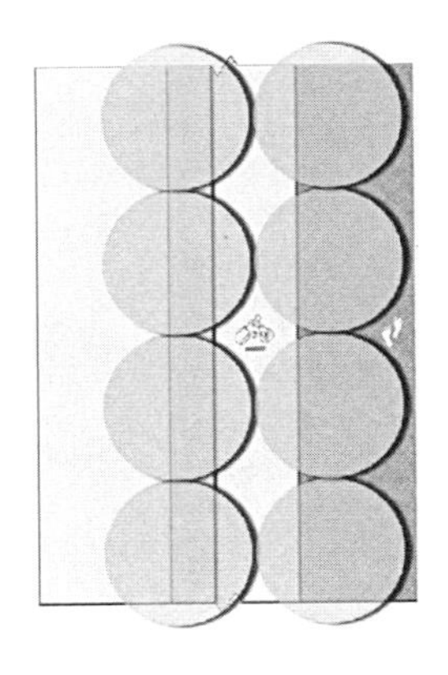

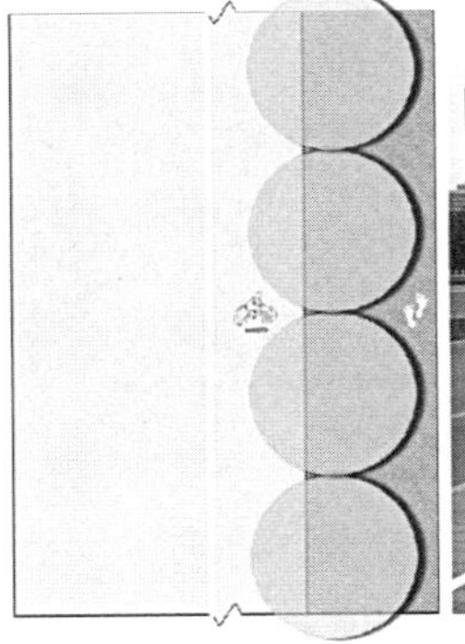

图3-86 利用市政道路建设的绿道
资料来源：左图引自潘关淳淳等. 北京三山五园绿道系统规划设计. 2016，右图为作者自摄

第三，依托其他资源建设。三山五园绿道游径还包含穿行于郊野公园、果园和采集基地中的游径，利用巡河道路的游径等，形式较为丰富。

三山五园绿道项目建设范围内现状条件较为复杂，现有绿地中植物品质较低，需要重新调整植物群落，改善景观面貌。种植设计保留原有品质好的大乔木，必要时进行少量移植。以乡土植物为主，常绿植物及开花乔灌合理搭配，保证四季景观。节约成本，新优植物仅在重要节点配置。

三山五园绿道是北京市最早建成的市级绿道，不足之处在所难免。根据实际调研，单独进行绿道游径铺设的段落仅占总长度的三分之一左右。部分借道段落仅施划地面标线，并未进行相关配套设施建设和景观风貌提升，还有部分路段人车混行。结合公园绿地的绿道段落管理维护相对较好，其他部分管理维护有待加强。还有部分绿道驿站缺少商业配套设施，或呈荒废状态，需要加强绿道系统的整体管理维护。

4）绿道提升

2015年，海淀区启动三山五园核心区域“园外园”生态景观建设，形成“两带两片”的空间格局，两带即御道文化体验带和西郊游览风光带，两片即生态果林片区和山水田园片区。[191]“园外园”建设也带动了三山五园绿道的提升，进一步完善服务设施，提高体验性与参与性，如海淀公园内改造的智能步道等（图3-87）。北京市还提出以三山五园为试点，研究绿道建成后的运营管理办法，为全市绿道建设运营管理模式积累经验。

（2）广州荔湾区绿道：凸显水秀花香、西关风情特色

1）绿道概况

荔湾区是广州老三区之一，因区内有“一湾青水绿，两岸荔枝红”美誉的“荔枝湾”而得名，是广州市中心城区和广佛都市圈的核心区，自古以来商贸繁华发达。荔湾区承载了2000多年的历史，是最能体现广州市井风情的荟萃之地。

荔湾区绿道全长约98km，穿越22个街道，串起44个景点、15个公园，共5个驿站（服务点）（图3-88）。以省立绿道1号线为核心，以岭南历史文化步径、珠江前

图3-87　海淀公园智能步道
资料来源：http://news.sina.com.cn/gov/2019-03-25/doc-ihsxncvh5422190.shtml

航道西步径、增埗河生活步径、花地河生活步径、大沙河生活步径、大坦沙环岛生活步径6条区内绿道支线为辅助，贯穿辐射整个城区。[196]荔湾区绿道沿途连接主要的公园、湿地、河流及古村落、历史建筑和商贸资源等，带领游客认识一个传统与创新完美结合的商贸文化旅游区，对保护自然与生态环境，凸显荔湾“水秀花香”和“西关风情”的区域特色，保护和利用历史人文资源起到重要作用。

2）绿道特色

省立绿道1号线荔湾区段总长20.15km，经佛山穿越荔湾区后进入越秀区，是贯通佛山与广州的门户通道。绿道串联花卉博览园、黄大仙祠、荔湾湖公园、西关大屋保护区、陈家祠、上下九商业步行街、沙面岛等历史文化节点（图3-89），不仅为人们提供了游憩线路，还让人们能够同时品味广州历史文化特色。

“荔湾渔唱”被列为明代羊城八景之一，每当“荔枝红熟，绿树丛中，如缀如缯，游人乘画舫泛舟溪中，歌吹相鉴”。可惜随着城市的发展，河涌水质恶化，难以适应荔枝树的生长，局部水道被覆盖，昔时风光不再。2010年结合广州亚运会景

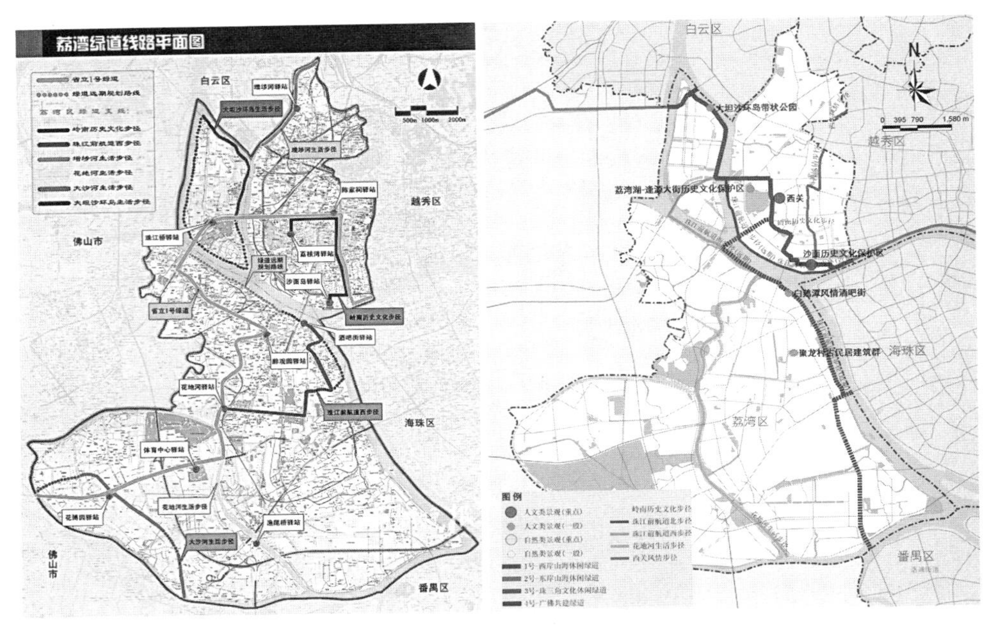

图3-88 广州荔湾区绿道线路平面图
资料来源：百度图片

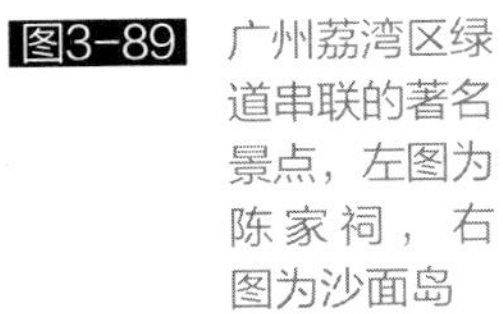

图3-89 广州荔湾区绿道串联的著名景点，左图为陈家祠，右图为沙面岛
资料来源：作者根据百度图片整理

观工程，荔枝湾涌迎来了新生，荔枝湾绿道建设与荔枝湾涌的开挖复涌相结合，为游人提供亲水体验，并开辟水上游线，举办水上花市等旅游活动（图3–90）。

（3）漳州南山绿道：城市古景重塑、古轴延续

1）绿道概况

南山与丹霞山位于九龙江南岸，与漳州老城隔江相望，是漳州古城历史轴线上的重要节点，古有“南山秋色”“朝丹慕霞”二景。这里是漳州市区的南大门，也是漳州工业的发源地，原有面粉厂、油脂厂、制药厂、香料厂、漂染厂、木材厂、电厂等，俗称“十三厂”，曾是漳州最繁华的区域。由于城市功能与规划变迁，这里成为被遗忘的角落——两山被割裂、湖水污浊、厂房闲置、违建林立……

漳州市提出跨江发展战略，南山绿道建设助力“城市双修”，形成“碧水环青山、花海拥古刹、登高望古城、乐活享南山”的美好图景。九龙江上新建的南山桥作为市级绿道，将漳州老城区和南山绿道联系起来，古城千年轴线在空间上重新向南延伸，而人们对于休闲文化生活的体验，也开始从九龙江北岸向南岸发展（图3–91）。

图3–90 广州荔湾绿道
资料来源：作者根据百度图片整理

图3–91 漳州历史轴线分析图
资料来源：中国城市建设研究院有限公司无界景观工作室

南山绿道网络整合周边环境，构建山、江、湖、田、寺、城交融的格局（图3-92）。绿道重新联系被割裂的两山，修复受破坏的山体，恢复湿地系统；同时延续古轴线，再现古景色，保护恢复古寺庙及古驿站，尊重场地肌理，修补城市公共空间，将文化与自然景观有机结合，承载休闲交往、科普教育、体育健身等复合功能。

南山绿道网络与周边规划建设的博物馆等公共服务建筑、文化商业街、高新科技双创基地、物联网产业园等形成良性互动，通过环境提升带来生态、社会、经济综合效益，推动南山片区的转型“新生”，打造漳州新兴现代服务业集聚区。

2）绿道建设特点

南山绿道建设的特点主要在于对历史文化资源的合理保护利用。现状场地历史积淀深厚，可以概括为“七古”——古轴、古景、古寺、古驿、古井、古桥、古树。结合绿道建设，因地制宜进行保留、改造、提升、重建工作，并赋予它们更加丰富的功能，使历史文化资源重新走进市民的日常生活。

“南山秋色”是漳州古八景之一，元朝林广发诗曰：“翘首城南土，悠然见此山。竹藏秋雨暗，松度晚风寒。佳色催黄菊，晴光上翠峦。”绿道沿线配植竹林、秋菊以及秋色叶植物，再造“南山秋色”素雅氛围。“朝丹慕霞”也是漳州古八景之一，丹霞山是登高观赏日出日落的优良场所。在丹霞山制高点设计城市观景台，北望漳州古城，南探七首岩，西观圆山，东衔南山，重塑“朝丹慕霞”观景地（图3-93）。

南山寺是场地内最著名的古寺，建于唐开元二十四年，是全国佛教重地，也是漳州人千年以来的信仰中心之一，香火鼎盛。提升南山寺周边环境，将现状放生池改造为具有禅意的莲湖。选取漳州特色植物三角梅营造花海，种植了一百多个品种，因为花期各不相同，可实现四季有花的效果（图3-94）。让千年古刹面朝莲湖，背倚

图3-92 漳州南山绿道与周边环境分析图

资料来源：中国城市建设研究院有限公司无界景观工作室

南山，坐拥花海，历史建筑与环境和谐相融。古丹霞驿设于丹霞山下，是历史上进入漳州的必经之地。结合绿道驿站建筑复兴丹霞驿，形成新的商业文化中心。

场地内的村落、工厂搬迁以后，留下很多历史痕迹。村落中的古井、戏台、古桥和街巷承载了村民的生活记忆，也是绿道游径串联、依托的重要资源。梳理村落中的鱼塘，截污清淤，打造南湖湿地，使其既具防洪蓄洪功能，又是休闲游览的好地方（图3-95）。工业厂房也是历史发展的见证，大都建于20世纪50年代，采用闽南红砖建造，富有漳州特色。保留部分建筑，通过结构加固、功能置换、环境整治使其成为文化创意园区，焕发新生（图3-96）。

图3-93 “南山秋色”“朝丹慕霞”效果图
资料来源：中国城市建设研究院有限公司无界景观工作室

图3-94 莲湖、三角梅花海建成照片
资料来源：中国城市建设研究院有限公司无界景观工作室拍摄

图3-95 南湖湿地绿道
资料来源：中国城市建设研究院有限公司无界景观工作室拍摄

图3-96 穿行于林荫的绿道、保留改造红砖厂房
资料来源：中国城市建设研究院有限公司无界景观工作室拍摄

南山绿道设计之初就考虑到建成后的使用，同步进行了活动策划，保障绿道承载丰富的市民活动，带来持续的经济、文化效益。绿道串联场地内及周边丰富的民俗文化资源，成为体验漳州非遗、民俗文化的重要旅游线路。绿道依托山水资源，引入慢运动、慢生活理念，结合改造的厂房建筑发展健身休闲产业。考虑白天夜晚的不同使用人群，通过景观照明设计使南山成为漳州人赏夜的新地标。

3.2.3 促进旅游经济发展的绿道

绿道联系城镇与乡村，以及沿线的郊野、田园、风景区等，将绿道建设与休闲度假、风景游赏、农业观光体验紧密结合，促进沿线区域旅游经济的发展。本节选取广东增城、成都温江的绿道实例进行了研究。

（1）广州增城绿道：幸福市民、快乐游客、致富农民

1）绿道概况

2003年，增城市（2014年改为增成区）根据现状资源禀赋条件，把全市划分为三大主体功能区：南部作为重点开发的新型工业园区，中部作为优化开发的城市生活安居文化休闲区，北部作为限制工业开发的生态产业区，重点发展都市农业和度假休闲旅游业。

2007年，增城市率先提出实施全区域公园化战略，用公园化的理念来统筹城乡规划建设，变“在城市里面建公园”为“在公园里面建城乡”。

增城市在全区域公园化战略的基础上，开始对绿道建设进行实践和探索，以“幸福市民、快乐游客、致富农民”为宗旨，全面启动规划建设三大绿道网（图3-97）：①自驾车游绿道（200km），以全市旅游大道为主线，建设多层次、多色彩的生态林带和旅游节点；②自行车休闲健身绿道（250km），以增城市区至白水寨景区、湖心岛景区为主线，突出乡村体验、休闲健身功能，打造富有田园风光的特色休闲精品线；③增江画廊水上绿道（50km），把增城市区至龙门县交界的河道打造成可供游船观赏的山水画廊。[194]

增城市绿道产生了巨大的经济效益，根据珠江三角洲绿道效益评估，增城市绿

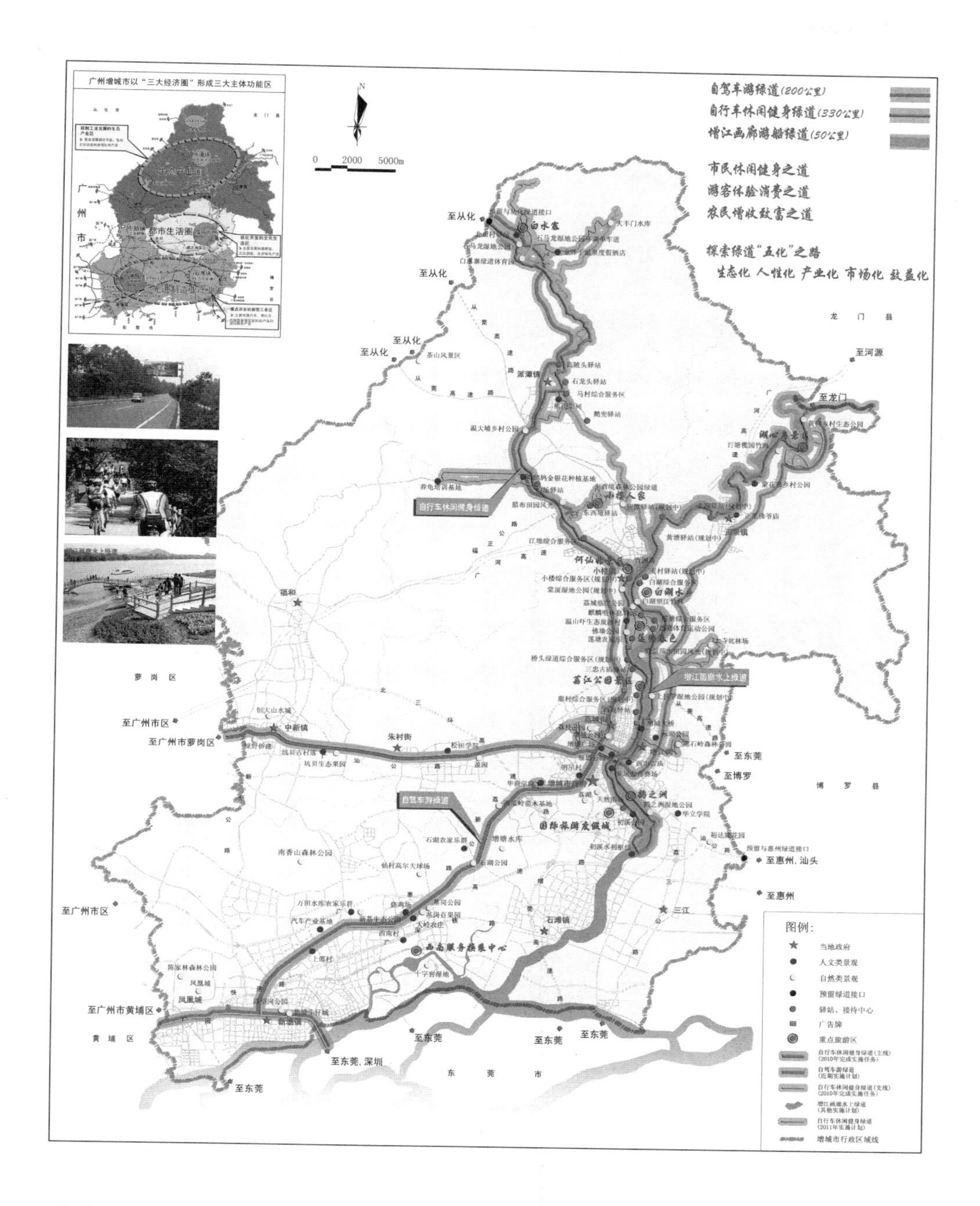

图3-97 增城市绿道网规划图

资料来源：增城市绿道网建设实施规划，2007

道建成后，每月有3万名左右的游客前往绿道周边的农家乐消费，使沿线村集体经济比非沿线村增长快了53.6%。增城市荔城街莲塘村以绿道为载体，通过经营电瓶车、出租自行车和销售农产品等方式，使该村集体经济收入同比增长50%。[77]

2）绿道建设特点

增城市通过三大有形的绿道建设，形成市民休闲健身、游客观光消费和农民增收致富三条无形之“道”，促进绿道生态功能、经济功能和产业功能的融合，取得了巨大的成就，其成功经验值得学习借鉴，概括起来主要有以下四点：

第一，高标准统筹规划建设。把绿道建设规划与区域规划、土地利用规划和产业发展规划结合起来，高标准规划、高起点设计、高水平建设，实现绿道建设的结构系统化、功能多样化、效益最大化。

第二，尊重自然，因地制宜。绿道沿山边、路边、水边蜿蜒而行，遇树绕道、遇水搭桥，与周边的自然景观相协调。保护原生态、原产权、原居民、原民俗，不破坏地质地貌，不用农田耕地，不大拆大建，充分盘活旧厂房、旧民居和闲置土地。

第三，将绿道建设与发展度假休闲和都市农业结合起来，推动绿色经济的发展。围绕“吃、住、行、游、购、娱”等旅游六要素，带动农民就业创业。农民围绕绿道服务游客，生财有道。

第四，坚持政府主导、市场运作，建立健全绿道建设管理的长效机制，保障绿道建设的有序推进和可持续发展。建立以政府为主导的多元投入机制、以市场为主体的运营机制、以环境整治为重点的常态化管理机制。

3）绿道要素

由增城市区至白水寨风景区的绿道于2008年建成，是广东省乃至全国绿道建设的先行者，全长80km（图3–98）。绿道穿梭于青山绿水之间，或蜿蜒水边，或盘桓村中，或穿行果园。串联城乡，将增江河两岸田园风光和农家风情融为一体（图3–99）。根据不同地段、不同位置、不同景观类型和用地性质设定绿道的宽度。其中自行车道宽度多为3m，城区局部路段1～3m。两边绿带宽度沿河段达到50～60m，沿山缓坡段达到40～50m，沿主干道段12～20m，城区段8～12m，局部路段3～5m。[201]

绿道两侧树种的配置遵循三个原则：第一，因地制宜，适地适树，尽量保留沿途的竹林、荔枝和乌榄果林，增加保健功能强、抗虫抗病能力强的树种。第二，以乔木为主，乔灌草相结合，构建近自然植物群落。第三，以生态为主，生态与景观

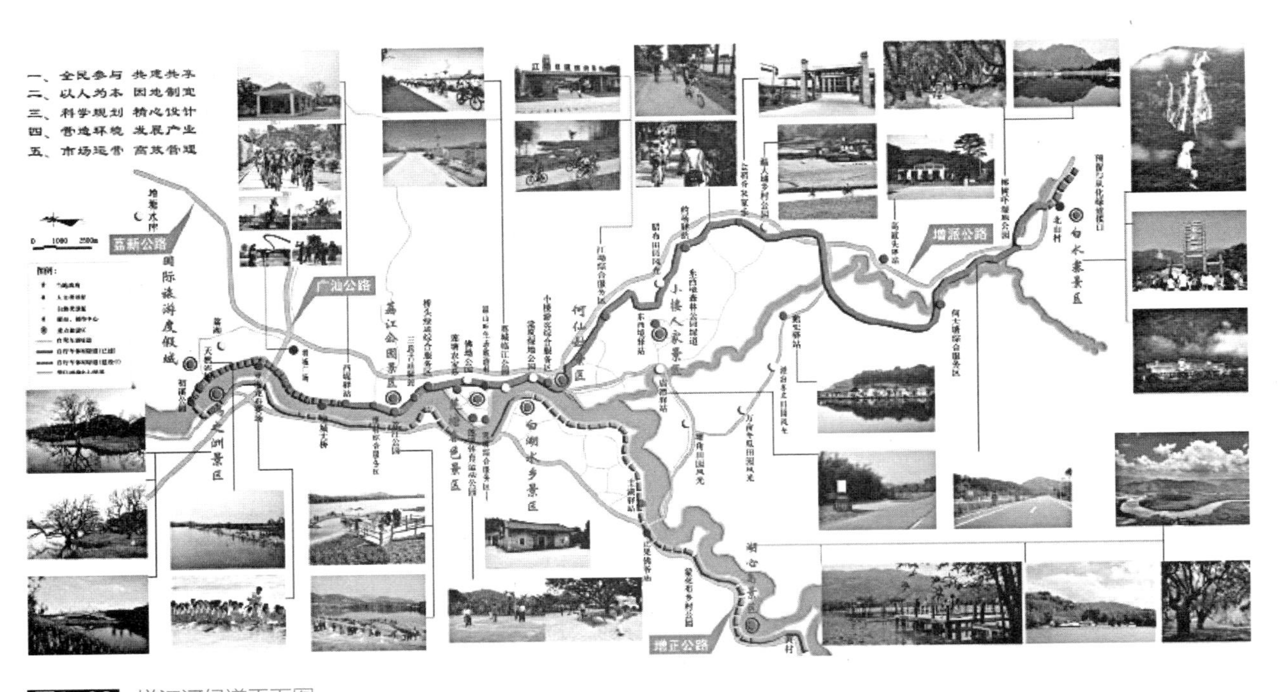

图3–98 增江河绿道平面图

资料来源：邓毛颖．统筹城乡，推进全区域公园化战略——增城市绿道规划建设与效益分析，2010

图3-99　增江河绿道实景照片
资料来源：作者自摄

相结合，充分考虑绿道的保健、遮荫、减噪、赏景的功能，建立多层次、多种类、多色彩的绿色通道。

绿道驿站是绿道最主要的服务设施，根据路段的长度适当设置。驿站采取联网式经营，可以在任意一个站点租用或归还自行车。驿站内主要设置自行车租赁处、服务商亭、公共卫生间等配套设施。根据不同需求设置了两种不同规模的驿站，大型驿站配置了机动车停车场、自行车租赁处、餐饮区、服务区、观景亭、小游园等；中小型驿站配置了休息亭、公共卫生间、小卖部等。

沿绿道设置各类指示牌，为市民编印绿道交通图和导游小册子，解说沿途的自然和人文风光，使市民在游憩的同时获得更多的自然和历史人文知识。绿道维护、环卫和治安采用服务外包的形式，尽量雇佣当地的村民，提供就业岗位。

4）绿道使用情况

吴隽宇（2011）[202]对增城绿道（荔城段）进行了使用者调研，调查数据显示使用者主要以18～30岁的青年为主，30～55岁的次之，18岁以下和老年人数较少。大部分人以群体组织的方式到达，几乎没有个人独自前往的游客。游客到访时段以周末及节假日为主。约65%的本地居民骑自行车到达，绝大多数外地游客选择机动车出行，也有小部分健身爱好者骑自行车到达，无人步行。使用者主要的行为活动方式是在绿道中骑车，大部分使用者的主要目的是锻炼身体和呼吸新鲜空气。

使用者对增城绿道不同段落的景观有所偏好。约45%的使用者选择增江画廊景区，约31%的使用者选择荔江公园，体验风景优美的湿地生态环境和岭南特色的荔枝林；约20%的使用者选择莲塘春色景区，因为该处设置了客家风情村、莲塘接待中心、古荔台公园、莲塘体育运动公园、农家乐等娱乐休闲设施，游客可以在此感受乡间的居住文化和悠然生活。

江堂龙等（2016）[203]对增城绿道游客最多的"莲塘春色"景区进行了使用者调研，游客中22～40岁的占比最大，达到54.8%，大多是以家庭形式出游；本地游客占54.8%，外地游客占45.2%，其中广州市（除增城区外）和珠三角其他地区游客占比较高。游客获得增城绿道信息主要来源于亲朋好友推荐，占比64.8%。第一次和很少游览的游客分别占26.7%和34.8%，38.5%的游客频繁游览。游客到达方式主要是自驾游和自行车，分别占48.4%和46.6%，游客认为公共交通配套不足。与亲戚、朋友一起游玩的人数最多，占69.2%，旅游团队比例仅占2.3%。游客比较满意和非常满意的占比84.6%。游客愿意及非常愿意推荐占比达90.9%。

根据增城绿道游客满意度IPA 分析，生态环境协调性、标识系统、休憩设施和道路的舒适度等属于重要性和满意度都高的指标，是增城绿道的核心竞争力。便捷的公共交通、垃圾桶与公共厕所的设置、治安管理、急救服务、道路宽度和安全性等属于重要性高而满意度低的因素，这些是目前亟须重点改进的项目。充足的停车场和沿线商店、摊位的设置等属于重要性和满意度都较低的要素。气温舒适度、地域特色、对人文历史景观的保护利用、合理的线路、自行车出租服务、餐饮服务和坡度等属于重要性较低，而满意度较高的因素。

上述两次调研具有一定的时间跨度，可以比较客观地综合分析评价增城绿道从建成初期到持续完善的发展阶段。除本地游客外，增城绿道对珠三角地区的游客也具有比较强的吸引力，游客满意度较高。总结起来有三方面的提升建议：第一，提高交通可达性，完善公共交通与换乘系统，完善交通信息发布。第二，加强绿道服务设施建设，增设垃圾桶、环保公厕等，增设医疗急救点等。第三，进一步加强绿道管理，建立科学的绿道管理体系，促进绿道的健康与可持续发展。

（2）成都温江绿道：助推城乡融合的绿色经济带

1）绿道概况

温江区是成都市中心城区的重要组成部分，地处成都平原腹心，土地肥美，物产丰饶，素有"金温江"美誉。温江历史古迹众多，花卉苗木产业具有一定基础，是川派盆景发源地。

2010年，温江区按照成都市建设世界现代田园城市的战略部署，围绕"生态田园型现代化新区"发展主题，率先启动绿道建设，并将其作为"绿色温江"的战略工程。2012年底，温江区基本建成联结城乡、主题明确的"一主线五组团"的绿道网络（图3-100）。绿道联系温江城区及下辖乡镇，将原本散落在广袤田园中的自然和历史景观串连起来。

2017年成都市启动天府绿道建设，温江区依托已有绿道基础，紧扣"景区化、景观化、可进入、可参与"的总要求，立足"南城北林"的空间格局，规划建设全长698km的市级绿道、南城慢行系统、北林田园绿道"三网融合"绿道体系（图3-101）。2018年6月底，温江北林绿道（生态旅游环线段）65km全线贯通，形成外联市域绿道、内通温江全域的绿色空间系统。经成都市城乡建设委员会评选，温江北林绿道入选绿道文体旅商农融合的成功案例，在全市推广。[204]

2）绿道建设特点

温江区将绿道作为助推城乡融合发展的绿色经济带，推动城乡要素沿绿道一体化流动、产业沿绿道一体化布局、人口沿绿道一体化集聚。绿道串联花园林盘、特色小镇、新型社区、农业园区、风景区等（图3-102），以构建生活消费场景为依托，不断完善旅游、休闲、运动等公共服务设施。

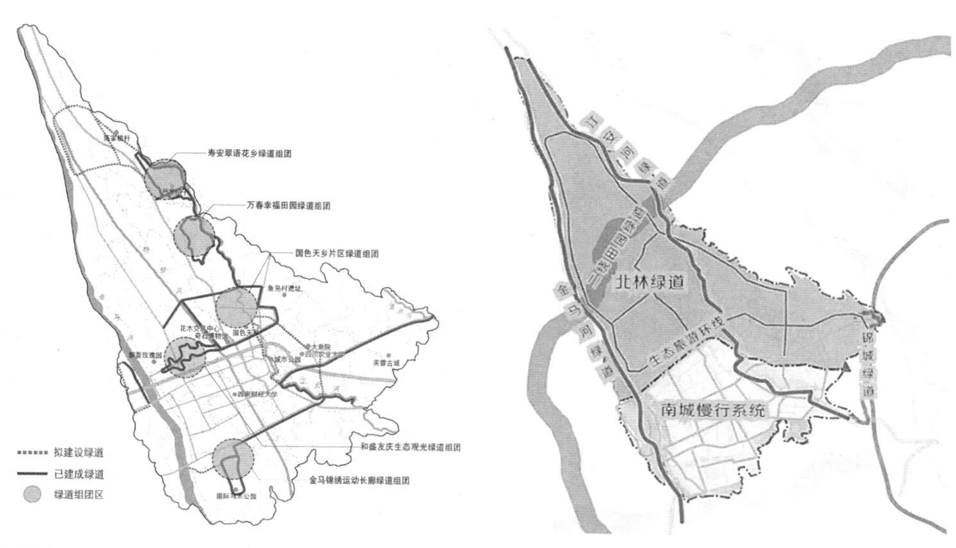

图3-100 成都温江绿道五大组团平面图

资料来源：百度图片

图3-101 成都温江“三网融合”绿道体系图

资料来源：成都市温江区人民政府网站

图3-102 成都温江绿道沿线的美丽风景

资料来源：https://baijiahao.baidu.com/s? id=1594443539371295155&wfr=spider&for=pc

温江北林绿道融合国际马拉松赛道和自行车赛道标准进行绿道游径设计。绿道驿站设计充分尊重林盘原有的建筑形态、集聚形态及文化形态，通过修缮休憩提高品质，植入古蜀鱼凫文化、天府文化等元素提升驿站的文化价值，实现驿站内功能完备，为游客提供多种服务。

温江区把绿道建设作为促进农村生产方式转变，带动农民增收致富的牵引性工程，让农民充分共享绿道增值效益，成为不断推动温江绿道经济发展的原动力。2018年7月，温江区出台《关于促进乡村民宿发展的指导意见（试行）》，引导创新创业团队和社会资本与农村集体经济组织合作，整理农民生产生活用房，植入小体量、创意化的精品民宿酒店项目，联动发展文博、设计等现代文创产业（图3-103）。目前已初步形成环线亲水、林盘农旅、康养度假三大高端民宿聚落形态，民宿人均消费800～1000元/人夜，当地农民约占总员工数60%以上。[205]

温江区积极联动旅游、商务、文化等部门，引进跑团等社会组织，大频次、高密度举办文体赛事活动，初步形成了赛事活动旅游、运动培训、户外运动休闲三大消费场景，深度推动文商旅体融合发展（图3-104）。

温江区正在开发智慧绿道系统，建成后绿道上将添加全程导览导视系统，全线实现免费WiFi接入。游客通过手机APP及可穿戴设备，可随时查看个人的运动状态、赛事及年度运动排名等信息；也可查看绿道游览攻略、景区景观介绍、活动资讯、餐饮、厕所点位及停车泊位等信息，尽享温江绿道“更懂你”的美好体验。

图3-103 成都温江绿道“九坊宿墅”精品民宿

资料来源：作者根据百度图片整理

图3-104 成都温江绿道开展的体育赛事活动
资料来源：http://sc.cri.cn/20181129/1b524cef-8191-4943-8f3c-1a948a839c3f.html

3）绿道建设评析

刘宇荧等（2012）[207]进行了温江区绿道旅游资源定量评价，建立三层指标评价体系。通过向有关专家学者咨询、打分，构造判断矩阵，并将结果整理后输入计算机进行处理，得出温江区绿道旅游资源定量评价参数表（表3-4）。

温江区绿道旅游资源定量评价参数表　　　**表3-4**

综合评价层 Comprehcnsive evaluation	分值 Score	项目评价层 Project vealuation	分值 Score	因子评价层 Factor evaluation	分值 Score
资源价值	47	观赏特征	20	愉悦感	8
				完整度	4
				适游期	8
		社会价值	11		11
		文化价值	16	知名度	7
				休闲娱乐	5
				民俗风情	4
开发条件	21	区域条件	12	经济水平	3
				客源条件	5
				区位条件	4
		政策因素	9		9
旅游条件	32	基础设施	15	交通通信	6
				医疗卫生	4
				环境质量	5
		管理水平	7		7
		接待条件	10	服务质量	3
				食宿条件	4
				价格因素	3
总分	100		100		100

资料来源：刘宇荧等．温江区绿道旅游资源定量评价．四川农业大学学报，2012

综合评价层中，资源价值所占分值最高，说明在绿道旅游的开发中，资源价值是最重要因素，旅游资源的吸引力以及开发价值决定了绿道旅游的发展。其次是旅游条件和开发条件，它们是旅游开发的限制因素，对景点的开发影响较大。项目评价层中，观赏价值排在第一位，是城郊绿道旅游吸引力的主要因素。其次是文化价值和基础设施。一个景点如果具有很高的知名度和科普作用，那么其对旅游者的吸引力将大大增加。绿道作为城郊的一种典型的低碳旅游方式，需要强大的区域背景作为支撑，经济水平较高的地区，市民出游的拉动力越大。绿道旅游的基础设施，如交通通信、医疗卫生、环境质量等，是开发旅游的前提条件。

对温江区绿道“五组团”进行分项打分，发现了许多共同点。政策因素、社会价值因素、价格因素分值较高，民族风俗、食宿条件、医疗卫生、管理水平得分较低。温江区的绿道旅游整体发展较好，进一步发展完善需要旅游者、旅游企业和旅游政府管理部门的共同参与和积极推进。

李娟等（2013）[208]进行了温江绿道建设与乡村旅游发展互馈性分析，总结出温江绿道建设在交通衔接、资源整合、基础设施和接待设施、增收、改善生态环境、丰富活动体验项目六个方面对乡村旅游发展具有积极促进作用；而乡村旅游不断发展，也促使绿道建设加强对文化内涵特色的挖掘，促进绿道的建设、维护、管理水平的不断提高。绿道建设是乡村旅游发展的新模式，乡村旅游发展为绿道建设提供了良好的发展环境与平台，二者相互促进，共同发展。

杨春燕等（2016）[209]基于生态与人文价值的视角，对温江绿道的空间与价值体系构建进行了分析。将温江绿道的空间体系分为两个层面：在城市层面，主要强调与城市发展思想、城市结构的融合，以绿道为载体将田园乡村景观融入温江生态组团，结合绿带、绿心以及楔形绿地等，促进城乡一体化发展更。在绿道自身层面，外部形态主要强调与交通系统的联结，同时融入经济性策略，串联整合具有特色的乡村产业集群，丰富绿道功能，促进土地的集约利用与混合使用。内部结构则从人的角度出发，划分实用性的圈层结构。

将温江绿道的价值体系分为两个层面：生态价值主要体现在城市与农村生态景观的融合以及农村生态产业的优化，温江绿道建设在指导思想上注重生态多样性与异质性，在细节设计上把乡村景观保护放在首位，在引入游人的同时促进了农家乐等的发展，不仅保留了原有农业生产环境，也增加了村民的收入。人文价值主要体现在乡村文化的延续与发扬以及生活休闲方式的丰富化。绿道人文价值中非常突出的是乡村性——片段场景反映在人的主观感受中，形成了“乡村意象”，从而对游客产生吸引力，并从时间与经济成本上促进了人们生活休闲方式的丰富与转变。

3.2.4 小结

本节选取在优化区域发展格局、展现地域文化特色、促进旅游经济发展三个方面功能较为突出的绿道进行了实例研究，发现绿道建设可从以下几点着手，加强复合功能发挥：

（1）结合基础设施建设及环境综合整治，加强土地资源集约利用

绿道可以联通完善现有绿地系统，并参与构建区域生态网络，从而引导城镇更新与拓展，助力优化城乡发展格局。鼓励绿道网、路网、水网、林网等多网合一，促进生态、交通、旅游等多功能网络的同步构建。通过绿道建设加强土地资源的集约利用，带动沿线环境的综合提升。

绿道建设应协调现状与规划条件，加强与道路交通、市政管线、园林绿化、排水防涝、水系整治、通风廊道、生态修复等基础设施及环境综合整治工程的协调融合，积极进行跨专业合作，合理衔接各专业工作界面，有序安排各专业工作进度，避免重复建设与浪费，实现资源的节约与高效利用。

（2）依托线性的历史文化元素，串联相对集中的人文资源节点

古城墙是展现传统城镇形态、传承我国营城智慧的优良载体；古河道、古驿道等沟通辐射区域较广，与古代文明历史渊源更为深厚。绿道选线依托上述线性历史文化元素，构建主题性文化休闲“廊道”。城市历史文化片（街）区、历史文化名镇（村）、传统村落内相对集中了较多的特色人文资源节点，这些区域内的绿道布局应形成密度相对较高的局部环网。

这类绿道设计应注重保护历史遗迹的本真性，绿道形式与环境协调并链接当代生活，完善导览标识设施，注重互动性科普教育系统的应用，结合主题活动的组织策划，使游人能够比较深入、全面的体验历史文化，促进非物质文化遗产等的活化传承。

（3）注重消费场景营造，引导沿线产业转型发展

这类绿道大多距离较长，沿线资源较为丰富，应注意优化选线布局并完善交通衔接，合理引导人流。绿道有效加强城乡互动，联系沿线郊野、田园、风景区等资源，立足资源特色营造深度体验的消费场景，并结合户外体育赛事、文化活动等的组织策划进一步提高绿道使用率与参与性。充分调动沿线群众的积极性，参与绿道共建共管共享。

绿道建设可以与休闲度假、郊野游赏、田园观光、乡村农旅、特色小镇、田园综合体等发展紧密结合，依托绿道开辟新的旅游路径，完善旅游服务设施，提供多样化的旅游产品，引导优化沿线旅游服务等相关产业布局，推动沿线区域旅游经济的发展。

第4章　研究结论

在前几章对国内外绿道发展建设情况分别梳理的基础上，本章进一步加以横向比较与分析归纳，最终得出我国绿道内涵、绿道建设特点、绿道规划设计要点三方面的研究结论。

4.1　绿道内涵

绿道内涵或者说绿道定位是进行绿道规划设计的基础，包含对绿道功能与组成、分级与分类的认知。本节先对绿道内涵进行横向比较，总结归纳绿道发展的一些共性（表4–1）。

绿道内涵比较表　　表4–1

	美国	欧洲	亚洲
绿道含义	① 沿自然或人工走廊建立的线性开放空间连接体	① 生态网络：连接破碎自然的多功能土地框架	① 公园及开放空间的一种重要类型
	② 功能复合、可持续发展的土地网络	② 从环境角度被认为是好的路线	② 联系人口密集区、公园、自然开放空间、名胜古迹等的无间断绿色网络
	③ 重要的具有生态意义的廊道、休闲绿道以及/或具有历史文化价值的绿道	③ 独立的专供非机动出行使用的路线网络，它的发展目标包括集成各种设施、提升周边区域的环境价值和生活质量	

续表

	美国	欧洲	亚洲
绿道功能	① 生态环保 ② 休闲游憩 ③ 优化城镇发展格局 ④ 创造经济价值 ⑤ 历史、文化、教育	① 生态环保 ② 控制并引导城镇拓展 ③ 游憩健身 ④ 交通出行 ⑤ 社会、经济、文化	① 完善城镇绿地系统 ② 生态与游憩功能相结合 ③ 通勤旅游绿色出行 ④ 社会、经济、文化 ⑤ 防灾避险
绿道分级	① 根据不同规模 ② 根据绿道所在区域的空间尺度或其所穿越的空间尺度	根据空间尺度	根据空间尺度
绿道分类	根据建设条件与功能的不同	根据不同的功能侧重	① 根据不同区位条件 ② 根据依托的不同资源 ③ 根据主要功能
绿道发展特点	① 保护型策略 ② 防御型策略 ③ 进攻型策略 ④ 机会型策略	① 在宏观尺度下绿道侧重生态环保功能的发挥 ② 在中观、微观尺度下绿道的休闲游憩、绿色出行功能更为突出	① 在城镇建成区内立足现状高密度环境，结合绿地系统，优化整合城镇公共空间 ② 在郊野区域则强调保护自然资源，完善生态系统，提升休闲旅游功能
绿道主要形式	① 公园道、线性公园 ② 线性开放空间连接体 ③ 多功能绿色线性廊道 ④ 长距离游径 ⑤ 废弃铁路、道路等改造的游径	① 不同尺度的生态网络 ② 联系城、郊的绿廊绿带 ③ 不同尺度的游径 ④ 绿色出行线路	① 公园连接道 ② 依托水系、山林、道路等建设的游径 ③ 绿色出行线路

资料来源：作者整理

可以看出各国绿道的发展与其自然及人文资源条件、城镇化发展阶段、民众休闲需求等密切相关，伴随着绿道建设的发展，绿道功能也不断拓展，绿道形式也越来越丰富，目前各国均强调绿道的连通性与多功能性，沟通衔接多个系统，有效推进土地资源的高效利用；发挥保护生态环境、优化城乡发展格局、休闲游憩与绿色出行、体验传承历史文化、促进社会经济发展等功能。

在此需要特别提出的是发达国家与地区的绿道建设思路以问题导向为主，将绿道建设作为解决生态环境恶化、交通拥堵等“城市病”问题的一种策略。相比之下，我国未来还将持续提升城镇化水平，大部分地区的绿道建设将与城镇化建设同步推进。在此背景下，我国绿道发展可以问题与目标导向相结合，汲取国外经验与教训，积极参与前瞻性搭建沟通城乡的网络框架。

随着绿道建设在我国的蓬勃发展，为了更好地指导绿道建设，各地纷纷制定了绿道规划设计相关导则、标准。目前全国已发布执行省级地方标准3部（福建、陕西、四川），省级（直辖市）导则与技术指引（指南）8部（广东、安徽、浙江、河北、河南、湖南、北京、上海），其余市级导则多部，表4-2、表4-3尝试加以梳理比较：

国内省级绿道规划设计标准、导则内容比较表

表4-2

	福建省绿道规划建设标准	陕西省绿道规划设计标准*	四川省城乡绿道规划设计标准*	广东省省立绿道规划设计指引	浙江省绿道规划设计技术导则	河北省城镇绿道绿廊规划设计指引（试行）	河南省绿道规划设计指南
绿道定义简述	指以绿化为特征，沿着河滨、海岸、溪谷、山脊、风景道路等自然和人工廊道建立的线性绿色开敞空间。为人们提供贴近自然、骑车慢行和休闲健身的场所	以自然要素为依托和构成基础，串联城乡游憩、休闲等绿色开敞空间，以游憩、健身为主，兼具市民绿色出行和生物迁徙等功能的廊道	城乡绿道是以自然要素为基础，串联自然人文景观和城乡公共空间的线性廊道，是城乡生态格局的重要组成部分	一种线形绿色开敞空间，通常沿着河滨、溪谷、山脊、风景道路等自然和人工廊道建立，内设可供行人和骑车者进入的景观游憩线路，连接…省立绿道指连接城市与城市，对区域生态网络建设具有重要影响的绿道	浙江绿道是以自然要素为基础，以自然人文景观和休闲设施为串联节点，由慢行系统、服务设施等组成的绿色开敞空间廊道系统	以自然风景和人工风景为基底，串联成网的线性绿色游憩空间和健身休闲慢行系统	绿道是以自然要素为基础，串联城市游憩、休闲等绿色开敞空间，沿溪河、海岸、林缘、道路等建立的自然和人工游憩健身廊道
绿道功能			兼具生态、游憩、出行、旅游、教育等功能		生态空间保护、历史文化展示、健康生活活动、旅游网络支撑、城乡统筹连接	生态、游憩、社会与文化、经济	休闲游憩、生态环保、社会与文化、经济、交通
绿道组成	节点系统、慢行系统、绿廊系统、标识系统、服务设施系统、交通衔接系统	绿道游径系统绿道绿化、绿道设施		绿廊系统、慢行系统、交通衔接系统、服务设施系统、标识系统	绿廊系统、人工系统（含慢行道、驿站、标识和节点）	绿廊、发展节点、慢行道、标识系统、基础设施、服务系统	绿廊系统、交通系统、配套设施系统、发展节点系统
绿道分级	省级绿道、市级绿道、社区级绿道	省级绿道、市（县）级绿道、社区级绿道			省级绿道、区域级绿道、县级绿道	省域（区域）绿道绿廊、城镇绿道绿廊、社区绿道绿廊	区域级绿道、市（县）级绿道、社区级绿道
绿道分类	生态型、郊野型、都市型	城镇型、郊野型		生态型、郊野型、都市型	城镇型、乡野型、山地型	生态型、郊野型、都市型	城镇型、郊野型

资料来源：作者整理

国内城市绿道规划设计导则、指引内容比较表 表4-3

	广东省城市绿道规划设计指引	安徽省城市绿道设计技术导则	湖南省城市绿道规划设计技术指南（试行）*	成都市天府绿道建设导则（试行）*	郑州市生态廊道建设设计导则	北京绿道设计建设导则	上海市绿道建设导则（试行）	嘉兴市生态绿道规划设计导则	南京绿道规划设计技术导则*	杭州市绿道系统建设技术导则（试行）*
绿道定义简述	城市绿道主要串联城市行政区域范围内（不限于城市建成区）的各类绿色开敞空间和重要的自然与人文节点，包括…	城市绿道主要串联城市规划区范围内的各类绿色开放空间和重要的自然与人文节点，包括…	以城市总体规划所确定的规划区范围内自然要素为依托和构成基础，串联城市内部游憩、休闲等绿色开敞空间，以游憩、健身为主，兼具市民绿色出行和生物迁徙等功能的廊道	天府绿道是一种线性绿色开敞空间，是连接…等自然和人文资源，集…功能为一体，供城乡居民和游客步行、骑游、游憩、交往、学习、体验、双创的绿色廊道	生态廊道是以绿化为特征，沿公路（高速公路、国道、省道等）、城市道路（快速路、主干道等）、铁路、水系等建设的带状、一般具有…功能的开敞式绿地	绿道是一种串联各类自然和文化景观资源，适用于步行、骑行等慢行休闲方式的线性绿色空间，具有美化环境、文化展示、健康休闲、沟通城乡等多种功能	绿道主要依托绿带、林带、水道河网、景观道路、林荫道等自然和人工廊道建立，是一种…的绿色线性空间。绿道串联各类…绿色空间以及…等人文节点	生态绿道是一种线性绿色开敞空间，通常沿着…自然和人工廊道建立，内设可供居民步行或骑行的景观游憩线路，连接…，有利于…的游憩交往空间和组织城市慢行系统	结合南京特色、贯穿城乡的线性绿色开敞空间，是依托…串联城镇、乡村、风景名胜资源与现代产业区，集…等为一体，供城乡居民、游客步行和骑行的绿色廊道	绿道是指以绿化为特征，以自然景观和人工景观为基底构筑的可供行人和自行车进入的线性绿色慢行开敞空间，是保护和串联生态环境、人文景观、自然景观和地方风貌的绿色廊道
绿道功能	保护与优化城市生态系统、引导形成合理的城乡空间格局、提供休闲游憩和慢行空间	生态功能、游憩功能、社会功能、经济功能	休闲健身、绿色出行、生态环保、旅游与经济	生态保护、健康休闲、文化博览、经济发展、慢行交通、农业景观、海绵城市、应急避难	生态、景观、休闲游憩、运动健身、慢行交通	美化环境、文化展示、健康休闲、沟通城乡	生态保护、景观游憩、资源利用	生态、休闲游憩、社会文化、经济	生态保护、体育运动、休闲娱乐、文化体验、科普教育、旅游度假	绿色出行、休闲游览、体育健身、生态环保、社会与文化、旅游与经济
绿道组成	绿廊系统、人工系统（慢行系统、交通衔接系统、服务设施系统、标识系统）	绿廊系统、人工系统（节点系统、慢行道系统、交通衔接系统、标识系统、基础设施、服务系统）	绿道游径系统、绿道绿化系统、服务设施系统		绿化系统、慢行系统、休闲服务设施系统、标识系统	慢行道路、绿化景观、服务设施、标识系统	绿廊系统、慢行系统、标识系统、配套服务设施系统	生态绿廊系统、慢行道路系统、辅助设施系统	慢行道路、绿化景观、服务设施、标识系统	绿廊系统、慢行系统、交通衔接系统、服务设施系统、标识系统

续表

	广东省城市绿道规划设计指引	安徽省城市绿道设计技术导则	湖南省城市绿道规划设计技术指南（试行）*	成都市天府绿道建设导则（试行）*	郑州市生态廊道建设设计导则	北京绿道设计建设导则	上海市绿道建设导则（试行）	嘉兴市生态绿道规划设计导则	南京绿道规划设计技术导则*	杭州市绿道系统建设技术导则（试行）*
绿道分级			区域级绿道、市（县）级绿道、社区级绿道	区域级绿道、城区级绿道、社区级绿道		市级绿道、区级绿道、社区绿道			市级绿道、区级绿道、社区绿道	区域级、城市级、社区级
绿道分类		城市道路型、公园型、滨水型、山林型、防护绿地型	城镇型、郊野型	都市型、郊野型、生态型	道路生态廊道、水系生态廊道	根据区位：城市型、郊野型、联络型 根据景观特征：滨水游憩绿道、森林景观绿道、郊野田园绿道、人文景观绿道、公园休闲绿道		郊野型、都市型、社区型	根据区位：城市型、郊野型、联络型 根据景观特征：滨水游憩绿道、山地森林绿道、人文景观绿道、郊野田园绿道	沿江绿道、沿河绿道、环湖绿道、沿山绿道、沿路绿道、湿地绿道、公园绿道、乡村田野绿道

资料来源：作者整理

从表4–2、表4–3可以看出，国内地方性标准、导则提出的绿道定义具有较多共同点，强调绿道具有以下四方面的主要特征：第一，绿道是一种线性绿色开敞空间，具有明确的廊道属性。第二，绿道具有鲜明的多功能性，可承载连接、休闲健身、生态保护、文化旅游等功能。第三，绿道以自然要素为基础，也可依托人工廊道建立。第四，绿道联系多样化的节点，包括各级城乡居民点与公共空间、自然景观、历史文化景点等。

综合前文梳理的国内外绿道内涵的相关内容，笔者认为绿道是以自然要素为依托和构成基础，串联城乡游憩、休闲等绿色开敞空间，以游憩、健身为主，兼具市民绿色出行和生物迁徙等功能的廊道。该定义已经写入住房和城乡建设部《绿道规划设计导则》（下文简称《导则》），于2016年9月21日正式发布实施。表4–2、表4–3中标注*号的地方性绿道规划设计标准及导则是在《导则》实施之后发布的，可以看出目前各地关于绿道内涵的认识达到了进一步的统一。

回顾本书第2、3章的绿道建设实例，结合表4–2、表4–3的相关内容，我国绿道发展尚具有较大的不均衡性。沿海经济发达地区、城镇密集地区、现状自然人文资源具有优势地区的绿道发展建设相对领先，这些地区绿道的相关标准规范也相对完善。这些地区除了绿道规划设计、工程技术的相关标准规范之外，还陆续颁布了绿道建设管理、旅游服务的相关标准规范，反映出某地区绿道标准规范的出台与其绿道发展建设水平、民众的实际使用需求是密切相关的。为促进我国绿道的发展，不仅要持续提升绿道规划设计与建设水平，还需要进一步加强对绿道养护管理、运营策划、旅游服务等的相关研究。

4.1.1　绿道功能

2012年底广东省通过问卷调查及访谈进行了珠江三角洲绿道网效益评估，83.82%的受访市民表示经常使用绿道，使用绿道的主要目的是散步与锻炼身体，此外选择旅游休闲、上下班的频数也比较高（图4-1）。居民认为绿道对城市形象与生态环境提升发挥了积极作用，提供游玩场所，让出行更方便（图4-2）。对绿道的意见主要是功能单一、设施配套不完善，希望上下班通勤可以有绿道联通，愿意参与绿道选线建设及运营管理（图4-3）。89.42%的受访者表示，若居住地与工作地之间有绿道直接连通，会考虑选择骑自行车上下班。

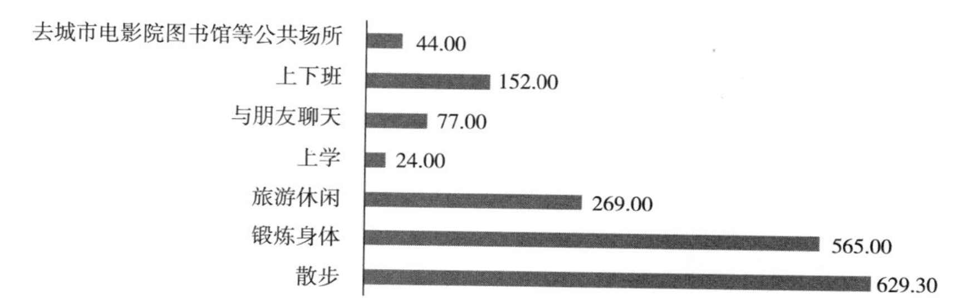

图4-1　居民珠三角绿道使用目的
资料来源：珠江三角洲绿道网效益评估，2013

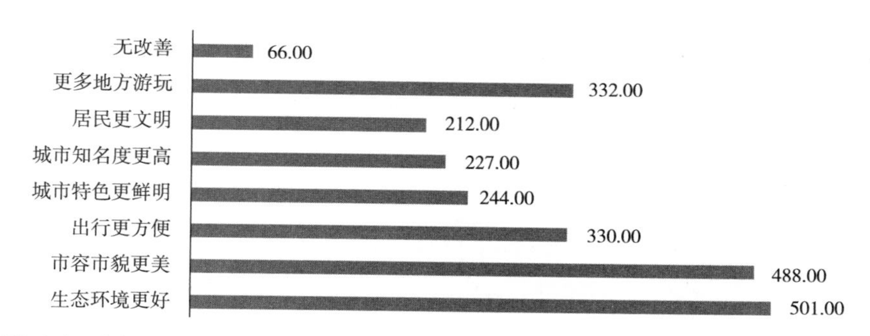

图4-2　居民对珠三角绿道的评价
资料来源：珠江三角洲绿道网效益评估，2013

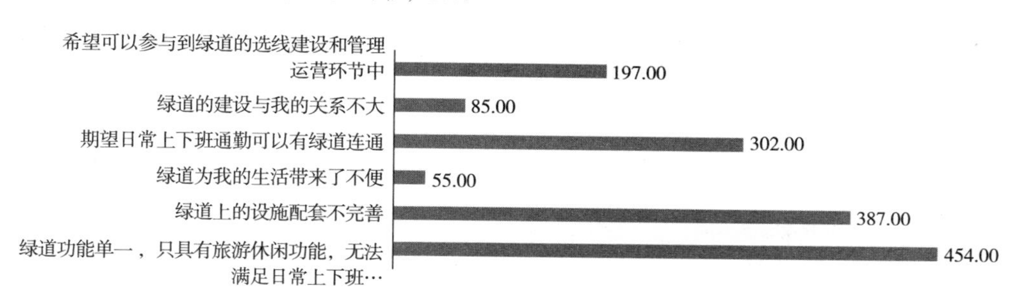

图4-3　居民对珠三角绿道的意见
资料来源：珠江三角洲绿道网效益评估，2013

2019年南京市也进行了绿道问卷调查，35.02%的受访市民表示经常使用绿道，绿道使用人群以18～55岁的中青年为主（占比86.91%），使用时间主要是周末和节假日（占比71.29%），在绿道上经常开展的活动前四位为散步休闲、游览风景（自然/城市/人造景观等）、跑步健身、绿道骑行（图4-4）。受访者认为南京绿道现状问题主要包括四个方面：数量太少，到达不便；绿道配套设施不足；绿道功能单一；绿道沿线景点太少，吸引力不够（图4-5）。

虽然上述两地的绿道发展建设情况不尽相同，且两次绿道调研存在较长的时间间隔，但是调研结果具有较高的一致性，显示出休闲健身、绿色出行是目前我国绿道发挥的主要功能。绿道连通性与可达性有待提升，绿道设施有待完善，绿道功能有待拓展。住建部《绿道规划设计导则》提出绿道主要具有以下五个方面的功能，鼓励各地根据自身条件，不断丰富、拓展绿道的综合功能。

第一，休闲健身功能。绿道串联城乡绿色资源，为市民提供亲近自然、游憩健身的场所和途径，倡导健康的生活方式。

第二，绿色出行功能。与公交、步行及自行车交通系统相衔接，为市民绿色出行提供服务，丰富城市绿色出行方式。

第三，生态环保功能，绿道有助于固土保水、净化空气、缓解热岛等，并为生物提供栖息地及迁徙廊道。

第四，社会与文化功能。绿道连接城乡居民点、公共空间及历史文化节点，保

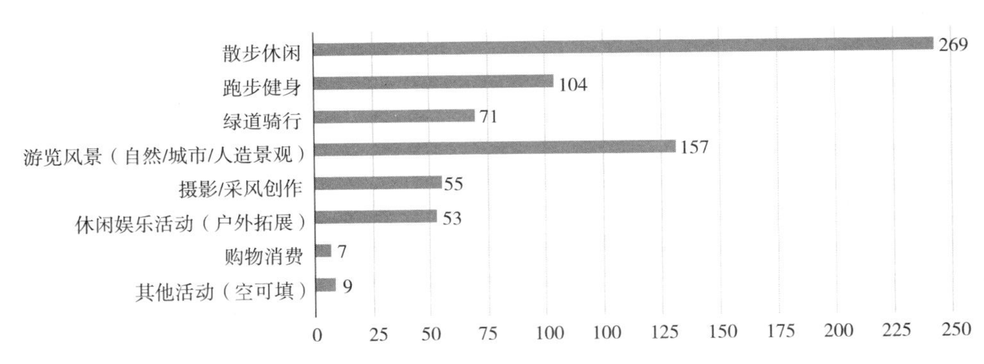

图4-4 南京市民在绿道上进行的活动
资料来源：南京市绿道调查问卷结果分析，2019

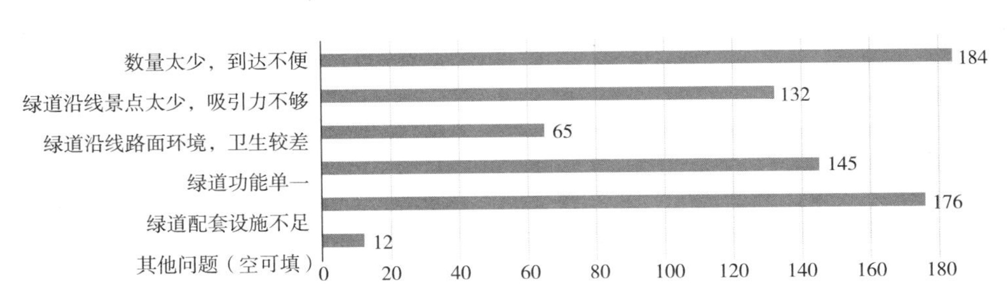

图4-5 南京市民认为现状绿道建设存在的问题
资料来源：南京市绿道调查问卷结果分析，2019

护和利用文化遗产，促进人际交往、社会和谐与文化传承。

第五，旅游与经济功能。绿道有利于整合旅游资源，加强城乡互动，促进相关产业发展，提升沿线土地价值。

4.1.2 区别绿道与相关概念

由于绿道的多功能性，导致绿道与相关概念存在交集，在此加以辨析：

（1）区别绿道与慢行系统、风景道路

针对国内建设及使用情况，绿道功能以休闲健身为主，兼顾绿色出行，可与慢行系统、风景道路共同构成休闲旅游网络，但是不能替代慢行系统、风景道路等的交通功能。

有不少地方性绿道标准、导则中提出了“绿道连接线”或“联络型绿道”的概念，主要指为保障绿道网络连通，在用地空间有限的情况下，短途借道的绿道特殊段落，包括借用的非干线公路、非主干路的城市道路、人行道路段、连接桥梁等，其长度不宜过长。绿道连接线应采取必要的交通管理、安全隔离等措施，保证使用安全，同时进行有效的交通衔接。

因风景道路以机动车交通为主，出于使用安全考虑，绿道连接线一般不应直接借道国道、省道等干线公路及城市快速路、主干路等，宜借道县道、乡道、村道等非干线公路或城市次干路、支路等。

（2）区别绿道与绿廊、生态廊道

由于绿道在现有各类城乡用地上复合建设，需符合原有用地属性与管理要求。绿道建设涉及建设与非建设用地，具有复杂性和不确定性，在实践中往往难以保证其沿线绿色空间的宽度，因此绿道的生态功能有限。绿道有助于生态环保，但不能替代生态廊道的生态功能。有条件的区域，绿道宜与生态廊道合并设置，构建兼顾生态保育和风景游憩功能的城乡绿色廊道体系。

广东省在绿道规划建设中首先提出了“绿道控制区”的概念，指沿绿道慢行道路缘线外侧一定范围划定并加以管制的空间，其主要目的是为了保障绿道的基本生态功能、营造良好的景观环境、维护各项设施的正常运转。并根据不同的绿道分类，要求都市型绿道控制区宽度不宜小于20m，郊野型绿道控制区宽度不宜小于100m，生态型绿道控制区宽度不宜小于200m。实际调研发现由于推行“不征地、不拆迁”的建设方式，缺乏法定规划等保障，“绿道控制区”在用地上难以落实，没有很好地实现规划目标。针对实际问题，广东省持续推进绿道升级，加强绿道建设与郊野公园、省域公园体系建设和生态控制线划定等工作的结合，积极参与构建联系城乡的绿地生态网络。

4.1.3 绿道组成

在绿道的组成上，国内外认识比较统一，概括起来主要包含三方面的元素：

绿道游径、绿化和设施系统。绿道游径系统指绿道中供人们步行、自行车骑行的道路系统，包括步行道、骑行道与综合道。绿道连接线是绿道游径的特殊段落，指承担连通功能，且具交通安全保障的短途借道线路。绿道绿化系统指绿道游径两侧由自然要素组成的绿色空间。绿道设施系统是为满足绿道的综合功能而设置的配套设施；包括服务设施、市政设施与标识设施。驿站是为满足公众游览设置的途中休憩、交通换乘的场所，是绿道服务设施的主要载体。绿道组成详见表4–4。

绿道组成 **表4–4**

<table>
<tr><th colspan="2">系统名称</th><th>要素</th><th>备注</th></tr>
<tr><td colspan="2" rowspan="4">绿道游径系统</td><td>步行道</td><td rowspan="3">包括绿道连接线</td></tr>
<tr><td>骑行道</td></tr>
<tr><td>综合道</td></tr>
<tr><td>交通接驳点</td><td>与交叉口、立交设施、码头、机动车及自行车停车场、公交站点、出租车停靠点等相衔接</td></tr>
<tr><td colspan="2">绿道绿化系统</td><td></td><td></td></tr>
<tr><td rowspan="13">绿道设施系统</td><td rowspan="6">服务设施（驿站为综合服务设施载体）</td><td>管理服务设施</td><td>包括管理中心、游客服务中心</td></tr>
<tr><td>配套商业设施</td><td>包括售卖点、餐饮点、自行车租赁点等</td></tr>
<tr><td>游憩健身设施</td><td>包括活动场地、休憩点、眺望观景点等</td></tr>
<tr><td>科普教育设施</td><td>包括科普宣教、解说、展示设施等</td></tr>
<tr><td>安全保障设施</td><td>包括治安消防点、医疗急救点、安全防护设施、无障碍设施等</td></tr>
<tr><td>环境卫生设施</td><td>包括厕所、垃圾箱等</td></tr>
<tr><td rowspan="4">市政设施</td><td>环境照明设施</td><td></td></tr>
<tr><td>电力电信设施</td><td></td></tr>
<tr><td>给排水设施</td><td>包括排水河道、沟渠、管道、箱涵、泵站、雨污水处理再生利用及其他附属设施等</td></tr>
<tr><td>其他</td><td>燃气、供热等设施</td></tr>
<tr><td rowspan="3">标识设施</td><td>指示标识</td><td></td></tr>
<tr><td>解说标识</td><td></td></tr>
<tr><td>警示标识</td><td></td></tr>
</table>

资料来源：《绿道规划设计导则》，2016

4.1.4 绿道分类与分级

综合国内外情况，绿道的分类方式基本上可以概括为两种：一种是从绿道所处区位出发进行功能分类，根据区位决定各类绿道的主导功能；另一种是从绿道依托的资源出发进行景观特征分类，根据现状条件决定各类绿道的规划设计重点与建设方式。鉴于绿道功能具有复合性，而绿道所依托资源具有多样性，以上述两项作为分类依据均不容易明确区分。为便于指导各地绿道建设，绿道分类不宜过于复杂，综合所处区位及环境景观风貌，《导则》将绿道分为城镇型绿道和郊野型绿道两类。

城镇型绿道是位于城镇建设用地范围内，依托道路、水系沿线等绿色空间，串联城镇功能组团、公园绿地、广场、防护绿地、历史文化街区等，供人们休闲、游憩、健身、出行的绿道；郊野型绿道是位于城镇建设用地范围外，连接风景名胜区、旅游度假区、农业观光区、历史文化名镇名村、乡村等，供人们休闲、游憩、健身和生物迁徙的绿道。

目前国内地方性绿道标准、导则均进行了绿道分级，便于不同等级的绿道规划设计与相应等级的相关规划设计衔接，与不同等级的绿道建设管理主体相衔接。立足我国实际情况，笔者认为，按空间跨度和连接功能，一条或两条及以上绿道可组成社区级绿道、市（县）级绿道、区域（省）级绿道和国家级绿道四级。社区级绿道应连接城乡居民点与其周边绿色开敞空间，方便社区和乡村居民就近使用，宜由城镇型绿道构成。市（县）级绿道应连接市（县）级行政区划范围内重要功能组团、串联各类绿色开放空间和重要自然与人文节点；可由城镇型绿道、郊野型绿道单独或结合组成。区域（省）级绿道宜连接两个及以上城市，串联区域重要自然、人文及休闲资源，对区域生态环境保护、风景名胜资源保护利用、休闲旅游网络构建具有重要影响；可由一条或两条及以上市（县）级绿道连接而成。国家级绿道宜跨省或多个城市，连接具有代表性的国家公园、自然文化遗产地、风景名胜区等，宜由一条或两条及以上区域（省）级绿道组成。

4.2 我国绿道规划建设特点

本节主要对我国绿道规划建设实例进行总结，阐述我国绿道规划的特点、绿道建设的意义，最后结合使用评析提出影响绿道使用率与满意度的因素。

4.2.1 我国绿道规划特点

基于对不同尺度、类型的绿道网实例研究，发现各地绿道网规划技术路线较为一致，均从资源、政策、地方意愿等方面着手进行分析，梳理绿道依托资源与串联节点，结合城镇空间形态，衔接相关规划，最终确定绿道网布局结构，进行绿道分级与分类，并对绿道游径、绿化、设施等提出规划要求，随后提出绿道建设指引。各地绿道网规划在要素分析、规划理念、选线布局等方面具有较高的一致性。

4.2.1.1 要素分析

资源要素分析包含绿道建设依托的资源，以及绿道需要串联的对象。绿道依托的主要资源可以分为以下三类：一是道路，包含交通流量不大的现有道路、历史性交通线路、道路沿线绿地及防护林带等。二是山地及绿地，包含自然山体、林地、其他线性绿地等。三是水系，包含溪流、河道等线性水体及湖泊、海岸等水体边缘。绿道串联的对象主要有各级城乡居民点、公共空间、自然景观及历史文化节点。

政策要素分析的重点是规划衔接，主要包含以下两个方面：一是与城市总体规划以及绿地系统、生态环境保护、交通、旅游等专项规划的充分衔接。二是不同层级绿道网规划之间的衔接，城市绿道网应落实深化上位区域绿道网规划选线，市区绿道网应与市域绿道网紧密衔接。

地方意愿也是绿道网规划要考虑的要素，包括政府部门与社会公众的意见征询。绿道网规划应重视并鼓励公众参与，在这点上武汉市“众规平台”提供了一个好的示范。该平台可以实现从前期调研–基础资料收集–方案确定–详细规划–分类分段设计各阶段全程实时汲取公众意见，其经验值得其他城市借鉴。

4.2.1.2 规划理念

绿道网规划考虑绿道与生态绿地、水系、综合交通、旅游等相关网络系统的衔接，达到土地资源的高效利用，促进绿道复合功能的充分发挥。根据绿道连接区域尺度与功能的不同，各地均进行了绿道分级，便于与相应级别的绿道建设管理部门衔接。

各地绿道网规划基本遵循系统性、生态性、人本性、特色性、经济性等原则。系统性主要强调绿道网规划统筹城乡发展，整合区域各种自然、人文资源，引导形成绿色网络，发挥综合功能。生态性强调尊重生态基底，顺应天然肌理，保护原生环境和自然水文地质、地形地貌，有机连接分散的生态斑块，强化生态连通和“海绵”功能，构建连通城乡的生态网络体系。人本性注重绿道网络的连通性与可达性，保证绿道使用率。特色性则强调绿道网串联特色资源，突出地域景观风貌。经济性主要是绿道网规划应集约利用土地，衔接国土空间规划，保障落地实施。

4.2.1.3 选线布局

各地绿道网选线布局依托现状资源基底，契合城乡空间格局，有机串联自然、人文景观，保障较好的连接度与可达性。郊野区域的绿道选线顺应水系、山脉等自然肌理，加强自然山水资源与城市的联系。城镇区域的绿道布局则着力于优化绿地系统结构，丰富绿色公共空间，提升城镇环境，方便大众使用。

各地绿道网规划从最初单纯注重连通性的大框架结构，逐步转向优化实用性的小环网结构。早期编制的城市绿道网规划相对侧重于区域级、城市级绿道布局，社区级绿道内容偏弱；而新调整、编制的城市绿道网规划中，则越来越重视对社区绿道的要求，切实服务民生。如成都规划社区级绿道9600km，占比约57%；西安规划社区级绿道7500km，占比约49%。

除长度之外，适宜的网络密度与服务半径是保障绿道使用的重要因素，不少城市均提出了关于这两方面的参考指标，如杭州、武汉提出中心城区绿道网（含社区绿道）密度应大于1km/km^2；深圳、武汉提出实现居民5～10min可达社区绿道，

15~20min可达城市绿道，30~45min可达区域绿道。

4.2.2 我国绿道建设意义

通过对我国代表性省、市绿道规划建设情况的研析，目前我国绿道形式主要表现为串联自然及人文资源的游憩慢行廊道，与国外绿道相比具有一定差异。各地绿道在休闲健身、绿色出行方面的功能发挥相对较为充分，在生态环保、社会与文化、旅游与经济方面的复合功能有待继续拓展，同时绿道管理维护及长效运营、社会公众参与等方面也有待加强。我国绿道未来发展前景广阔，主要具有以下几方面的意义：

4.2.2.1 落实生态文明建设的重要举措

党的十九大报告指出："建设生态文明是中华民族永续发展的千年大计。必须树立和践行绿水青山就是金山银山的理念，坚持节约资源和保护环境的基本国策，像对待生命一样对待生态环境，统筹山水林田湖草系统治理，实行最严格的生态环境保护制度，形成绿色发展方式和生活方式，坚定走生产发展、生活富裕、生态良好的文明发展道路，建设美丽中国，为人民创造良好生产生活环境，为全球生态安全做出贡献。"绿道建设恰恰可以成为落实上述要求的重要举措。

绿道作为一种多用途的线性土地网络，对于加强城乡统筹、优化发展格局、集约利用土地、完善民生服务具有重要意义。绿道参与构建联系城乡的生态网络，助力协调生产、生活、生态空间。绿道连接分散的生态斑块，强化生态连通和"海绵"功能，还可发挥固土保水、净化空气、缓解热岛效应等作用，为生物提供栖息地及迁徙廊道。绿道建设可与道路交通、园林绿化、排水防涝、水系保护与生态修复，以及环境治理等相关工程相协调，一举多得。绿道优化美化城乡环境，为群众提供亲近自然的途径与场所，提高人们对本地自然、文化资源的认识，有利于推广生态环保理念、践行绿色生活方式。

4.2.2.2 促进城镇转型发展的优良载体

我国城镇化经历了高速发展期，已经进入了转型发展期。《国家新型城镇化规划（2014~2020年）》提出大力推进绿色城镇化，要求尊重自然格局，保护自然景观，传承历史文化，保持特色风貌，防止"千城一面"。2015年底的中央城市工作会议强调"贯彻创新、协调、绿色、开放、共享的发展理念，转变城市发展方式……坚持以人民为中心的发展思想，改善城市生态环境，着力提高城市发展持续性、宜居性"。2016年《中共中央国务院关于进一步加强城市规划建设管理工作的若干意见》中也提出健全公共服务设施，优化绿地布局，实现城市内外绿地连接贯通，提升环境质量，强化绿地服务居民日常活动的功能。

我国绿道建设与城镇化发展具有鲜明的同步性特征，对于我国新型城镇化的纵深发展具有重要意义。绿道是城镇绿地系统的重要组成部分，绿道串联不同类型的绿色空间，有利于优化绿地空间结构，完善城镇生态并提升宜居环境。还可依托绿道联系散布的特色人文资源，构建“绿色文化长廊”，展现多样化的地域风貌。绿道紧密联系群众生活，为居民亲近自然、放松休闲提供优良场所，提供开放共享的公共健身设施，是促进城镇转型发展的重要民生工程。绿道与公交、步行及自行车交通系统相衔接，丰富绿色出行方式，有利于缓解交通拥堵，推动节能减排。

4.2.2.3 加强城乡统筹，助力乡村振兴的有效途径

党的十九大报告提出实施乡村振兴战略，2018年中共中央、国务院印发了《乡村振兴战略规划（2018～2022年）》，提出了“产业兴旺、生态宜居、乡风文明、治理有效、生活富裕”的总体要求。绿道是联系城乡的重要“桥梁”与“纽带”，有助于统筹城乡区域发展，加快形成良性互动格局，助力乡村振兴。

绿道沟通城乡，串联沿线旅游资源，吸引城镇游客，促进乡村旅游服务产业发展，增加农民收入，对于提升乡村经济具有积极作用。绿道引入游客的同时也促进了城乡居民意识形态、生活方式的交流，使村民意识到优良的生态环境、优美的田园风光、独特的民俗文化等才是吸引游客的核心，激发村民保护家乡环境，传承历史文化，有助于乡风文明建设。

绿道建设还可与乡村山水林田路综合治理相结合，助力补齐基础设施短板，改善乡村环境，提升村容村貌，惠及一方百姓。绿道驿站等可与乡村文化、体育等公共服务设施建设紧密结合，兼顾游客与村民使用，一定程度上也有助于缩小城乡公共服务差距。

4.2.3 我国绿道使用评析

本节首先对各地已建成绿道的使用情况进行了汇总，随后对广东、浙江两省的绿道评选结果进行了研究，分析了对绿道使用率、满意度影响较大的因素。

国内绿道实例使用调查汇总表　　表4-5

绿道实例	深圳福荣都市绿道	厦门铁路绿道	福州“福道”	南京环紫金山绿道	南京明城墙绿道	增城增江河绿道	肇庆星湖绿道
绿道分级	社区级	市（县）级	市（县）级	市（县）级	市（县）级	市（县）级	市（县）级
绿道分类	城镇型	城镇型	城镇型	城镇型	城镇型	郊野型	郊野型
主要功能/活动	运动健身、放松休闲、社交	锻炼身体、欣赏风景	运动健身、休闲娱乐	运动健身、休闲娱乐、旅游观光	休闲健身、旅游观光	锻炼身体、赏景	欣赏风景、放松身心、锻炼身体
使用人群	附近居民，以老人、小孩为主	本地居民略高于外地游客	本地人占91.3%，>46岁37.44%，14～24岁占32.4%	以中青年（18～59岁）为主（86.3%）	青年人占43.1%，中年人为45.6%	22～40岁占比最大（54.8%），本地游客占54.8%，外地游客占45.2%	中老年高于青少年，自行车骑乘者以中青年为主

续表

绿道实例	深圳福荣都市绿道	厦门铁路绿道	福州“福道”	南京环紫金山绿道	南京明城墙绿道	增城增江河绿道	肇庆星湖绿道
使用时间段	早晨与傍晚	早晨与傍晚		早晨至中午，春秋季最多，运动健身者不受季节影响	上午以晨练人群为主，中午及下午、周末团体出行较多	周末及节假日	节假日大于工作日，夜晚大于白天
使用频率	>50%每周一次，>26.8%每天一次	59%的使用者>2~3次/月		有固定规律的使用者占68%	>50%使用1~3次/周	第一次和很少游览的游客分别占26.7%和34.8%，38.5%的游客频繁游览	总体利用率不高，以不定期使用为主，定期使用频度偏低
使用者到达时间/方式	90%的使用者可在0.5h内到达	56%的使用者可在0.5h内到达		步行与自行车占65.4%，公共交通占21.2%，个体机动交通仅占13.4%	普通段使用者与绿道的距离2km以内 景区段使用者主要为中远距离的外地游客	48.4%自驾 46.6%骑自行车	步行、骑行、公共交通，城郊至100km以内是最佳的骑乘范围
使用者在绿道停留时间	67.7%的使用者停留0.5~2h	43%的使用者停留1~2h		95%的使用者停留>30min			
使用者比较满意的方面	基本服务设施、空间环境等	景观、游憩设施、交通	建筑小品、人体舒适度卫生设施、环境景观	交通便捷、停车设施、环境质量、照明及标识	园林景观要素、管理要素、自然要素、人文要素	生态环境协调性、标识系统、休憩设施和道路的舒适度	空气质量、治安、设施便利性、景观
使用者认为不足的方面	铺装、洗手间、绿道维护、人车矛盾	服务设施不够完善	外部交通、出入口设置、休憩娱乐设施		游憩要素	交通衔接、服务设施不够完善、管理维护	

资料来源：作者整理

（1）国内建成绿道使用情况汇总

表4-5对国内绿道实例使用调查进行了汇总，基本涵盖了依托不同资源建设以及不同区位条件的绿道，从表中可以看出，城镇型绿道尤其是社区级绿道与本地居民日常休闲健身活动联系较为紧密，使用时间集中在早晨与傍晚，使用频率相对较高，使用者到达绿道较为方便。依托景区或历史文化资源建设的城镇型绿道、郊野型绿道兼容本地居民与外地游客。郊野型绿道的使用时间以周末及节假日为主，工作日使用率较低，城郊100km以内是最佳的骑行范围。绿道景观环境、服务设施、交通条件及管理维护对使用者满意度有较大的影响。

（2）广东绿道评选

2011年底，《南方日报》联合广东省旅游局、广东省住房和城乡建设厅共同举办了广东十佳绿道旅游线路评选，入选十条绿道详见表4-6。

广东十佳绿道 表4-6

绿道名称	绿道分类	依托资源	绿道特色
广州黄埔绿道	城镇型	河涌	串联沿线古村落、历史古迹等
广州增城绿道	郊野型	河道	连接城镇与白水寨风景区，骑游荔乡叹风情
深圳湾绿道	城镇型	海岸线	绿道串联多个主题公园，形成滨海休闲带
珠海香洲绿道	城镇型	滨海道路	串联滨海绿地及城市标志景观，绿道嘉年华活动成为区级特色文化品牌
珠海斗门绿道	城镇型	道路	串联历史古迹、郊野山水田园风光
佛山千灯湖绿道	城镇型	湖泊水系	串联多个公园，沿绿道可体验岭南民间艺术与民俗
东莞松山湖绿道	城镇型	水系	绿道环湖布局，峰峦环抱
肇庆星湖绿道	郊野型	湖泊	线路环绕国家级风景名胜区，分为徒步道和自行车骑游道
惠州大亚湾绿道	郊野型	海岸线	滨海韵律、山河风骨
江门银湖湾绿道	郊野型	滩涂湿地	结合湿地公园，绿浪翻滚水乡农家风情

资料来源：作者整理

广东十佳绿道具有以下共同之处：

第一，大多与水系资源相结合。绿道与水遥相呼应，营造了幽静、安逸的氛围，丰富了景观的层次性和多样性，同时满足了人们休闲与赏景等多种需求。

第二，大多位于城镇内部或近郊区。远郊区的绿道受设施维护不及时，易被其他功能占用等影响，使用率偏低。

第三，对现有资源的整合。这些绿道大多是在原有的公园、景点、古村落等的基础上，串联资源整合而成，更易见成效。

（3）浙江绿道评选

2017年下半年，浙江省进行了两次绿道评选活动。《浙江日报》举办了“浙江省十大经典绿道”推选活动，将绿道作为“健康中国浙江行”大型活动的重要体验地，活动组委会根据有关推荐材料以及公众、专家的推选意见，通过实地考察、样本调研、组织体验等环节，最终产生了“浙江省十大经典绿道”，详见表4-7。浙江省住房和城乡建设厅会同省林业厅、省农业厅、省水利厅、省交通运输厅、省旅游局、省体育局等部门，评选出第一届20条“浙江最美绿道”，详见表4-8。2018年浙江省建设厅再次组织联合评选活动，评选出第二届10条“浙江最美绿道”，详见表4-9。

浙江省十大经典绿道 表4-7

绿道名称	绿道分类	依托资源	绿道特色
建德绿道*	郊野型	河道	沿胥溪与富春江江岸设计，穿过富春江国家森林公园，促进沿线乡村旅游发展
仙居绿道*	郊野型	溪流	连接城镇与神仙居风景区，充分展现沿溪的碧水、滩林、湿地美景
临安青山湖绿道**	郊野型	湖泊	结合青山湖国家森林公园，“还湖于民、环湖与民”，绿道布局“穿而不破、跨而不越”
桐庐绿道	郊野型	河道、道路	属于杭州“三江两岸”绿道的一部分，以富春江、分水江和杭新景高速为依托
杭州滨江绿道*	城镇型	滨江道路	钱塘江畔的“樱花大道”
淳安绿道*	郊野型	环湖道路	依托环千岛湖公路，促进旅游发展
江山绿道**	城镇型	河道、山体	河道穿城而过，串联山水美景，促进乡村旅游
开化绿道*	郊野型	溪流	绿道建设充分结合水道、古道、步道的治理，增添绿化、美化、彩化等，是一条流动的水生态风情线
安吉绿道	郊野型	山地	突出竹文化特色，促进乡村旅游
景宁绿道	郊野型	溪流	绿道建设尊重原有的地形地貌，以自然山水为背景，融合畲族文化

资料来源：作者整理

第一届浙江最美绿道 表4-8

城镇型绿道		郊野型绿道	
绿道名称	依托资源	绿道名称	依托资源
杭州市中东河绿道	河道	余杭区大径山绿道	山体
滨江区闻涛路沿江景观绿道*	滨江道路	建德绿道乌石滩与乾潭段*	河道
富阳江滨大道	河道	淳安环千岛湖绿道*	环湖道路
温州鹿城区瓯江南岸绿道	河道	嘉兴秀洲区新塍塘生态绿道	河道
平湖曹兑港绿道	湖泊水系	海宁百里钱塘生态绿道	滨江道路
海盐白洋河绿道	河道	浦江浦阳江生态绿道	河道
永康入城口绿道	道路	武义田园生态绿道	乡村田园
衢州环信安湖绿道	湖泊	衢州乌溪江绿道	河道
常山东明湖绿道	湖泊	开化百里黄金水岸线绿道（华埠段）*	溪流
天台始丰溪绿道城区段	溪流	仙居永安溪绿道*	溪流

资料来源：作者整理

第二届浙江最美绿道 表4-9

绿道名称	绿道分类	依托资源	绿道特色
杭州市临安区青山湖环湖绿道*	郊野型	湖泊	位于青山湖国家森林公园范围内，绿道沿湖而建，激活了青山湖
宁波市三江六岸核心区滨江绿道	城镇型	河道	以三江口为起点，姚江、奉化江、甬江两岸，形成城市休闲、文化、生态廊道
宁波市东钱湖环湖绿道	郊野型	湖泊	内地首条环湖生态休闲自行车专用道，通过"骑行"串联"车行""舟行""步行"
温州市平阳县南雁蒲潭绿道	郊野型	溪流水系	是南雁荡山绿道网一部分，依托蒲潭湿地公园建设，联系景区周边村落及特色资源
嘉兴市南湖新区凌公塘绿道	城镇型	河道	位于嘉兴"东进南移"核心区域，按照"水绿共进"理念打造，荣获2013年"中国人居环境范例奖"
湖州市德清县余英溪绿道	郊野型	溪流	绿道连接武康县城与下渚湖，形成完善、便捷、风景优美的骑行道
金华市浦江县虞宅乡茜溪绿道	郊野型	溪流	绿道依茜溪而建，沿美丽乡村精品线布局，最大限度地保留了茜溪原有的水文、植被生态，景色优美
江山市环西山绿道*	城镇型	山体	利用现有道路改造，根据原有地形现状，因形就势、蜿蜒穿行，遇树绕路、遇水搭桥，尽可能呈现原生态景观的绿道，结合"西山花海"建设
台州市黄岩永宁江绿道	郊野型	河道	绿道沿永宁江蜿蜒，是黄岩大旅游发展的核心轴线，城乡多元生活的滨水纽带，地域文化荟萃的历史长廊
丽水市缙云县仙都风情绿道	郊野型	溪流、道路	位于仙都风景名胜区内的"九曲练溪"核心景区。绿道利用原防洪堤、乡村小道依山傍水蜿蜒而建，把仙都各景点紧密的串联在一起

资料来源：作者整理

从表4-7、表4-8、表4-9可以看出，有五条绿道同时入选"浙江十大经典绿道"与第一届"浙江最美绿道"（表格中加注*号），有两条绿道同时入选"浙江十大经典绿道"与第二届"浙江最美绿道"（表格中加注**号），社会公众及政府部门的绿道评选结果具有一定的重合性，说明大家对于优质绿道的认识还是比较统一的。"浙江十大经典绿道"中郊野型绿道占90%，水系绿道占90%。第一届"浙江最美绿道"评选城镇型绿道10条（水系绿道占90%），郊野型绿道10条（水系绿道占60%）。第二届"浙江最美绿道"中郊野型绿道占70%，水系绿道占90%。

2018年经浙江省体育局、浙江省旅游局评选，千岛湖、东钱湖、信安湖、永安溪上榜浙江省十大运动休闲湖泊，滨水绿道已成为运动休闲的重要场所。同时，千岛湖瑶汾线绿道、海宁盐官钱塘绿道、安吉天荒坪绿道、仙居永安溪绿道入选八条浙江省运动休闲旅游精品线路，也反映出绿道成功地发挥了休闲健身、促进旅游经济发展的功能。

第2章中已经分析过，广东、浙江两省的经济发展在全国相对领先，两省的城镇化水平、人口密度均较为接近。两省的绿道建设在国内也相对走在前列，绿道评选均在本省绿道蓬勃发展的背景下进行。虽然两省的绿道评选具有一定的时间间隔，但是评选结果仍呈现了较高的一致性，显示了绿道建设与自然山水资源的紧密结合，反映了社会公众对水系绿道的偏好，城镇内部及近郊区域的绿道使用率相对较高。这些都是未来优化绿道规划、设计、建设、管养、运营所需要认真思考的内容。

4.3 绿道规划设计要点

4.3.1 绿道规划设计原则

通过前文对我国绿道规划建设特点的分析，提出以下绿道规划设计原则：

（1）加强统筹整合，鼓励一体化建设

从顶层设计的角度，注重绿道网规划与不同层面规划的衔接，鼓励绿道网、水网、林网、路网等多网合一；从统筹建设的角度，倡导绿道工程与市政基础设施、环境综合整治等相关工程一体化协调。达到节约与资源的高效利用，促进生态、交通、旅游等多功能网络的同步构建，发挥社会、经济、生态等综合效益。

（2）坚持因地制宜，彰显地域特色

尊重生态基底，顺应自然肌理，对天然水文地质、地形地貌、现状植被、历史人文资源最小干扰和影响，避免大拆大建。注重绿道与周边环境的和谐相融，不宜过分强调绿道自身的独立性，异化于周边环境。绿道线路应尽量联系各地特色性自然及人文资源节点，彰显地域风情。

（3）保证连通可达，切实服务民生

绿道选线布局应紧密联系群众生活，保证交通衔接顺畅，提高绿色空间的可达性。同时完善绿道标识系统及服务设施，注重人性化设计，使群众能够安全、便捷地使用绿道。完善绿道管理维护运营，鼓励公众参与，不断提升绿道服务水平，提高绿道使用率。

4.3.2 绿道选线

绿道选线与绿道的连通性、可达性、使用率等紧密相关，直接影响绿道复合功能发挥，是绿道规划设计最重要的内容。在规划层面，绿道选线主要是分析资源条件，结合城乡发展格局，进行线性廊道的比选，构建合理的绿道网结构。在设计层面，绿道选线主要是紧密结合现状条件，进行绿道游径的具体布局。

根据对国内外绿道实例的研究，绿道选线应遵循以下要求：第一，应保证绿道使用安全，选择对生态环境影响较小的区域通过。应避开泥石流、滑坡、崩塌、地面沉降、塌陷等自然灾害易发区和不良地质地带；应避开生态敏感区；应充分利用现状水系、农田、林地等开放空间边缘；可结合城乡生态廊道；宜结合铁路、公路和城市道路、堤岸等线性基础设施廊道空间；可结合废弃铁路、古驿道等；宜利用现有独立设置的自行车道、步行道等，且不影响道路原有功能。第二，绿道应串联城乡居民区，方便公众使用。宜串联沿线的文化遗存、历史文化城镇村等，展现场所历史文化特征；城镇型绿道宜串联文娱体育区、公园绿地、广场等公共空间；郊野型绿道宜串联郊野公园、风景名胜区、旅游度假区及森林公园等。第三，绿道应做好交通接驳，应与城乡慢行系统、公共交通系统相衔接，与地铁站点、BRT站点、公交站点、公共停车场、出租车停靠点等连接。第四，为保证绿道实用性及环境品质，提出单段绿道最小长度控制要求，城镇型绿道单段长度不宜小于1km，郊野型绿道单段长度不宜小于5km。第五，绿道线路宜网状环通或局部环通，当跨越河流、山体、铁路、公路、城市道路等障碍物时，可通过绿道连接线连接，并满足绿道连接线的长度控制要求。

不同类型的绿道选线关注点有不同侧重。城镇型绿道选线应结合城镇空间结构及功能拓展方向，联系不同功能组团，邻近使用主体，结合人流活动密集的重点地区进行布局。郊野型绿道选线应紧密结合现状资源，考虑野生动物生活习性及迁徙路线，避免对动植物生境造成干扰。依托不同资源的绿道选线要点详见表4-10。

依托不同资源的绿道选线要点 表4-10

	绿道区位	绿道实例	绿道游径布局	依托资源	绿道选线要点
依托道路选线的绿道	城市建成区内	深圳特区管理线绿道	绿道游径依托原“二线”巡逻道	废弃道路、废弃铁路、古驿道等	协调周边环境，绿道游径宜从路侧绿带中穿过，完善休闲等功能
		厦门铁路绿道	绿道游径依托废弃鹰厦铁路		
		深圳福荣都市绿道	绿道游径布局于高速公路隔音林带内	路侧绿化带、防护林带等	
		成都熊猫绿道	绿道游径布局于路侧绿化带内		
		郑州中原西路绿道	绿道游径布局于路侧绿化带内，设置综合设施带		
		淳安环千岛湖绿道	沿公路改造非机动车道，大部分有绿化隔离，桥梁等局部段落借道	现有非机动车道，景区游道、机耕道、田间小径等以游憩和耕作功能为主的交通线路	不影响道路原有功能的发挥，避免占用农田或破坏庄稼、果树等
依托山体（绿地）选线的绿道	城市建成区内	龙岩莲花山栈道	绿道游径沿山腰闭合等高线布局	公园绿地、广场，适宜游人进入的防护绿地，以及城镇用地包围的其他绿地等	优先连接公园绿地、广场等城市开放空间，合理疏导人流，满足交通安全、集散及衔接需求 顺应地形地貌，充分利用现有登山径、远足径、森林防火道等，减少新建绿道对生态系统及自然景观的破坏
		福州“福道”	绿道游径沿山脊线布局，满足无障碍要求		
		南京环紫金山绿道	绿道游径依托山麓废弃道路、现状道路改造		
	城市建成区外	西安秦岭北麓绿道	绿道游径局部结合山麓道路，结合现状地形确定坡度合理的线型	山地、平原林地等	

续表

	绿道区位	绿道实例	绿道游径布局	依托资源	绿道选线要点
依托水系选线的绿道	城市建成区内	广州东濠涌绿道	地下河涌整治，绿道游径结合下沉绿地	城镇河流、湖泊、湿地、海岸、堤坝等	绿道串联滨水绿地，促进城镇滨水区环境改善与功能开发，充分利用现状堤坝、桥梁等，在保证防洪排涝及使用安全的前提下，营造亲水空间
		上海黄浦江绿道	绿道游径包含步行道、骑行道、跑步道，结合滨江绿地与公共空间灵活布局		
		漳州九龙江西溪北江滨绿道	绿道游径布局于河滩，保留天然野趣		
		深圳盐田滨海栈道	绿道游径沿海岸线布局，以栈道为主		
		肇庆星湖绿道	绿道游径以架空栈道为主，局部利用湖堤改造		
	城市建成区外	仙居永安溪绿道	改造溪畔现状道路，局部架设栈道	自然河流、湖泊、水库、湿地、海岸、堤坝等	顺应水系走向，协调自然环境，在满足防洪排涝及使用安全的前提下，营造亲水空间
		宁波东钱湖绿道	由环湖自行车道和游步道、栈道系统组成		

资料来源：作者整理

4.3.3 绿道要素规划设计要求

综合绿道成功案例以及建成绿道使用后评价、评选的结果，总结出绿道游径、绿化、设施三大系统的规划设计要求：

（1）绿道游径系统

应遵循“生态优先、因地制宜、安全连通、经济合理”的原则，结合所经过地区的现状资源特点，根据不同绿道类型进行绿道游径系统的规划设计。保证绿道游径系统使用安全，紧密结合现状地形，避免大填大挖；做好与城乡交通系统的有效衔接，提高绿道的可达性，方便群众使用。

绿道游径应根据现状情况灵活设置步行道、骑行道和综合道（兼容步行与自行车骑行）。在满足坡度、宽度、净空等要求的基础上，城镇型绿道游径及主要出入口应采用无障碍设计，郊野型绿道游径宜设置综合道。

绿道游径系统应保证线路连通，当跨越河流、山体、铁路、公路、城市道路等障碍物时，可采用绿道连接线的方式保证绿道游径的连通，但应满足绿道连接线选线、长度控制、安全隔离等要求。除绿道连接线借道段之外，原则上应避免机动车进入绿道。兼具消防、应急等功能的绿道游径应满足管理维护、消防、医疗、应急救助等机动车的通行要求。

（2）绿道绿化系统

为营造良好的生态和景观环境，保障绿道发挥基本功能，绿道游径两侧应保留或设置一定宽度的绿色空间来实施绿化。城镇型社区级绿道单侧绿色空间宽度不宜小于8m，郊野型社区级绿道单侧绿色空间宽度不应小于15m。宜结合绿道分级增加绿道游径两侧绿色空间的宽度，市（县）级绿道单侧绿色空间控制范围不宜小于20m，区域（省）级绿道单侧绿色空间控制范围不应小于30m，国家级绿道单侧绿色空间控制范围不宜小于50m。

绿道游径两侧绿色空间应保护河流、湖泊、湿地、林地、山体等自然生态环境，不应破坏沿线地形地貌、水体、天然植被和公益林地等；应对生态退化或已遭到破坏的区域进行生态修复；应结合海绵城市建设，满足雨水渗透缓排要求。

绿道绿化应尊重并保护原有环境，最大限度地保护和利用现有自然及人工植被，保护古树名木、珍稀植物等，新增绿化应与原有植被相协调；同时宜为动植物营造多样化的生态环境。绿道植物选择与配置应兼顾生态、景观、遮荫、交通安全等需求，因地制宜、适地适树，并应体现地域特色。

（3）绿道设施系统

绿道服务设施应结合绿道分级、分类、区位、现状等综合条件设置。充分利用现有设施，控制新建设施数量及规模，有效补充、完善城乡居民休闲游憩场所，保障群众安全、便捷的使用。

驿站是绿道服务设施综合载体，分为三个等级。一级驿站是绿道管理和服务中心，应承担管理、综合服务、交通换乘等功能；二级驿站是绿道服务次中心，应承担售卖、租赁、休憩和交通换乘等功能；三级驿站应承担休憩服务功能。驿站宜优先利用现有建筑，应注意控制新建建筑尺度和体量，建筑层数以1～2层为宜，建筑风格应与周边环境相适应。

绿道市政设施规划设计应遵循布局合理、使用安全、环保节约、维护管理方便的原则，与城乡市政设施系统有效衔接，并充分利用现有设施。

绿道标识分为指示标识、解说标识、警示标识三种类型，具有引导指示、解说、安全警示等功能。绿道标识标牌宜结合本地自然、历史、文化和民俗风情等本土特色，选用节能环保的制作材料进行设置，应能明显区别于道路交通及其他标识，并与周边环境相协调。

结　语

一、我国绿道发展成功经验

近年来我国绿道取得了长足的发展，总的来说，具有以下成功经验：

第一，规划设计先行，优化城乡格局。优良的规划设计为绿道发展绘制出美好的蓝图，是绿道建设成功的基础与保障。目前已有不少地区将绿道作为一种优化城乡发展格局的策略与手段，积极与相关规划进行衔接与协调，不断创新完善绿道规划编制流程与内容，优化绿道网络布局。

第二，坚持因地制宜，发挥资源优势。因地制宜是我国绿道建设的一个基本原则，也是一条重要经验。各地绿道选线立足自身资源条件，重点落脚“三边”——路边、山（林）边、水边，实施干扰最小、成本最低的环境友好型建设，为城乡居民提供亲近自然、休闲游憩、运动健身、绿色出行的场所与途径。

第三，结合相关工程，优化土地利用。绿道建设与园林绿化、道路防护、滨水岸线建设、水环境综合治理、海绵城市建设、通风廊道建设、生态网络连通等相关工程相衔接，有助于生态保护与修复、环境美化、休闲游憩、科普教育、物种保护等多功能复合，一举多得、经济高效。

第四，展现地域文化，促进旅游经济发展。绿道建设依托历史遗迹线路，串联整合散布的人文景观节点，构建地域文化“长廊”。绿道将城镇、乡村、郊野、田园、风景区等有机联系起来，加强城乡互动，有效地促进了沿线旅游等相关产业发展。

二、我国绿道发展存在问题

虽然我国绿道发展积累了不少成功经验，但是也存在一些问题，主要表现在以下几个方面：

第一，绿道地域发展不均，各地建设水平参差。目前绿道建设走在前列的主要是华南、华东、华北等地区，东南沿海的广东、浙江、江苏、福建等省尤为突出，绿道规划建设水平与其所在区域城镇化建设水平呈现明显的正相关。我国幅员辽阔、历史悠久，各地自然人文资源和经济发展状况差异较大，相应的各地绿道建设的数量、质量均存在较大差距。

第二，绿道城郊发展不均，社区绿道有待拓展。郊野区域的绿道建设依托于山水、田园等风景资源，发展较为迅速。城镇内部的绿道建设主要立足于现有建成环境，大多伴随着蓝绿空间或交通线路的改造、优化与拓展，通常偏重于实施“主干型”高等级绿道，与群众日常生活联系最为紧密的“末梢型”社区级绿道需要加强。

第三，复合功能发挥不足，服务设施有待提升。目前我国绿道以休闲健身和绿色出行功能为主，在生态环保、社会与文化、旅游与经济等方面的综合功能尚未充分发挥。使用调查显示绿道网络的连通性、可达性尚需进一步提高，绿道在交通衔接、绿化环境、配套服务设施等方面还有较大的提升需求。

第四，机构设置有待完善，管理运营有待加强。目前各地并未统一设置专门的绿道建管机构，大多重建设轻管理，在绿道养护维修和治安管理等方面存在一定压力，直接影响了绿道使用率。此外，绿道建设与管理、运营脱节，往往导致前期规划设计构想的绿道活动难以实现，建成绿道驿站空置、闲置现象并不鲜见。

三、我国绿道发展建议

未来我国绿道发展应推广成功经验，改善存在问题，建议着重于以下几方面的工作：

第一，强化国标指引，规范绿道建设。住房和城乡建设部于2016年9月发布指导绿道建设的首部国家级导则——《绿道规划设计导则》，明确了我国绿道的内涵，指明了我国绿道的发展方向。行业标准《城镇绿道工程技术标准》CJJ/T 304—2019在《导则》的基础上总结各地实践经验，提出了绿道工程建设的最低控制性指标。

第二，注重规划引领，保障用地来源。绿道依托于现有各类城乡用地复合建设，用地是制约绿道发展，影响其连通性及环境品质的关键因素。建议在国土空间规划中前瞻性地考虑绿道布局，落实绿道用地，助力城乡统筹发展。鼓励绿道网、水网、林网、路网等多网合一，促进生态、环境保护、绿色出行、娱乐康体、休闲旅游等多功能网络的同步构建，发挥社会、经济、生态等综合效益。

第三，增量提质并重，发挥复合功能。我国正处于转变发展理念，大力建设生态文明的关键时期，绿道建设应基于各地不同条件，注重发掘地域特色，避免陷入简单化与模式化。绿道里程增长要与沿线环境提升并重，应坚持因地制宜，优化绿道网络布局及配套设施；同时继续推进绿道与市政设施、生态保护与修复、环境整治、旅游开发等相关工程的结合、协调与衔接，加强土地资源的高效利用。

第四，建立健全机制，完善建管运维。俗话说“三分建七分管”，应建立健全涵盖绿道建设、管理、运营、维护全过程的长效机制，明确责任与职能分工，增进各环节之间的沟通与互馈，提高工作效率，保障绿道使用。绿道配套商业服务、运营策划等可有效衔接、适当吸纳市场经济因素，积极营造休闲消费场景，引导沿线产业转型升级。

第五，加强公众参与，共建共管共享。依托当代网络与数字技术提高绿道体验性，同时有效强化绿道规划建设、管理运营中的公众参与，让绿道更好地服务民生。建议以绿道为载体，举办公益培训、志愿者服务、自然观察、科普教育、地域文化展示、体育赛事等活动，使群众充分享受绿道带来的福祉，增强生态环保意识，持续引领健康绿色的生活方式。

参考文献

[1] 刘滨谊，余畅．美国绿道规划的发展与启示［J］．中国园林，2001，6：77–81.

[2] 周年兴，俞孔坚，黄震方．绿道及其研究进展［J］．生态学报，2006，9：3108–3116.

[3] 秦小萍．中国绿道与美国Greenway的比较研究［D］．北京：北京林业大学，2012.

[4] 余青，胡晓苒，宋悦．美国国家风景道体系与计划［J］．中国园林，2007，23（11）：73–77.

[5] 林盛兰，余青．基于法案的美国国家游径系统［J］．国际城市规划，2010，6：81–85.

[6] J.G.法伯斯，美国绿道规划：起源与当代案例［J］．景观设计学，2008，6：16–27.

[7] President's Commission of American Outdoors. American Outdoors;he Legacy，the Challenge［R］. Washington，DC：US Government Printing Office，1987.

[8] Little C E. Greenways for America［M］. Baltimore：Johns Hopkins University Press，1990.

[9] Jack Ahern，Greenways as a planning strategy［J］. Landscape and Urban Planning，1995，33：131—155.

[10] Fábos J G. Introduction and overview：the greenway movement，uses and potentials of greenways［J］. Landscape and Urban Planning，1995，(33)：1–13.

[11] Simonds J. O. Landscape Architecture：A Manual of Site Planning and Design，McGraw-Hill［M］. NewYork，1998.

[12] Jack Ahern，Greenways in the USA：theory，trends and prospects［M］. Cambridge University Press，2010，34–55.

[13] 杰克・埃亨，周啸．论绿道规划原理与方法［J］．风景园林，2011，5：104–107.

[14] 马克・林德胡尔，王南希译．论美国绿道规划经验：成功与失败，战略与创新［J］．风景园林，2012，3：34–41.

[15] 张云彬，吴人韦．欧洲绿道建设的理论与实践［J］．中国园林，2007，08：33–38.

[16] 孙帅．都市型绿道规划设计研究［D］．北京：北京林业大学，2013.

[17] 李昌浩，朱晓东．国外绿色通道建设进展及其对我国城市建设的启示［J］．世界林业研究，2007，(3)：34–39.

[18] Jongman R H G，Kü lvik M，Kristiansen I. European ecological networks and greenways［J］. Landscape and Urban Planning，2004，68（2）：305– 319.

[19] 罗布・H・G・容曼，格洛里亚・蓬杰蒂主编．余青，陈海沐，梁莺莺译．生态网络与绿道——概念、设计与实施［M］北京：中国建筑工业出版社，2011.

[20] 刘滨宜，王鹏．绿地生态网络规划的发展历程与中国研究前沿［J］．中国园林，2010，3：1–5.

[21] 李开然．绿道网络的生态廊道功能及其规划原则［J］．中国园林，2010，(3)：24–27.

[22] Tom Turner.Landscape Planning and Environmental Impact Design［M］. London：McGraw

Press，1998.

[23] Greenways [EB/OL]. http://www.aevv-egwa.org/greenways/.

[24] Ministry of Agriculture，Nature and Food Quality Reference Centre. Ecological Networks：Experiences in the Netherlands “A joint responsibility for connectivity” . [EB/OL]. https://edepot.wur.nl/118568

[25] 刘海龙. 连接与合作：生态网络规划的欧洲及荷兰经验 [J]. 中国园林，2009，9：31-35.

[26] Loire by bike.La Loire à Vélo：nature，culture and adventure [EB/OL]. https://www.loirebybike.co.uk/homepage/la-loire-a-velo-nature-culture-and-adventure/

[27] EuroVelo6 Atlantic - Black Sea [EB/OL]. http://en.eurovelo.com/ev6

[28] The Prague-Vienna Greenways [EB/OL]. http://www.pragueviennagreenways.org/index.html

[29] 大卫·墨菲，丹尼尔·莫雷克，张鹏译. 中欧绿道——设计可持续发展的国际性廊道 [J]. 中国园林，2011，3：59-61.

[30] European Cyclists' Federation. [EB/OL]. http://www.eurovelo.org/home/ecf/

[31] 张坤. 欧洲城市河流与开放空间耦合关系研究——以英国伦敦、德国埃姆舍公园为例 [J]. 城市规划，2013，6：76-80.

[32] 李潇. 德国“区域公园”战略实践及其启示—— 一种弹性区域管治工具 [J]. 规划师，2014，5：120-126.

[33] Regionalverband Ruhr.Entdeckerpass_2019 [EB/OL]. http://www.route-industriekultur.ruhr/fileadmin/user_upload/metropoleruhr.de/Channel_Route_Industriekultur/Downloads/RouteAllgemein/Entdeckerpass_2019.pdf

[34] Dienstag.Route der Industriekultur per Rad [EB/OL]. [2019-07-02] http://www.route-industriekultur.ruhr/route-per-rad.html?L=..%2F..%2F..%2F..%2F..%2Fetc%2Fpasswd%00

[35] Tom Turner.Greenways，blueways，skyways and other ways to a better London [J]. Landscape and Urban Planning，1995，33：269-282.

[36] Tom Turner.Greenway Planing in Britain：recent work and future plans [J]. Landscape and Urban Planning，2006，76：240-251.

[37] 韩西丽，俞孔坚. 伦敦城市开放空间规划中的绿色通道网络思想 [J]. 新建筑，2004，5：7-9.

[38] Transport for London.walkline [EB/OL]. https://tfl.gov.uk

[39] Transport for London.Superhighways [EB/OL]. https://tfl.gov.uk

[40] Transport for London.Quietways [EB/OL]. https://tfl.gov.uk

[41] Transport For London.London Greenways Monitoring Report 2010-2013 [R]. London：2013.

[42] Patrick McDonnell.Walking Action Plan maps out a big step-change forLondon [EB/OL]. https://www.transportxtra.com/publications/local-transport-today/news/58496/walking-action-plan-maps-out-a-big-step-change-for-london

[43] 李璇. 世界第一条太阳能自行车道在阿姆斯特丹投入使用 [J]. 风景园林，2015，1：14.

[44] BenjyHelen.梵高小路 世界上第一条夜光自行车道 [J]. 中国科学探险，2015，4：34.

[45] 薛松. 低碳出行——丹麦哥本根的自行车交通 [J]. 动感：生态城市与绿色建筑，2014，4：84–90.

[46] 刘梦薇. 哥本哈根的绿色交通 [J]. 北京规划建设，2013，5：57–62.

[47] 姜洋，陈宇琳，张元龄，谢佳. 机动化背景下的城市自行车交通复兴发展策略研究——以哥本哈根为例 [J]. 现代城市研究，2012，9：6–16.

[48] 胡剑双，范凤华，戴菲. 快速城市化发展背景下城市绿道网络与空间拓展的关系研究——以日本城市绿道网络建设历程为例 [C]. 城市时代，协同规划——2013中国城市规划年会论文集（04–风景旅游规划），北京：2013.

[49] Makoto Yokohari.The history and future directions of greenways in Japanese New Towns [J]. Landscape and Urban Planning，2006，76：210–222.

[50] 横张真，雨宫护，马可・阿马蒂. 日本新城绿道的历史和发展方向 [J] 景观设计学，2008，6：57–62.

[51] 陈福妹. 日本绿道规划建设及其借鉴意义 [J]. 城市发展研究，2014，增刊2：1–5.

[52] 福冈市都市整备局公园绿地部公园计画课. 福冈市绿的基本计画 [R] 福冈：福冈市政府，1999.

[53] 胡毓佳，湛磊，张思. 城市绿道系统分析——以日本福冈市为例 [J] 景观园林，2017，4：154–155.

[54] セラピーロード绍介 [EB/OL]. https://www.okutama–therapy.com/therapyroad.php

[55] 三谷徹，高杰译. 奥多摩森林疗法之路 [J]. 风景园林，2011，4：92–96.

[56] Kiat W.Tan.A greenway network for Singapore [J]. Landscape and Urban Planning，2006，76：45–46.

[57] 张天洁，李泽. 高密度城市的多目标绿道网络——新加坡公园连接道系统 [J]. 城市规划，2013，5：67–73.

[58] Park Connector Network [EB/OL]. https://www.nparks.gov.sg/gardens–parks–and–nature/park–connector–network

[59] 2016 ASLA GENERAL DESIGN HONOR AWARDS：Bishan–Ang Mo Kio Park by Ramboll Studio Dreiseitl [EB/OL]. [2017–02–22] https://www.gooood.cn/2016–asla–bishan–ang–mo–kio–park–by–ramboll–studio–dreiseitl.htm

[60] Punggol [EB/OL]. http://hitchhikersgui.de/Punggol#Bibliography

[61] 榜鹅居民的全新滨水生活体验 记新加坡榜鹅水道规划设计 [EB/OL]. [2017–03–16] http://www.china–flower.com/index.php?m=wap&siteid=1&a=show&catid=9&typeid=3&id=91554

[62] Kongjian Yu, Dihua Li, Nuyu Li. The Evolution of Greenways in China [J]. Landscape and Urban Planning, 2006, 76：223–239.

[63] 戴菲，胡剑双. 绿道研究与规划设计 [M]. 北京：中国建筑工业出版社，2013.

[64] 何昉. 中国绿道规划设计研究 [D]. 北京：北京林业大学，2018.

[65] 郭琼莹. 水与绿网络规划理论与实务 [M]. 台北：詹氏书局，2003.

[66] 李天颖，张延龙，牛立新. 台湾台中市绿道规划设计及其功能的调查分析 [J]. 城市发展研究，2013，4：13–19.

[67] 丁源，滑维杰. 浅谈台湾草悟道景观设计 [J]. 新西部（理论版），2016，3：13.

[68] 台湾“行政院”体育委员会. 台湾地区自行车道系统规划与设置计划，2002.

[69] 台湾“交通部”运输研究所. 自行车道系统规划设计手册，2009.

[70] 丁源. 台湾自行车绿道景观初探 [J]. 城市地理，2015，18：281.

[71] 广东省住房和城乡建设厅，广州市城市规划勘测设计研究院. 珠江三角洲绿道网总体规划纲要 [Z]. 2010，2.

[72] 李建平. 传承与创新：珠三角绿道网规划建设的探索. 转型与重构——2011中国城市规划年会论文集，北京：2011.

[73] 广东省住房和城乡建设厅，广东省绿道网建设和总体规划项目组. 广东省绿道网建设总体规划（2011-2015）[Z]. 2011.

[74] 广东省住房和城乡建设厅，广东省文化厅，广东省体育局，广东省旅游局. 广东省南粤古驿道线路保护与利用总体规划 [Z]. 2017，11.

[75] 南方日报网络版.《广东省南粤古驿道线路保护与利用总体规划》正式印发 [EB/OL]. [2017-11-27] http://www.gd.gov.cn/gzhd/zcjd/snzcsd/201711/t20171127_262130. html

[76] 南方日报. 南粤古驿道：南粤历史之道、文化之道、乡村振兴之道 [EB/OL]. [2018-07-12] http://www.gdupi.com/Common/news_detail/article_id/3211.html

[77] 广东省城乡规划设计研究院. 珠江三角洲绿道网效益评估 [R]. 2013.

[78] 蔡瀛. 在珠江三角洲绿道现场观摩会上的讲话，广东：珠江三角洲绿道现场观摩会，2015.

[79] 浙江省住房和城乡建设厅，浙江省城乡规划设计研究院. 浙江省省级绿道网布局规划（2012-2020）[Z]. 2014.5.

[80] 顾浩，胡智清，马敏，高黑. 山水为基，人文为魂，特色为本——浙江绿道规划实践与探索 [J]. 城市发展研究，2013.4：22-27.

[81] 浙江省住房和城乡建设厅. 省建设厅党组书记、厅长钱建民在全省绿道建设工作会议上的讲话 [EB/OL]. [2016-10-18] http://www.zjjs.gov.cn/n17/n26/n44/n45/c354394/content.html

[82] 浙江省住房和城乡建设厅. 项永丹厅长在全省绿道网建设工作现场会上的讲话 [EB/OL]. [2016-10-20] http://www.zjjs.gov.cn/n17/n26/n44/n45/c363728/content.html

[83] 福建省住房和城乡建设厅. 福建省绿道网总体规划纲要（2012-2020）[Z]. 2012，11

[84] 广州市规划局，广州市城市规划勘测设计研究院. 广州市绿道网建设规划 [Z]. 2010，6.

[85] 广州市林业和园林局. 广州绿道 [EB/OL]. [2018-11-02] http://www.gzlyyl.gov.cn/sly-ylj/gzld/201811/39613b6e08cd44989513b0dc178868c1.shtml

[86] 贵体进. 城市绿道规划设计策略初探——以广州城市绿道规划建设为例 [J]. 智能城市，2016.05：3-4.

[87] 姜媛媛，赵家敏，吴华清. 广州市绿道效益及其存在问题研究 [J]. 安徽农业科学，2016.44（12）：205-208，225.

[88] 深圳市规划和国土资源委员会. 深圳市绿道网专项规划 [Z]. 2011.6.

[89] 叶伟华，周亚琦，顾雪. 深圳市绿道网规划与建设创新性实践 [J]. 城市发展研究，2012，32（2）：15-19.

[90] 深圳新闻网. 深圳2448公里绿道串起山海城林 [EB/OL]. [2019-03-25] http://www.

sznews.com/news/content/2019-03/25/content_21498761.htm

[91] 周亚琦，盛鸣．深圳市绿道网专项规划解析［ J ］．风景园林，2010，5：42-47.

[92] 盛鸣，叶伟华，周亚琦．从刚性保护到有机管理：对深圳市生态绿地空间规划与管理的初步思考——兼议深圳市绿道网规划建设的实践探索［ C ］．2011中国城市规划年会论文集．北京：2011.

[93] 王招林．深圳市城市绿道规划与城市互动策略研究［ C ］．城乡治理与规划改革——2014中国城市规划年会论文集．北京：2014.

[94] 郭晨．深圳市绿道网的创新与实践［ J ］．城市环境设计，2016，4：34-37.

[95] 新华社．三千公里绿道：营造杭州发展新空间［ EB/OL ］.［ 2019-03-25 ］https://baijiahao.baidu.com/s?id=1628961521461289738&wfr=spider&for=pc

[96] 中国经济网-《经济日报》. 杭州绿道诠释城市品质［ EB/OL ］.［ 2019-03-25 ］. http://www.ce.cn/xwzx/gnsz/gdxw/201903/25/t20190325_31734191.shtml

[97] 浙江新闻．杭州绿道建设助力打造“美丽中国”样本［ EB/OL ］.［ 2019-03-26 ］. http://zjnews.zjol.com.cn/zjnews/hznews/201903/t20190326_9757981.shtml

[98] 杭州日报．杭州绿道有了统一规划建设技术标准［ EB/OL ］.［ 2019-05-10 ］. http://www.zjly.gov.cn/art/2019/5/10/art_1285504_34039060.html

[99] 杭州市规划局．杭州市城市绿道系统规划公示［ EB/OL ］.［ 2013-07-04 ］. http://www.hzplanning.gov.cn/DesktopModules/GHJ.PlanningNotice/PublicityInfoGH.aspx?GUID=20130704153558347

[100] 金云燕，健康城市建设下杭州市建立自行车城市绿色通道的现状分析［ J ］．当代体育科技，2017，3：130-132.

[101] 魏薇，丁浪．基于使用者运动轨迹大数据的城市绿道系统效用评估—— 以杭州市为例［ J ］．建筑与文化，2018，7：155-156.

[102] 龙虎网-南京日报．“水陆空”并举，主攻最大的民生诉求［ EB/OL ］.［ 2013-01-10 ］http://roll.sohu.com/20130110/n362979252.shtml

[103] 新华网．原来那么美：“最南京”绿道串起幸福时光［ EB/OL ］.［ 2019-03-28 ］http://www.js.xinhuanet.com/2019-03/28/c_1124284913.htm

[104] 南京日报．10家央媒集体点赞南京绿道［ EB/OL ］.［ 2019-04-03 ］http://www.nanjing.gov.cn/njxx/201904/t20190405_1501024.html

[105] 澎湃新闻．绿道建设的“南京经验”：因地制宜，生态社会经济效益都很好［ EB/OL ］.［ 2019-04-03 ］https://baijiahao.baidu.com/s?id=1629787280709343464&wfr=spider&for=pc

[106] 南京市绿化园林局，南京市规划和自然资源局．南京市绿道总体规划（2019-2035）［ Z ］．2019，11.

[107] 武汉市自然资源和规划局．武汉市绿道系统建设规划［ Z ］．2013，6.

[108] 周勃，熊伟，张瑶，陈志高．“众规武汉”的开发与应用实践［ C ］．新常态：传承与变革-2015中国城市规划年会论文集（11规划实施与管理），北京：2015.

[109] 刘盼盼，宋菊芳．浅析武汉城市绿道建设及特点［ J ］．四川建筑，2014.8：33-35.

[110] 李继春，曹亚妮．生态都市主义理念下的绿道系统研究——以武汉市绿道系统为例［ J ］．生态经济，2017，3：197-200.

[111] 成都市城乡建设委员会，成都市规划管理局．成都市健康绿道规划建设导则［ Z ］.

2010，12.

[112] 成都市规划设计研究院. 成都市中心城健康绿道系统规划 [R]. 2010，8.

[113] 上万公里！八大功能！《成都市天府绿道规划建设方案》重磅出炉 [EB/OL]. [2017-09-01] https://www.sohu.com/a/168889209_120237

[114] 成都商报. 天府绿道总体达到2607公里 今年开工建设绿道1200公里 [EB/OL]. [2019-01-05] https://sichuan.scol.com.cn/dwzw/201901/56794299.html

[115] 蓉平：五大价值凸显不一样的成都天府绿道 [EB/OL]. [2018-07-01] https://sichuan.scol.com.cn/cddt/201807/56320410.html

[116] 王艺憬. 新型城镇化下的绿道建设——以成都绿道建设为例 [C]. 中国风景园林学会2014年会论文集（上册），2014：445-448.

[117] 穆博，田国行. 一种新型绿地空间模式的探索——以郑州环城绿道网为例 [J]. 华中建筑，2012，2：110-114.

[118] 郑州市人民政府. 郑州市生态廊道建设管理办法 [Z]. 2014，10.

[119] 薛永卿，刘志芳，薛枫. 城市绿道建设的新探索及思考——以郑州市两环十七放射绿道建设为例 [J]. 中国园林，2013，9：70-75.

[120] 郑州都市区绿道系统规划公示 [EB/OL]. [2019-03-19] http://cxghj.zhengzhou.gov.cn/ggfw/1635769.jhtml

[121] 中原网.《人民日报》点赞郑州生态廊道建设：漫步林荫道 扑面花草香 [EB/OL]. [2019-03-29] https://baijiahao.baidu.com/s?id=1629297760884024856&wfr=spider&for=pc

[122] 王珠娜，张晓晖，鄂白羽. 郑州市生态廊道建设初探 [J]. 安徽农学通报，2014，11：125-128.

[123] 刘海洋. 郑州生态廊道：浓墨重彩绘新图 [J]. 中州建设，2016，15：64-67.

[124] 北京市城市规划设计研究院，北京北林地景园林规划设计院有限责任公司. 北京市级绿道系统规划 [Z]. 北京：北京市级绿道系统规划项目组，2014.

[125] 北京市园林绿化局. 北京绿道规划设计技术导则 [Z]. 2014，2

[126] 李方正，李婉仪，李雄. 基于公交刷卡大数据分析的城市绿道规划研究——以北京市为例 [J]. 城市发展研究，2015.8：27-32.

[127] 北京市园林绿化局网站. http://yllhj.beijing.gov.cn/sdlh/jkld/

[128] 北京青年报. 北京今年启动建设283公里城市绿道 [EB/OL]. [2019-03-25] http://www.ceweekly.cn/2019/0325/252535.shtml

[129] 杨志华. 北京市健康绿道的建设要求及政策解析 [C]. 2013北京城市园林绿化与生态文明建设，北京：2013

[130] 北京市发展和改革委员会. 北京绿道建设扎实有序稳步推进 [EB/OL]. http://www.beijing.gov.cn/zfxxgk/110002/gzdt53/2017-12/15/content_2a86d62c9100460bb4aff8bf3ac-cbef4.shtml

[131] 上海市绿化和市容管理局.《上海市绿道建设导则（试行）》[Z]. 2016，1.

[132] 绿色上海. 发展研究：绿道构建申城的绿色网络 [EB/OL]. [2016-3-18]. http://lhsr.sh.gov.cn/sites/ShanghaiGreen/dyn/ViewCon.ashx?ctgid=3a222e8f-e1e5-4737-8697-41de-8c789e31&infid=bab8228a-5015-4a42-b6f1-a6f37e2c69d4

[133] 上海市人民政府. "十三五"期间上海将建成1000公里城市绿道 [EB/OL]. [2017-1-

25]. http://www.shanghai.gov.cn/nw2/nw2314/nw2315/nw5827/u21aw1193174.html

[134] 上海市人民政府．上海市城市总体规划（2017-2035年）文本 [Z]．2018.

[135] 澎湃新闻．绿溢上海 | 大手笔“泼绿”串联起生态与生活，市民赞愉悦舒心 [EB/OL]．[2019-3-27]．https://baijiahao.baidu.com/s?id=1629130448964078092&wfr=spider&for=pc

[136] 陕西：西安综合交通体系规划出炉 [EB/OL]．[2014-05-06] http://www.chinahighway.com/news/2014/830035.php

[137] 西安网．拆墙透绿、规划绿道 西安逐步推进“公园城市”建设 [EB/OL]．[2018-12-19] http://o4g.xiancity.cn/system/2018/12/19/030622677_04.shtml

[138] 西安发布．哇塞～大西安将诞生一条15300公里生态绿道！[EB/OL]．[2019-02-03] https://baijiahao.baidu.com/s?id=1624454729853991363&wfr=spider&for=pc

[139] 高阳，肖洁舒，张莎，杨春梅．低碳生态视角下的绿道详细规划设计——以深圳市2号区域绿道特区段为例 [J]．规划师，2011，9：49-52.

[140] 二线关的美丽转身——珠三角2号区域绿道深圳示范段 [J]．风景园林，2010，5：48-51.

[141] 昔日“二线关”，今日“淘金山” [EB/OL]．[2019-09-26] http://www.szsensi.com.cn/index.php/content/index/pid/17/cid/265.html

[142] 颜佩楠，叶木泉．城市历史文化型绿道建设——以厦门铁路文化绿道为例 [J]．园林，2012，6：52-55.

[143] 王婷婷．厦门铁路文化公园绿道使用后评价研究 [D]．厦门：华侨大学，2015.

[144] 王婕，李庆卫，彭凌迁．广东社区绿道建设启示——以深圳福荣都市绿道为例 [J]．中国园林，2014，5：97-101.

[145] 曾玛丽．基于POE评价理论的绿道使用及满意度研究——以深圳市梅林绿道、福荣都市绿道为例．持续发展 理性规划——2017中国城市规划年会论文集（13风景环境规划）[M]．北京，中国建筑工业出版社，2017.

[146] 四川日报网．成都熊猫绿道分段开放 [EB/OL]．[2018-07-02]．http://epaper.scdaily.cn/shtml/scrb/20180702/195163.shtml

[147] 成都全搜索．熊猫绿道真的来了！7月1日正式开放，精彩活动等你参加 [EB/OL]．[2018-06-29]．http://baijiahao.baidu.com/s?id=1604614395204685088&wfr=spider&for=pc

[148] 天府早报．全国首条主题绿道——三环路熊猫绿道开放 [EB/OL]．[2018-07-02]．http://city.newssc.org/system/20180702/002454341.htm

[149] 刘志芳，王文平，郑代平，王延方，李鹏飞．郑州市中原西路生态廊道建设特点及效果 [J]．河南林业科技，2015，6：30-36.

[150] 吕建伟．杭州环千岛湖绿道的规划与建设．中国公路学会养护与管理分会第七届学术年会论文集，2017：91-93.

[151] 郑超，肖胜和，董涛，刘静，叶晶．香港麦理浩径对千岛湖绿道建设的启示 [J]．现代园艺，2015，6：97-99.

[152] 百度百科．厦门空中自行车道 [EB/OL]．https://baike.baidu.com/item/厦门空中自行车道/20402443?fr=aladdin

[153] 人民网-人民日报．探访厦门空中自行车道：全国首条 世界最长 [EB/OL]．[2017-

04-01］. http://energy.people.com.cn/n1/2017/0401/c71661-29183935.html
［154］厦门日报．厦门空中自行车道优化升级后重新开放 更加安全舒适［EB/OL］.［2017-03-14］. http://m.xinhuanet.com/2017-03/14/c_1120622328.htm
［155］新京报．图解北京首条自行车专用道，26分钟可从回龙观骑到上地［EB/OL］.［2019-05-29］. https://baijiahao.baidu.com/s?id=1634860542877469500&wfr=spider&for=pc
［156］新京报．北京首条自行车专用路开通，你该知道的几件事［EB/OL］.［2019-05-31］. https://baijiahao.baidu.com/s?id=1635006504338732998&wfr=spider&for=pc
［157］北京首条自行车专用道开通后 回龙观地区骑行者数量上涨［EB/OL］.［2019-07-19］ https://baijiahao.baidu.com/s?id=1639450393452530851&wfr=spider&for=pc
［158］陈鸿欣．生态节约型园林绿化建设实践探索——以龙岩市莲花山栈道建设为例［J］. 福建农业科技，2015，2：70-73.
［159］金牛山森林步道（福道），福州，中国［J］. 世界建筑，2018，9：94-101.
［160］许晓玲，朱志鹏，陈梓茹，郑翔，董建文．城市森林步道游客综合评价——以福道为例［J］. 西北师范大学学报（自然科学版），2018，4：109-115.
［161］紫金山绿道［EB/OL］.［2018-08-25］. http://www.zschina.org.cn/jqfw/yzzs/lyxx/xiux-ian/201810/t20181018_5816398.html
［162］现代快报．紫金山北麓今年将建7公里绿道 最迟年底投入使用［EB/OL］.［2018-05-18］. http://www.sohu.com/a/232022324_124714
［163］王晓晓，张鸣洲．我国城市绿道的规划途径初探-以南京市为例［J］. 生态经济，2016，32（2）：215-220.
［164］卢飞红，尹海伟，孔繁花．城市绿道的使用特征与满意度研究——以南京环紫金山绿道为例［J］. 中国园林，2015，9：50-54.
［165］岳邦瑞，王强，单阳华．山麓型绿道选线方法初探——以秦岭北麓西安段为例［J］. 建筑与文化，2013，12：33-36.
［166］王强，游憩导向的秦岭北麓区西安段山麓型绿道规划设计方法研究，［学位论文］. 西安：西安建筑科技大学，2014.
［167］陈磊，岳邦瑞，赵红斌．基于五大类使用主体的秦岭绿道示范段使用后评价（POE）研究［J］. 西安建筑科技大学学报（自然科学版）2015，12：899-904.
［168］吴隽宇．棕水变绿水——广州市东濠涌水环境及景观改造综合整治工程研究［J］. 华中建筑，2012，12：126-133.
［169］姚炜．旧城改造中城市河道的景观营造_以东濠涌二期综合整治景观绿化建设为例［J］. 现代园艺，2016，5：108-109.
［170］上海市黄浦江两岸开发工作领导小组办公室．黄浦江两岸地区公共空间建设三年行动计划（2015～2017年）［Z］. 2015，3.
［171］上海市黄浦江两岸开发工作领导小组办公室．黄浦江两岸地区公共空间建设三年行动计划（2018～2020年）［Z］. 2018，10.
［172］上海市黄浦江两岸开发工作领导小组办公室．黄浦江两岸地区公共空间建设设计导则（2017年版）［Z］. 2017，3.
［173］广州市城市规划勘察设计研究院．仙居绿道网总体规划（2011～2020年）［Z］. 2011，12.

[174] 王鑫鹏，王婧. 仙居县永安溪绿道设计研究 [EB/OL]. [2017-12-19]. https://max.book118.com/html/2017/1219/145026423.shtm

[175] 宁志中，王婷，邱于哲，王露. 乡村绿道休闲产业系统规划实践——以浙江仙居永安溪绿道为例 [J]. 规划师，2017，3：89-95.

[176] 张润朋. 肇庆环星湖绿道：自然与生活相融的慢生活之路，[J]. 人居视点，2018，1：23-26.

[177] 刘武雄. 关于广州、东莞、增城、肇庆等城市绿道建设的规划研究，中华民居，2012，1：45.

[178] 张西林. 肇庆星湖绿道使用状况调查及评价 [J]. 热带地理，2012，7：429-436.

[179] 余勇，田金霞. 骑乘者休闲涉入、休闲效益与幸福感结构关系研究——以肇庆星湖自行车绿道为例 [J]. 旅游学刊，2013，2：67-76.

[180] 浙江日报. 宁波市东钱湖环湖绿道——东钱湖国家级旅游度假区的“绿色锦带” [EB/OL]. [2018-11-01]. http://zjrb.zjol.com.cn/html/2018-11/01/content_3176379.htm?div=-1

[181] 中华建设网. 浙江：创智慧城市建设的“宁波模式” [EB/OL]. [2018-09-14]. http://www.sohu.com/a/253865710_457595

[182] 东钱湖旅游度假区管委会. 关于印发智慧东钱湖建设三年行动计划（2018-2020）的通知 [EB/OL]. [2018-04-17]. http://qyzc.ningbo.gov.cn/art/2018/4/17/art_6081_12.html

[183] 杨军生，王艳军. 面向服务架构的东钱湖智慧地理信息系统建设研究 [J]. 城市建设理论研究，2013，19.

[184] 谭大跃，刘倩，王拌. 盐田加速打造19.5km海滨栈道 [J]. 深圳特区报，2009-10-23.

[185] 东湖风景区. 东湖绿道 生态武汉新名片（图文）[EB/OL]. [2019-03-12]. http://www.whdonghu.gov.cn/xwzx/zwdt/7096.html

[186] “世界东湖”之前，东湖绿道的公共艺术就已经进入了“世界时间” [EB/OL]. [2018-05-01]. https://news.artron.net/20180501/n998775_1.html

[187] 栾敏敏，徐伟. 公众参与在武汉市环东湖绿道系统规划中的应用研究 [J]. 城市地理，2016，2：197.

[188] 曹玉洁，张汉生. 武汉市东湖绿道规划中的公众参与应用研究. 沈阳：规划60年：成就与挑战——2016中国城市规划年会论文集（04城市规划新技术应用）

[189] 李扬，马晓燕. 北京市环二环城市型绿道功能的研究 [J]. 现代园林，2016，13（3）：179-184.

[190] 赵晨洋，张青萍. 南京明城墙绿道概况及存在的问题 [J]. 城市问题，2015，4：40-44.

[191] 王琳婷，王雪晴，王晓艺，任薇，马绍伟，姜卫兵. 南京市明城墙绿道系统使用状况评价 [J]. 湖南农业科学，2017，10：73-78.

[192] 杨易，李嘉琦. “三山五园”绿道：北京绿道的规划与设计 [J]. 北京规划建设，2018，9：100-102.

[193] 潘关淳淳，王先杰. 北京三山五园绿道系统规划设计 [J]. 北京农学院学报，2016，31（2）：102-106.

[194] 美到极致！“园外园”生态环境提升工程三期有望年内开建！ [EB/OL]. [2017-03-

17]. https://www.sohu.com/a/128160448_391300

[195] 千龙网. 三山五园绿道：与北京老城相映生辉的“都市绿廊”[EB/OL]. [2019-03-25]. http://news.sina.com.cn/gov/2019-03-25/doc-ihsxncvh5422190.shtml

[196] 广州市林业和园林局. 广州绿道 [EB/OL]. [2018-11-02]. http://www.gzlyyl.gov.cn/slyylj/gzld/201706/421aff495eaa4906aae7d1480b663127.shtml

[197] 邓毛颖. 统筹城乡，推进全区域公园化战略——增城市绿道规划建设与效益分析 [J]. 小城镇规划，2010，10：20-25.

[198] 湛冬梅，邓毛颖，增城市绿道规划建设 [J]. 南方建筑，2010，4：47-50.

[199] 邓毛颖. 增城市绿道规划与建设机制研究 [J]. 规划师，2011，1：111-115.

[200] 朱泽君，论绿道对发展绿色经济的作用——以增城绿道建设的探索和实践为例 [J]. 城市观察，2010，3：86-91.

[201] 粟娟，何清. 连接城市与乡村的绿色健康走廊——广州增城绿道 [J]. 园林，2011，7：19-21.

[202] 吴隽宇，广东增城绿道系统使用后评价（POE）研究 [J]. 中国园林，2011，4：39-43.

[203] 江堂龙，牛子君，胡妞燕，虞依娜. 基于重要性-绩效性分析法的绿道满意度调查研究 [J]. 生态环境学报，2016，25（5）：815-820.

[204] 温江新闻. 成都市仅4个温江北林绿道入选《天府绿道案例选编（一期）》做法全市推广 [EB/OL]. [2018-10-11]. http://www.wenjiang.gov.cn/wjzzw/wjxw/2018-10/11/content_5cf55cdfed0a41cbbf5dc3b62a709dbd.shtml

[205] 成都市温江区人民政府. 温江区三大高端民宿聚落形态初显 [EB/OL]. [2018-12-21]. http://www.wenjiang.gov.cn/wjzzw/bmdt/2018-12/21/content_5a344538fefd4cea98ca73273a9d2e48.shtml

[206] 中央广电总台国际在线. 成都温江绿道“颜值”爆表 成国际赛事青睐地 [EB/OL]. [2018-11-30]. http://city.cri.cn/20181130/f32d7268-8a19-13be-308d-526481cc5dd1.html

[207] 刘宇荧，吴平. 温江区绿道旅游资源定量评价 [J]. 四川农业大学学报，2012，9：352-356.

[208] 李娟，沈慧贤. 温江绿道建设与乡村旅游发展互馈性分析 [J]. 四川烹饪高等专科学校学报，2013，2：65-68.

[209] 杨春燕，彭益旻. 生态与人文价值视角下的成都温江绿道体系规划研究 [J]. 西部人居环境学刊，2016，1：110-114.

[210] 福建省住房和城乡建设厅. 福建省绿道规划建设标准 [Z]. 2014，9.

[211] 陕西省住房和城乡建设厅. 陕西省绿道规划设计标准 [Z]. 2017，8.

[212] 四川省住房和城乡建设厅. 四川省城乡绿道规划设计标准 [Z]. 2018，6.

[213] 广东省住房和城乡建设厅. 广东省省立绿道规划设计指引 [Z]. 2011，5.

[214] 浙江省住房和城乡建设厅. 浙江省绿道规划设计技术导则 [Z]. 2012，12.

[215] 河北省住房和城乡建设厅. 河北省城镇绿道绿廊规划设计指引（试行）[Z]. 2011，8.

[216] 河南省住房和城乡建设厅. 河南省绿道规划设计指南 [Z]. 2015.

[217] 广东省住房和城乡建设厅. 广东省城市绿道规划设计指引 [Z]. 2011，7.

[218] 安徽省住房和城乡建设厅. 安徽省城市绿道设计技术导则 [Z]. 2012, 11.
[219] 湖南省住房和城乡建设厅. 湖南省城市绿道规划设计技术指南（试行）[Z]. 2018, 10.
[220] 成都市城乡建设委员会. 成都市天府绿道建设导则（试行）[Z]. 2017, 12.
[221] 郑州市城乡规划局. 郑州市生态廊道建设设计导则 [Z]. 2012.
[222] 嘉兴市城乡建设管理委员会，嘉兴市规划设计研究院有限公司. 嘉兴市生态绿道规划设计导则 [Z]. 2011.
[223] 北京市园林绿化局. 北京绿道设计建设导则 [Z]. 2014, 2.
[224] 南京市绿化园林局，泛华建设集团有限公司. 南京绿道规划设计技术导则 [Z]. 2018, 2.
[225] 杭州市城乡建设委员会. 杭州市绿道系统建设技术导则（试行）[Z]. 2019, 5.
[226] 住房与城乡建设部. 绿道规划设计导则]. 2016.
[227] 南京市绿化园林局. 南京市绿道调查问卷结果分析 [Z]. 2019, 3.
[228] 南方日报. 广东十佳绿道旅游线路出炉 [EB/OL]. [2011-12-30]. http://news.cntv.cn/20111230/105912.shtml
[229] 浙江省林业局.《浙江日报》公布浙江省十大经典绿道名单 [EB/OL]. [2017-08-25]. http://www.zjly.gov.cn/art/2017/8/25/art_1276365_10136822.html
[230] 浙江在线. 第一届"浙江最美绿道"名单公布 路过你家没? [EB/OL].[2017-10-12]. http://zjnews.zjol.com.cn/zjnews/zjxw/201710/t20171012_5340527.shtml
[231] 浙江省住房和城乡建设厅. 关于第二届"浙江最美绿道"评选结果的公示 [EB/OL]. [2018-09-10]. http://www.zjjs.com.cn/n17/n26/n52/n68/c373704/content.html
[232] 凤凰网宁波综合. 2018浙江省十大运动休闲湖泊揭晓 [EB/OL]. [2018-09-13]. http://nb.ifeng.com/a/20180913/6880593_0.shtml

致　谢

本书的编写伴随着《绿道规划设计导则》《城镇绿道工程技术标准》的编制过程，凝聚了作者们的辛勤劳动。随着国内外绿道实例的积累日渐丰富，通过对各种绿道实例的学习、调研、思考、梳理与总结，笔者对我国绿道的认识逐渐清晰、深入。本书初稿于2017年底完成，由于近年来我国绿道建设的快速发展，二稿对国内绿道实例进行了增补，对建成绿道实例的使用评价、综合效益等内容进行了更新完善，以期具有良好的时效性，为读者了解我国绿道最新发展带来帮助。

本书编写过程中得到了中国城市建设研究院有限公司王磐岩副总经理、生态文明研究院王香春院长、无界景观工作室谢晓英主任的悉心指导，感谢她们对本书提出的宝贵意见。感谢无界景观工作室的刘晶、李薇帮助我们进行了部分绿道实例的资料整理工作。

本书编写过程中还得到了《绿道规划设计导则》及《城镇绿道工程技术标准》参编单位的大力支持，向我们提供了宝贵的绿道规划设计实例资料，在此对以下参编单位表示感谢：中国城市规划设计研究院、北京北林地景园林规划设计院有限责任公司、广东省城乡规划设计研究院、浙江省城乡规划设计研究院、安徽省城乡规划设计研究院、嘉兴市园林市政局、嘉兴市城市发展研究中心。

此外还要感谢在本书调研过程中给予支持和帮助的单位：住房和城乡建设部城乡规划管理中心、浙江省住房和城乡建设厅、福建省住房和城乡建设厅、广东园林学会、仙居县住房和城乡建设规划局、龙岩市园林管理局，衷心感谢上述单位的相关同志对我们的帮助。

感谢中国建筑工业出版社的编辑，感谢他们的宽容，给了我们充裕的时间对书稿进行修改完善，本书的出版也凝聚了他们的劳动。希望我们大家的努力能够为读者带来有益的帮助。

感谢我的导师，北京林业大学王向荣教授，于百忙之中抽出时间为本书作序。导师严谨踏实、勤于思考的治学态度深深地影响着我，使我受益匪浅。

最后感谢我的家人，今年我家迎来了二宝，感谢家人对我的照顾与支持，让我能够顺利地完成本书的最后修改完善工作。感谢我的丈夫张乐，作为同窗与同行，本书的不少内容都有他参与讨论。感谢我的女儿张镌漪，感谢她对妈妈的关爱。

孙莉

2019年12月